基礎マスターシリーズ

オペアンプの基礎マスター

堀 桂太郎 著

電気書院

●図記号について●

　現在，JIS C 0617-13:1999 では，オペアンプの図記号として図(a)を規定していますが，本書では，一般に慣用されている図(b)を用いています．

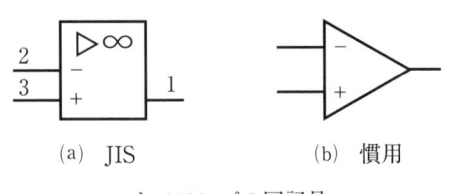

(a) JIS　　　(b) 慣用

オペアンプの図記号

まえがき

　本書は，はじめてオペアンプについて学ぼうとしている学生や技術者の読者を対象にした解説書です．オペアンプは，多くの電子回路に応用されている引っ張りだこのICです．オペアンプを抜きにして，実際の電子回路は成り立たないと言っても過言ではないでしょう．従って，オペアンプの応用を学ぶことは，同時に多くの電子回路について学べることにもなります．

　本書の特徴は次の通りです．
- できるだけ多くの図や写真を用いて，わかり易い説明を心がけました．
- イラストを用いて，読者が楽しく学んでいけるように工夫しました．
- 難しくならないように注意しながら，動作原理の数学的な裏付けを試みました．
- 各章の終わりに「実験しよう」の節を設けました．

　各章の「実験しよう」では，できるだけ実際に回路を製作して実験・考察を行ってください．一見簡単に思える回路であっても，実際に製作して動作させてみると，様々な問題点が浮き彫りになることはめずらしくありません．これらの問題点を解決していくことで，オペアンプの理解をさらに深めることができます．

　本書が，オペアンプ回路学習の一助になれば著者として望外の喜びです．また，著者のケアレスミスなどによる誤記もあるでしょうが，読者のご批判，ご叱正を頂ければ幸いです．

　最後になりましたが，電気書院の田中久米四郎社長，本書執筆を熱心に勧めて頂いた田中建三郎部長，編集でお世話になった久保田勝信氏ほかの皆様に，この場を借りて厚く御礼申し上げます．

2006年　4月

国立明石工業高等専門学校
電気情報工学科
堀　桂太郎

オペアンプの基礎マスター 目次

第1章 オペアンプの概要

- 1-1 オペアンプとは ……………………………………… 2
- 1-2 オペアンプの特性 …………………………………… 7
- 1-3 オペアンプの分類 …………………………………… 13
- 1-4 オペアンプの内部 …………………………………… 17
- 1-5 オペアンプの電源 …………………………………… 21
- 1-6 オペアンプの規格表 ………………………………… 26
- 1-7 実験しよう …………………………………………… 31
  - ●章末問題 ……………………………………………… 38

第2章 オペアンプの基礎

- 2-1 反転増幅回路 ………………………………………… 38
- 2-2 非反転増幅回路 ……………………………………… 52
- 2-3 差動増幅回路 ………………………………………… 61
- 2-4 負帰還増幅回路 ……………………………………… 65
- 2-5 電圧フォロア回路 …………………………………… 68
- 2-6 オペアンプの保護 …………………………………… 70
- 2-7 実験しよう …………………………………………… 73
  - ●章末問題 ……………………………………………… 78

第3章 演算回路の基礎

- 3-1 加算回路 ……………………………………………… 80

3-2	減算回路	85
3-3	乗算・除算回路	87
3-4	積分回路	92
3-5	微分回路	97
3-6	実験しよう	103
	●章末問題	108

第4章　発振回路の基礎

4-1	発振回路の原理	110
4-2	移相発振回路	112
4-3	ウィーンブリッジ発振回路	116
4-4	クォドラチュア発振回路	120
4-5	非安定型マルチバイブレータ	123
4-6	単安定型マルチバイブレータ	128
4-7	実験しよう	132
	●章末問題	134

第5章　フィルタ回路の基礎

5-1	フィルタ回路の分類	136
5-2	ローパスフィルタ回路	140
5-3	ハイパスフィルタ回路	148
5-4	バンドパスフィルタ回路	156
5-5	バンドエリミネートフィルタ回路	164
5-6	実験しよう	167
	●章末問題	172

第6章 オペアンプの応用

- 6-1 ダイオード回路 ……………………………… 174
- 6-2 コンパレータ ………………………………… 181
- 6-3 ホールド回路 ………………………………… 188
- 6-4 電流-電圧変換回路 …………………………… 195
- 6-5 リミッタ回路 ………………………………… 197
- 6-6 実験しよう …………………………………… 199
  - ●章末問題 …………………………………… 202

章末問題の解答……………………………………… 203
参考文献……………………………………………… 207
索引…………………………………………………… 208

第1章 オペアンプの概要

　この章では，各種のオペアンプ回路を学習していく際に必要となる基礎知識について説明します．例えば，目的にあったオペアンプはどのようにして選択すればよいのか，オペアンプの外形や内部はどのようになっているのか，電源はどのように与えるのかなどについての基礎を理解しましょう．そして，オペアンプに関する基本的な用語や規格表の見方についても学びましょう．また，章の終わりでは，オペアンプの実験を行うために必要な準備事項についても説明します．

1-1 オペアンプとは

(1) オペアンプの生い立ち

オペアンプは，オペレーショナル・アンプリファイア (operational amplifier) を略した呼び方であり，OPアンプと表記されることもあります．日本語では，演算増幅器と呼ばれます．

当初のオペアンプは，アナログ量を使用して微分方程式などを解くアナログ式計算機用の回路として設計されました．例えば，真空管が主流の1930年代では，10本以上の真空管を使用したオペアンプが使用されていました（**図1-1**）．その後，アナログ式計算機の時代は終わり，今日の主流であるディジタル式計算機の時代が訪れました．

では，オペアンプの用途はなくなったのでしょうか？

そんなことはありません．確かに，数値計算などの演算処理には，ディジタル信号を処理するディジタル式計算機が威力を発揮しています．しかし，私たち人間や身の回りの自然現象に眼を向けると，とても多くのアナログ信号の処理を行う必要があります．例えば，音声や温度，湿度，光などの変化を電気信号に変換する各種のセンサ出力もアナログ信号が主流です．つまり，アナログデータを処理する回路は，現在でもたいへん重要です．オペアンプは，理想的な増幅器に近い良好な特性をもった増幅器であるため，現在でも

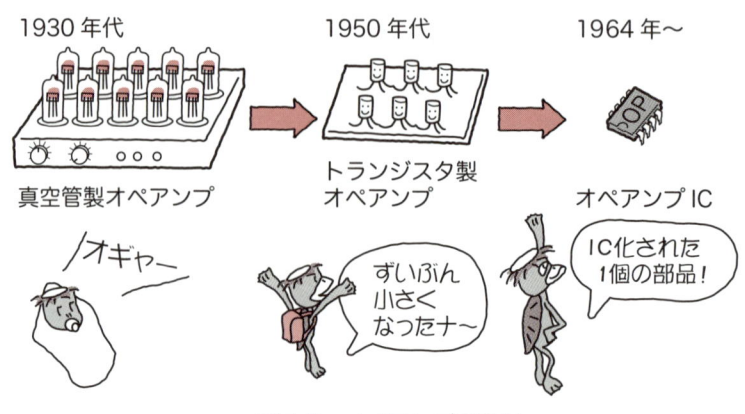

図1-1 オペアンプの発展

電子回路において必要不可欠な存在として君臨しています．オペアンプは，現在のアナログ回路を支える技術といっても過言ではありません．

電子素子が真空管からトランジスタ，ICへと発展してきたのに伴って，現在ではIC化されたオペアンプが1個の部品として，非常に多くの電子回路に使用されています．

オペアンプICは，1964年にアメリカのフェアチャイルド社がμA702という型番の製品を発表したのが始まりです．その後，1968年に同社が発表したμA741は，高性能で使いやすかったためにオペアンプICの普及に大きく貢献しました．また，1976年には，ナショナルセミコンダクタ社がFETを使用することで高入力インピーダンスを実現した製品LF356を発表しました．

(2) オペアンプの外観

図1-2に，IC化されたオペアンプの外観例を示します．図1-2の左側にあるオペアンプはメタルカン型，右側の2個のオペアンプはDIP（dual inline package）型と呼ばれるパッケージ形状をしています．この他に，図1-3に示すような，SOP（small outline package）型やSIP（single inline package）型などのパッケージ形状をしたオペアンプが市販されています．

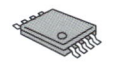

(a) SOP型

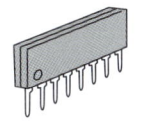

(b) SIP型

図1-3　その他のパッケージ例

図1-2　オペアンプの外観例

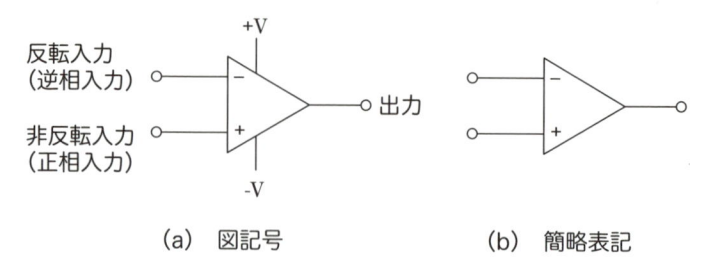

図1-4 オペアンプの図記号

(3) オペアンプの図記号

オペアンプは，**図 1-4**(a)に示す三角形の図記号で表されます．入出力端子は，2本の入力端子（反転入力端子（−），非反転入力端子（+））と1本の出力端子です．また，正負各1本の直流電源端子（+V，−V）を持っています．反転入力端子は逆相入力端子，非反転入力端子は正相入力端子とも呼ばれます．また，簡略化して表す場合には，図1-4(b)に示すように直流電源端子の表記を省略する場合もあります．

(4) オペアンプの特徴

理想的な増幅器では，次のような特徴が要求されます．

＜理想的な増幅器の特徴＞
① 入力インピーダンスが高い（無限大）
② 出力インピーダンスが低い（ゼロ）
③ オープンループゲインが大きい（無限大）
④ 広帯域での増幅が行える（直流から高周波交流まで）

これらの特徴①〜④をもう少し詳しく説明しましょう．①は，入力インピーダンスが高いほど，電流の流れ込みが少ないために，前段の回路に影響を与えないということです．②は，出力インピーダンスが低いほど，電流を吸い出されても電圧降下を生じないために，計算どおりの電圧を出力できるということです．③のオープンループゲインとは，帰還をかけない場合の利得（出力と入力の比を対数で表した値．単位 dB）のことです．④は，広い周波数帯域の信号を安定して増幅できることを意味します．

しかし残念ながら，実際には，このように理想的な増幅器は存在しません．一方，オペアンプは次のような特徴を持っています．

＜オペアンプの特徴＞
① 入力インピーダンスが高い（数百 kΩ 〜数十 MΩ）
② 出力インピーダンスが低い（数十 Ω）

```
          ① 入力インピーダンス≒∞
   ④ 帯域：直流～交流    ② 出力インピーダンス≒0
```

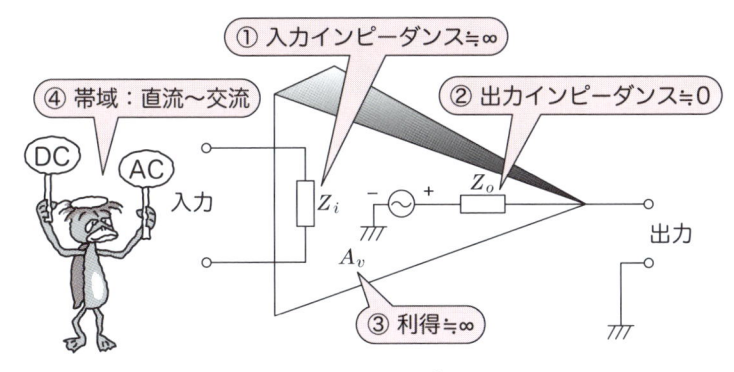

図1-5 オペアンプの特徴

③ オープンループゲインが大きい（増幅度は数万倍）

④ 広帯域での増幅が行える（直流および，数十MHzまでの交流）

つまり，オペアンプは，**図1-5**に示すように，理想的な増幅器に近い特徴を持っているのです．特に，直流の増幅はオペアンプの得意技です．

(5) オペアンプの用途

増幅回路は，アナログ回路における基本機能です．このため，オペアンプは基本機能を担う部品として，次のような広い用途で使用されています．

＜オペアンプのおもな用途例＞

ⓐ 加算回路・減算回路

電流の和や差を計算する回路です．オペアンプがアナログ式計算機に使用されていた当時は，特に重要な用途でした．

ⓑ 微分回路・積分回路

信号の微分成分・積分成分を取り出す回路です．

ⓒ 発振回路

任意の周波数の波形を生成する回路です．

ⓓ フィルタ回路

入力信号から，必要な成分を取り出す回路です．例えば，高周波成分のみを通過させるハイパスフィルタ回路などがあります．

ⓔ コンパレータ回路

2つの信号の大小関係を判定する回路です．

ⓕ センサ回路

超音波センサや光センサなどからの出力信号を処理する回路です．

ⓖ 制御回路

直流モータの回転速度を制御する回

(h)　**変換回路**
　電流として表される信号を電圧で表される信号に変換する回路などです．

(6) オペアンプの命名

　図 1-6 に，オペアンプの命名例を示します．命名の仕方はメーカによって異なりますので注意してください．

　① **メーカ記号**　オペアンプの製造メーカを記号で表しています．ライセンスの関係で，異なる製造メーカが同じ記号を使用していることもあります．図 1-6(a)の例では，NJM でバイポーラ型 IC，NJU で C-MOS 型 IC を表します．

＜オペアンプのメーカ記号例＞
- NJM, NJU：新日本無線
- TA, TC：東芝セミコンダクター
- M：三菱
- LA：三洋
- LMC：松下
- HA：日立
- μPC：日本電気
- AD：Analog Devices
- KA, LM, LF：Fairchild
- NS：National Semiconductor
- LM, LMC：National
- LM：Philips
- OPA, TAV：Texas Instruments

　② **オペアンプの型**　オペアンプの型（回路）を表します．メーカ記号が異なったとしても，この型番が同じであれば，ほぼ同等の回路構成をしたオペアンプです．ただし，詳細は規格表で確認しましょう．

　③ **パッケージ**　この記号は，メーカによって命名規則が特に異なります．図 1-6(a)の例では，M：DMP（図 1-3(a)の SOP に似たパッケージ）を示しています．

　④ **選別品**　製品を選別して低ノイズ用に使用できることを表す場合や使用できる温度条件を表す場合などがあります．

　⑤ **包装用テーピング**　自動化ラインで使用する場合などは，出荷時の包装形態が重要になります．

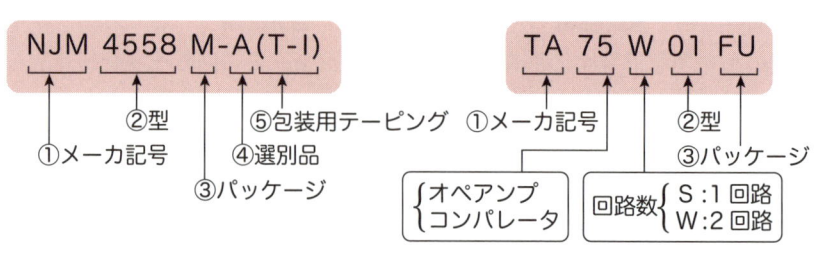

```
NJM 4558 M-A(T-1)
 ①   ②  ③ ④ ⑤
①メーカ記号
②型
③パッケージ
④選別品
⑤包装用テーピング
```
(a) 新日本無線

```
TA 75 W 01 FU
①  ②     ③
```
①メーカ記号　②型　③パッケージ
｛オペアンプ／コンパレータ｝
回路数｛S：1回路／W：2回路｝

(b) 東芝セミコンダクター

図 1-6　命名の例

1-2 オペアンプの特性

(1) 周波数特性

図1-7(a)に，一般的なオペアンプの周波数に対する電圧利得の特性を表すグラフを示します．電圧利得G_vは，増幅度A_v（出力電圧v_oと入力電圧v_iの比の絶対値）を常用対数で表した値であり，式(1-1)と式(1-2)で計算できます（26ページ参照）．

$$G_v = 20 \log_{10} A_v \ [\mathrm{dB}] \quad (1\text{-}1)$$

$$\text{ただし，} A_v = \left| \frac{v_o}{v_i} \right| \quad (1\text{-}2)$$

電圧利得の値が大きくなるほど，増幅度も大きいことを示します．

図1-7(a)に示した特性を持つオペアンプでは，増幅する信号の周波数fが0～10 kHz程度の範囲では，安定した平坦な電圧利得G_v（およそ40 dB）が得られています．しかし，周波数が10 kHz以上になると，徐々に電圧利得G_vは低下しています．周波数が，10 MHz近くになると，増幅の効果が全く得られないことがわかります．

また，オペアンプでは，増幅する信号の周波数が低い場合には入力と出力の位相は同じです．しかし，信号の周波数が高くなると，図1-7(b)に示すように，出力の位相は入力よりも遅れます．図1-7(c)に，一般的なオペアンプの周波数に対する位相の遅れを表すグラフを示します．

例えば，オペアンプで負帰還増幅回

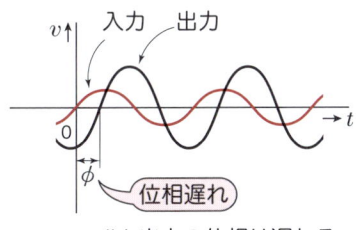

(b) 出力の位相は遅れる

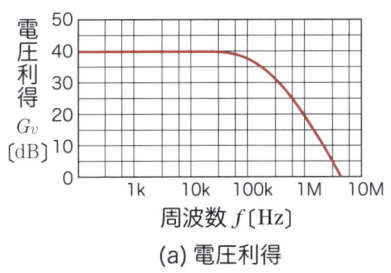

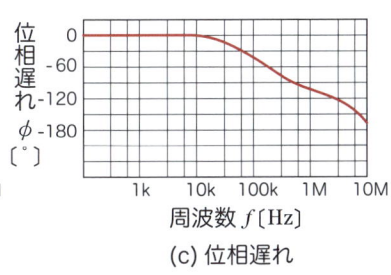

(a) 電圧利得

(c) 位相遅れ

図1-7 周波数特性（新日本無線 NJM4580 データシートより）

路を構成すれば，位相が180度ずれます．位相のずれが360度を超えると回路が発振してしまいます．したがって，入力と出力の位相のずれは180度以内に抑えることが必要です．一般的には，周波数に対する電圧利得と位相の特性を合わせて周波数特性と呼びます．

(2) 雑音

増幅回路で増幅を行う場合には，回路内部で雑音（ノイズ）を発生してしまいます．これは避けられない現象であり，オペアンプも例外ではありません．出力に現れる雑音電圧を入力側電圧に換算したものを入力換算雑音電圧といいます．入力換算雑音電圧の値が小さいほど，出力に現れる雑音が少な

いことを意味します．図1-8に示す一般的なオペアンプの入力換算雑音電圧の特性例では，増幅する信号の周波数が低いほど雑音の影響が大きくなっていることがわかります．

(3) 温度特性

図1-9(a)に一般的なオペアンプの周囲温度 T_a に対する最大出力電圧 $\pm V_{OM}$，図(b)に周囲温度 T_a に対する消費電流 I_{CC} の特性例を示します．最大出力電圧とは，出力を飽和させることなく変化できる最大の電圧です．

また，消費電流とは，無負荷の状態で出力電圧が0Vのとき，電源に流れる電流のことです．

周囲温度が上昇すると，最大出力電圧の絶対値は大きくなり，消費電流は低下する傾向にあることがわかります．

また，このオペアンプの例では，動作温度が $-40 \sim +85$℃の範囲を超える（図1-9(a)，(b)の破線部分になる）とICが壊れる可能性が極めて高くなります．周囲温度は，後で説明する入力オフセット電圧や入力バイアス電流

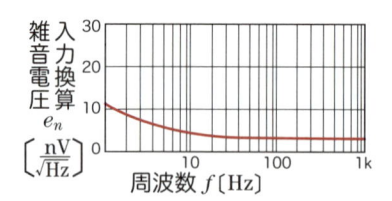

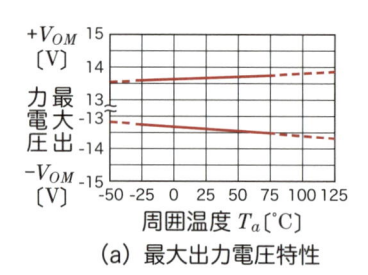

図1-8 周波数−入力換算雑音電圧特性
（新日本無線 NJM4580データシートより）

(a) 最大出力電圧特性

(b) 消費電流特性

図1-9 温度特性1（新日本無線 NJM4580データシートより）

にも影響を与えます（図1-11）．

(4) 入力オフセット電圧

オペアンプの入力端子（反転入力および，非反転入力）に与える電圧がどちらも０Ｖの場合を考えます．このときは，出力端子の電圧も０Ｖになることが理想的です．しかし，実際のオペアンプでは，２つの入力端子の電圧を０Ｖにした場合でも，出力電圧が０Ｖとはなりません．この原因は，オペアンプ内部の回路（第２章で説明する差動増幅器）のバランスを完全に整えることが困難であるためです．したがって，入力端子の一方に電圧を加えてやり，出力電圧が０Ｖになるように調整します．

このように入力端子に加える電圧を入力オフセット電圧（または，オフセット電圧）V_{IO} と呼びます（図1-10）．英語の offset には，「相殺する」，「埋め合わせる」などの意味があります．

入力オフセット電圧は，周囲温度の影響を受けます．図1-11(a)に，一般的なオペアンプの周囲温度 T_a に対する入力オフセット電圧 V_{IO} の特性例を示します．また，温度によって入力オフセット電圧が変化することを温度ドリフトと呼びます．

(5) 入力オフセット電流

オペアンプの出力電圧が０Ｖのとき

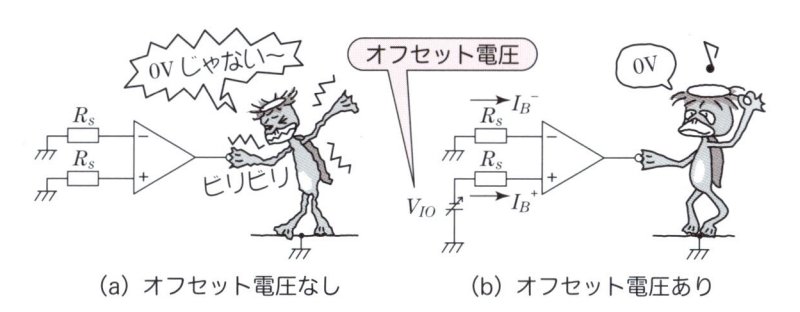

(a) オフセット電圧なし　　　(b) オフセット電圧あり

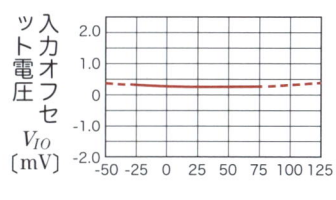

図1-10　オフセット電圧

(a) 入力オフセット電圧特性　　　(b) 入力バイアス電流特性

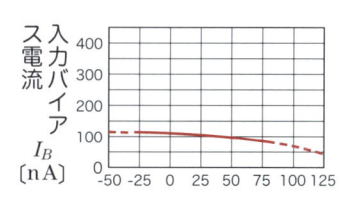

図1-11　温度特性２（新日本無線 NJM4580 データシートより）

に，2つの入力端子に流れる入力電流 I_B^- と I_B^+（図 1-10 (b)）の差を入力オフセット電流と呼びます．入力オフセット電流 I_{IO} は，式（1-3）で表すことができます．

$$I_{IO} = |I_B^- - I_B^+| \qquad (1\text{-}3)$$

(6) 入力バイアス電流

オペアンプの出力電圧が 0 V のときに，2つの入力端子に流れる入力電流 I_B^- と I_B^+（図 1-10 (b)）の平均値を入力バイアス電流と呼びます．入力バイアス電流 I_B は，式（1-4）で表すことができます．

$$I_B = \frac{I_B^- + I_B^+}{2} \qquad (1\text{-}4)$$

入力バイアス電流は，周囲温度の影響を受けます．図 1-11 (b)に，一般的なオペアンプの周囲温度 T_a に対する入力バイアス電流 I_B の特性例を示します．

(7) スルーレート

図 1-12 は，オペアンプが増幅できる最大周波数の方形波を入力した場合の入出力波形を示しています．図(a)に示す方形波を入力した場合，その出力は図(b)に示す波形となります．つまり，出力波形は，入力した方形波とは異なった形状となってしまいます．これは，オペアンプが入力された信号を増幅する際に，信号の急激な変化に追従できないことが原因です．もう少し詳しく説明すると，オペアンプの入力部にある位相補償用コンデンサの充放電電圧が，入力の変化に追従できないことなどが原因です．

さて，図 1-12 において，オペアンプを図(b)の場合よりもさらに大きな出力電圧が得られるように動作させる

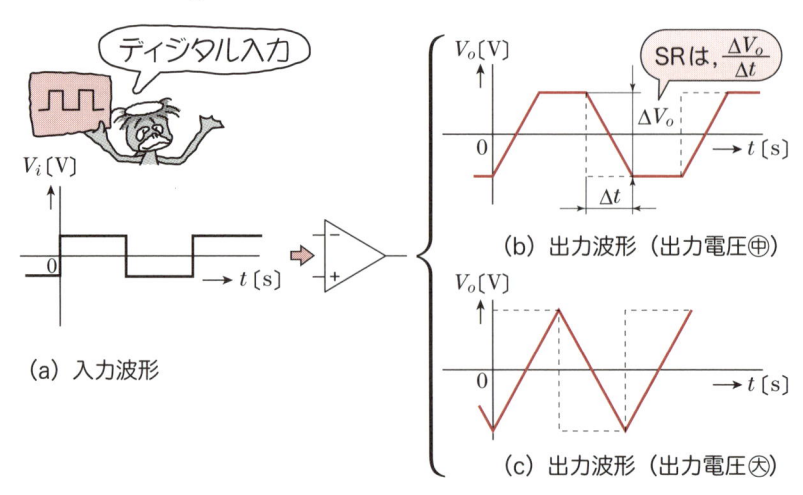

(a) 入力波形

(b) 出力波形（出力電圧㊤）

SRは，$\dfrac{\Delta V_o}{\Delta t}$

(c) 出力波形（出力電圧㊥）

図 1-12 方形波入力

と，出力波形は図(c)に示す三角波に似た波形となります．このとき，出力波形の変形量を，1μs 当たりの電圧の変化量で表した値をスルーレート（slew rate：略して SR）といいます．スルーレートの値が大きいほど，入力の変化に追従する性能が高いオペアンプであると判断できます．つまり，交流特性が優れていると考えられます．一般的なオペアンプのスルーレートは，数 V/μs 程度ですが，高速用途では 50 V/μs を超える製品も市販されています．

オペアンプが増幅可能な最大周波数を f_{max}，最大出力電圧を V_{max} とすれば，スルーレート SR は，式（1-5）で表すことができます．

$$SR = 2\pi f_{max} V_{max} \text{〔V/s〕} \quad (1\text{-}5)$$

例えば，$f_{max} = 10$〔kHz〕の場合に，$V_{max} = \pm 9$〔V〕を得るために使用するオペアンプのスルーレートを考えましょう．式（1-5）より，

$$SR = 2\pi \times 10 \times 10^3 \times 9$$
$$\fallingdotseq 565200 \text{〔V/s〕} \fallingdotseq 0.57 \text{〔V/μs〕}$$

したがって，SR が 0.57 V/μs 以上の規格を持ったオペアンプを選定する必要があります．

図 1-13 は，オペアンプが増幅できる最大周波数の正弦波を入力した場合の入出力波形を示しています．図(a)に示す正弦波を入力した場合，大きな出力電圧を要求しなければ，図(b)に示す正弦波に近い出力が得られます．しかし，さらに大きな出力電圧が得られるように動作させると，出力波形は図(c)に示す三角波に似た波形となります．つまり，図 1-12 の方形波を入力した場合と同様の現象が現れます．

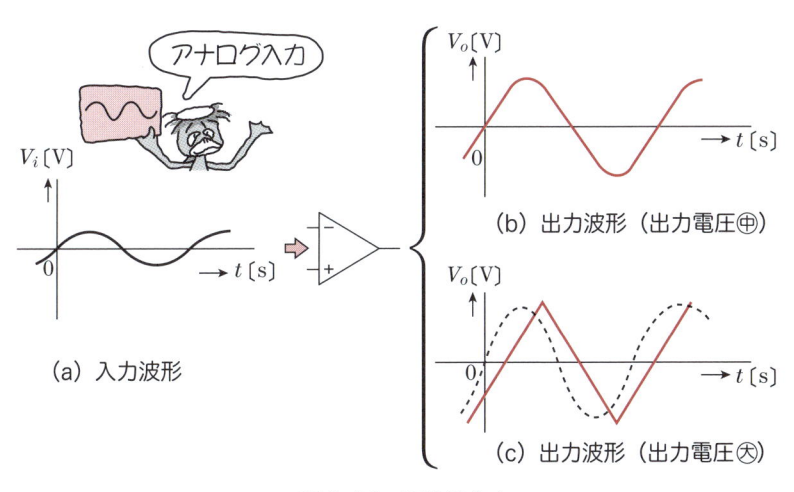

(a) 入力波形

(b) 出力波形（出力電圧⊕）

(c) 出力波形（出力電圧⊗）

図 1-13　正弦波入力

(8) CMRR

オペアンプ内部では第2章で説明する差動増幅回路が使用されています。差動増幅回路では，2つの入力信号の差分を増幅します。したがって，もし同じ振幅と位相をもった信号を同時に入力した場合には，理想的には出力電圧はゼロとなるはずです。しかし，実際の差動増幅回路では，同じ入力を与えた場合でもわずかな出力電圧を生じます（図 1-14）。これは，差動増幅回路に使用する2個のトランジスタを完全に同じ条件で動作させることが困難なためです。

オペアンプでは，2つの入力信号が同位相の場合に得られる増幅度（同相増幅度）は小さく，位相差のある信号を入力した場合に得られる増幅度（差動増幅度）は大きいことが望まれます。この特性を示す指標に CMRR（common mode rejection ratio）または，CMR と表記される略称が用いられます。CMRR は，式(1-6)に示すように，差動増幅度と同相増幅度の比で定義され，この値が大きいほど性能のよいオペアンプであると判断できます。

$$CMRR = \frac{差動増幅度}{同相増幅度} \quad (1\text{-}6)$$

規格表などでは CMRR の値を式(1-7)のように考えて，単位に〔dB〕を使用するのが一般的です。

$$CMRR = 20 \log \frac{差動増幅度}{同相増幅度} \text{[dB]}$$
$$(1\text{-}7)$$

CMRR は，同相信号除去比とも呼ばれ，一般的なオペアンプでは，80 dB 以上の値を持ちます。

一方，メーカなどによっては，式(1-8)に示すように，CMRR を入力電圧の変化と入力オフセット電圧の変化の比と定義している場合もあります。

$$CMRR = \frac{\Delta 入力電圧\ V_I}{\Delta 入力オフセット電圧\ V_{IO}}$$
$$(1\text{-}8)$$

CMRR については，第2章で詳しく説明します。

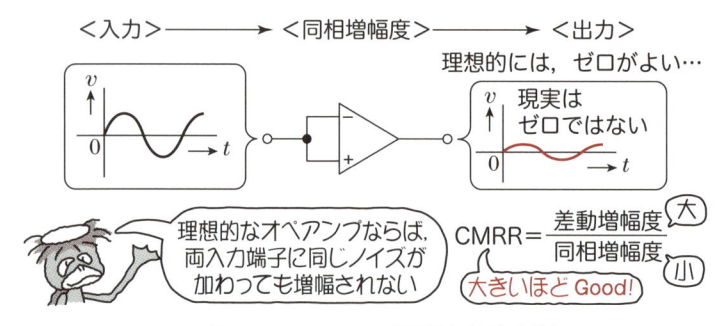

図 1-14 CMRR（同相信号除去比）

1-3 オペアンプの分類

(1) 用途による分類

オペアンプは，パッケージ形状や特性，民生用か軍事用かなどいくつかの基準で分類することができます．ここでは，特性を考慮した大まかな用途によって分類してみます．オペアンプは，用途によって，**図1-15**に示すように大別することができます．

汎用オペアンプ（新日本無線NJM4558）を標準と考えて，他の用途向きオペアンプとの特性を比較してみます．ここでは，対象とするオペアンプの優れた特性のみに注目しますが，全てに万能なオペアンプは存在しません．代償として高価格化や，他の特性を犠牲にしていることを忘れないでください．

(a) 高精度用（NJMOP-07）

NJMOP-07は，オフセット電圧や入力バイアス電流の低いオペアンプとして設計されました（**表1-1**）．また，温度ドリフトの値も小さくなっています．測定器など，高い精度が要求される用途に使用されます．

(b) 高速・広帯域用（NJM2711）

NJM2711は，高いスルーレートを持ち，広い周波数帯域で電圧利得を得ることのできるオペアンプです

表1-1 NJMOP-07

項目	汎用	高精度用
	NJM4558	NJMOP-07
オフセット電圧	0.5 mV	60 μV
入力バイアス電流	25 nA	1.8 nA

表1-2 NJM2711

項目	汎用	高速・広帯域用
	NJM4558	NJM2711
スルーレート	1V/μs	260 V/μs

- 汎用（一般用）
- (a) 高精度用
- (b) 高速・広帯域用
- (c) 低消費電力用
- (d) 低雑音用
- (e) 高出力用
- (f) 高音質用

図1-15 オペアンプの用途

(**表 1-2**)．例えば，40 dB の電圧利得を得ることのできる最大周波数は，NJM4558 が約 50 kHz までであるのに対して，NJM2711 では 10 MHz を超えます．画像機器や高速ディジタル通信などに使用されています．

(c) 低消費電力用（NJM2130）

NJM2130 は，低消費電流，低電圧で動作するオペアンプです（**表 1-3**）．

低消費電力用オペアンプは，バッテリーで動作させる携帯用製品などに使用されています．

(d) 低雑音用（NJM2122）

NJM2122 は，低雑音用途に設計されたオペアンプです．**図 1-16**(a)，(b)は，どちらも 60 dB の電圧利得を得る場合の入力換算雑音電圧の周波数特性を示しています．汎用オペアンプ NJM4558 に比べて，低雑音用の NJM2122 の入力換算雑音電圧が低いことがわかります．NJM2122 は，小型電子機器の録音マイクロホンアンプなどに使用されています．

(e) 高出力用（NJM4556A）

汎用オペアンプの出力電流の上限は，20 mA 程度です．NJM4556A は，NJM4558 の出力段の回路を改良して，出力電流の上限を 73 mA としたオペアンプです．また，低電圧動作（±2 V〜）や高スルーレート（3 V/μs）などの改良も行われています．ヘッドホンアンプやサーボコントロールアンプなどに使用されています．

(f) 高音質用（NJM4580）

オーディオ用途などに，汎用オペアンプを使用すると交流特性（スルーレート）や雑音特性の点で問題があ

表 1-3 NJM2130

項目	汎用	低消費電力用
	NJM4558	NJM2130
消費電流	3.5 mA	80 μA
動作電圧	±4 〜 ±18 V	±2 〜 ±18 V

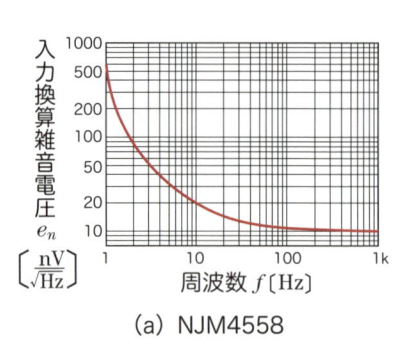

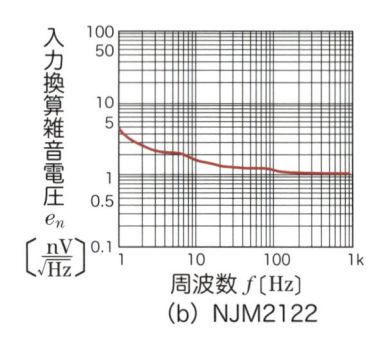

(a) NJM4558

(b) NJM2122

図 1-16 入力換算雑音電圧の周波数特性
（新日本無線データシートより）

表1-4 NJM4580

項目	汎用	高音質用
	NJM4558	NJM4580
スルーレート	1 V/μs	5 V/μs
入力換算雑音電圧	1.4 μVrms	0.8 μVrms
CMRR	90 dB	110 dB

りました．そこで，高音質用なオーディオ用途オペアンプが開発されています．NJM4580は，音質の向上を目標に設計されたオペアンプです（**表1-4**）．オーディオ用プリアンプ，ヘッドホンアンプなどに使用されています．

(2) 汎用オペアンプ

1968年にフェアチャイルド社が発表した汎用オペアンプμA741は，高性能で使いやすかったためにオペアンプICの普及に大きく貢献しました．μA741は，オペアンプの金字塔と

いっても過言ではないでしょう．長い時代を経た今日でも，新日本無線のNJM741，NECのμPC741，ナショナルのLM741などμA741の流れを受け継ぐ多くの製品が市販されています．

一方で，例えば新日本無線のNJM4558は，NJM741を改良した汎用オペアンプです．**表1-5**に，NJM741とNJM4558の特性比較を示します．

4558は，新日本無線のNJM4558に限らず，多くのメーカが製品化している高性能な汎用オペアンプです．また，

表1-5 NJM741とNJM4558の特性比較

項目	記号	NJM741	NJM4558	単位
入力オフセット電圧	V_{IO}	2.0	0.5	mV
入力オフセット電流	I_{IO}	5	5	nA
入力バイアス電流	I_B	30	25	nA
入力抵抗	R_{IN}	2	5	MΩ
電圧利得	G_V	110	100	dB
最大出力電圧	V_{OM1}	±14	±14	V
同相信号除去比	CMRR	100	90	dB
電源電圧除去比	SVR	100	90	dB
消費電流	I_{CC}	1.7	3.5	mA
スルーレート	SR	0.5	1	V/μs

（新日本無線データシートより）

1-3 オペアンプの分類

一般の人であっても1個100円程度で容易に入手できるため，趣味の電子工作や各種実験用などにも広く利用されています．図1-17に，NJM741とNJM4558のDIP型パッケージの端子配列を示します．図(a)のNJM741のピン番号1と5（V_{IO} Trim）は，入力オフセット電圧を調整するのに使用します．1個のICパッケージの中に，NJM741では1個，NJM4558では2個のオペアンプが配置されています．このように，2個のオペアンプが配置されているオペアンプを2回路入りオペアンプと呼びます．

NJM4558を改良したいくつかのオペアンプも市販されています．例えば，NJM4559は，NJM4558と比べて周波数特性をおよそ2倍良くした改良品です．また，NJM4580は，オーディオ用途などのために，低雑音，高出力電流，高利得帯域を実現したオペアンプです．NJM4580も安価かつ容易に入手できるため，一般の方々にも汎用オペアンプとして広く使用されています．図1-18にNJM4558とNJM4580の外観を示します．型番の後のDDは低雑音用選別品を示します．また，JRCは新日本無線を示すシンボルです．

ピン配置
1. V_{IO} Trim
2. -INPUT
3. +INPUT
4. V^-
5. V_{IO} Trim
6. OUTPUT
7. V^+
8. NC

(a) NJM741

ピン配置
1. A OUTPUT
2. A -INPUT
3. A +INPUT
4. V^-
5. B +INPUT
6. B -INPUT
7. B OUTPUT
8. V^+

(b) NJM4558

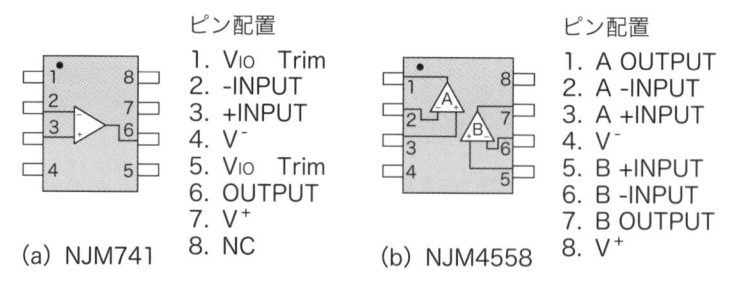

図1-17　端子配列（新日本無線データシートより）

(a) NJM4558DD　　　　　　　(b) NJM4580DD

図1-18　代表的な汎用オペアンプの外観

1-4 オペアンプの内部

(1) 汎用オペアンプの内部

図 1-19 に，代表的な汎用オペアンプの例として，新日本無線の NJM4558 の内部回路を示します．この回路は，入力部，増幅部，バイアス部，出力部に分けて考えることができます．

① **入力部**　pnp トランジスタを 2 個用いた差動増幅回路が基本となった入力回路です．差動増幅回路は，2 つの入力（+INPUT, −INPUT）の差を増幅します．差動増幅回路の詳細については，第 2 章で説明します．図 1-19 の入力部の下方にあるベース同士を接続した npn トランジスタ 2 個の回路は，カレント・ミラー回路と呼ばれ，差動増幅回路の 2 個トランジスタに同じコレクタ電流を流す働きをしています．

② **増幅部**　図 1-20 に示す，トランジスタを 2 個用いたダーリントン接続を基本とした増幅回路です．Tr_1 と Tr_2 のコレクタ電流の和 i_c は，式

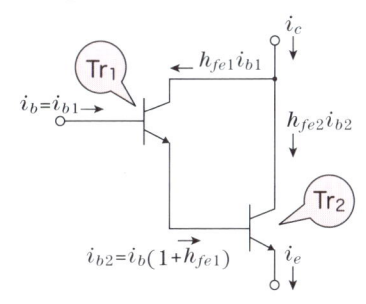

図 1-20　ダーリントン接続

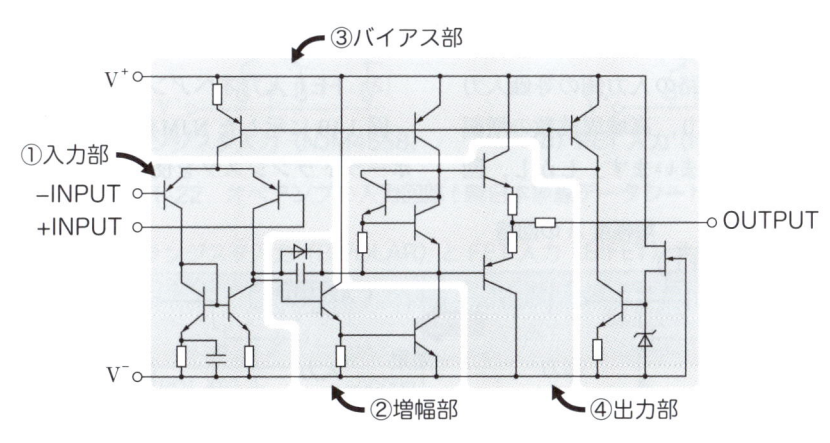

図 1-19　NJM4558 の内部回路（新日本無線データシートより）

1-5 オペアンプの電源

(1) 両電源オペアンプ

オペアンプの電源は，図 1-23 に示す両電源と呼ばれる2個の電源を接続する方式が基本です．汎用オペアンプ NJM4558 の場合も，図 1-24(a) に示すように，V^+（ピン番号8）と V^-（ピン番号4）の2本の電源用ピンを備えています．NJM4558 の動作電源電圧は，±4 ～ ±18 V です．例えば，±15 V の両電源で動作させる場合には，図(b)のように2個の電源を接続します．このように接続することで，NJM4558 内のオペアンプ2回路が動作します．

当然のことではありますが，オペアンプを動作させるためには，電源が必要です．これまで筆者が受けた相談の中に，オペアンプから出力が得られないというものがあり，原因は電源電圧のかけ忘れであったことがありました．回路図によっては，オペアンプの電源に関する配線を省略している場合がありますので注意してください．

実際に電源装置などを用いてオペアンプに電源を与える場合には，図 1-25 に示す両電源装置を使用すると便利です．両電源装置は，+V（V^+）と -V（V^-）の2個の出力端子を備え

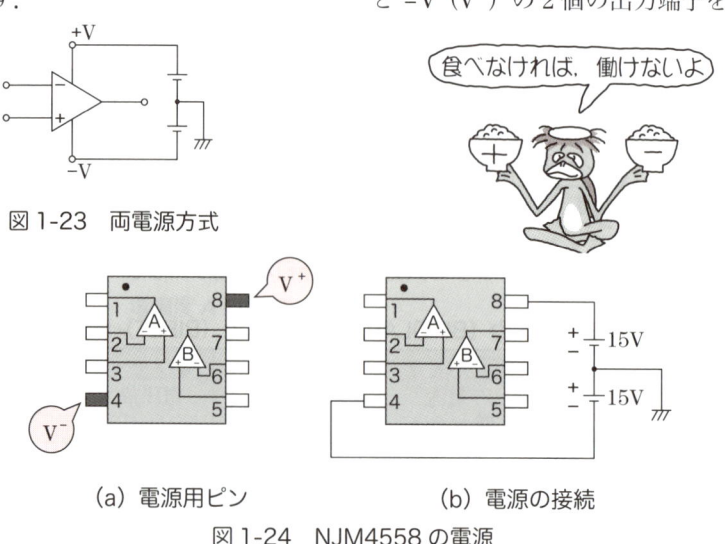

図 1-23　両電源方式

(a) 電源用ピン　　　(b) 電源の接続

図 1-24　NJM4558 の電源

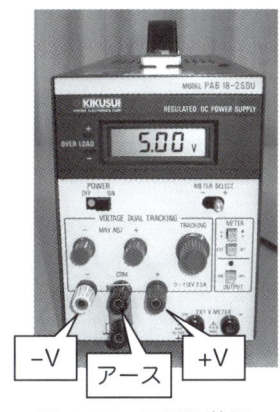

図 1-25　両電源装置

ているため1台でオペアンプ用の両電源が準備できます．もし，通常の単電源装置を用いる場合には，2個の電源装置を用意して**図1-26**のように接続します．

また，例えば +15 V と −10 V のように2つの電源の電圧が異なっていた場合でも，オペアンプを動作させることは可能です．しかし，入力電圧や出力電圧の範囲は，電源電圧に依存します．したがって，トラブルを避けるためにも，できるだけ2つの電源は同じ電圧で使用するようにしましょう．

⑵　**単電源オペアンプ**

前に説明したように，オペアンプでは両電源方式が基本です．一般的には，±12 V や ±15 V などの比較的高い両電圧で動作させるのが標準的です．一方，近年ではオペアンプをディジタル回路のインタフェース部などに使用することが増えてきました．ディジタル回路では，5 V や 3 V の低電圧の単電源が標準的です．このため，オペアンプも単電源で動作させる必要性が高まってきました．オペアンプを単電源で動作させるためには，次の2つの方法があります．

① **両電源用オペアンプを単電源で使用する．**

一般的な両電源オペアンプであっても，**図 1-27** に示すように接続することによって，単電源で動作させることが可能です．しかし，両電源用に設計されているオペアンプを単電源で使用する場合には，入力電圧や出力電圧の範囲などが制限されるために注意が

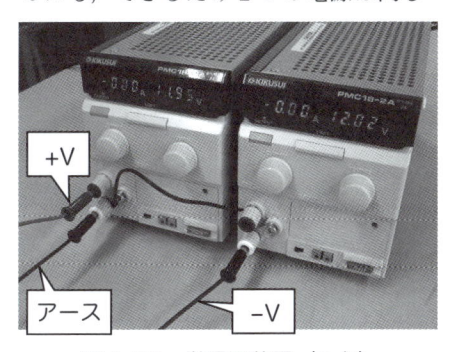

図 1-26　単電源装置（2台）

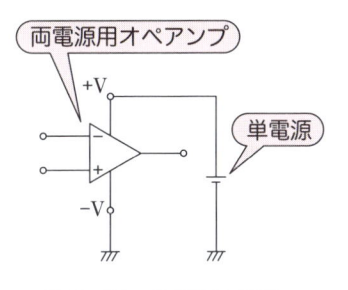

図 1-27　単電源の接続

1-5　オペアンプの電源

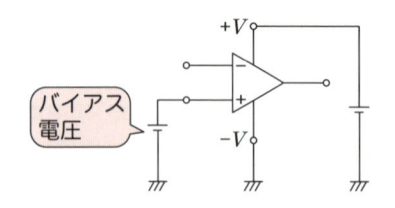

図 1-28　バイアス電圧の例

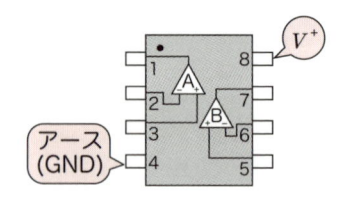

図 1-29　NJM2904

必要です．

例えば，両電源オペアンプを単電源で動作させた場合には，入力信号が 0 V 付近での増幅を行うことができません．このため，0 V 付近での増幅を行う必要がある際には，**図 1-28** に示すように，入力にバイアス電圧を与える必要が生じます．図 1-28 では，イメージしやすいようにバイアスとして電池の図記号を書きましたが，実際には電池を用いなくても抵抗器を使用することでバイアス電圧を与えることが可能です．

② **単電源用オペアンプを使用する．**

近年では，単電源での動作を前提として設計された単電源用オペアンプが普及しています．かつての単電源用オペアンプは，動作速度が遅く，高周波用途には不利でした．しかし，近年では，より高性能な単電源用オペアンプが開発されています．例えば新日本無線の NJM2904 は，NJM4558 と同様の外観をした 2 回路入りの単電源用の汎用オペアンプです（**図 1-29**）．NJM4558 と異なるのは，ピン番号 4 の電源用ピンをアースに接続する仕様になっていることです．NJM2904 は，単電源で使用しても 0 V からの入力電圧で動作可能です．また，+3 〜 +32 V の広い範囲の電源電圧で動作させることができます．**表 1-8** に，NJM2904 と NJM4558 の電気的特性を示します．両者を比較すると，単電源用オペアンプ NJM2904 は，スルーレートなどでは劣るものの，電圧利得や CMRR などでは両電源用オペアンプ NJM4558 とほぼ同等の性能が得られることがわかります．また，表の同相入力電圧範囲 V_{ICM} とは，反転入力と非反転入力端子に同相の電圧を同時に入力できる許容限界を表します．

(3) **オペアンプの消費電力**

オペアンプの消費電流は，オペアンプ動作用の電源端子の電流 I_{CC} と出力端子に流れる負荷電流 I_O の合計で決まります．したがって，消費電力 P は式（1-11）のように計算できます．

$$P = I_{CC}(V^+ - V^-) + I_O(V^+ - V_o)$$

(1-11)

図 1-30 に，オペアンプの消費電力の計算例を示します．

表 1-8 NJM2904 と NJM4558 の特性比較

項目	仕様 記号	単電源用 NJM2904	両電源用 NJM4558	単位
入力オフセット電圧	V_{IO}	2.0	0.5	mV
入力オフセット電流	I_{IO}	5	5	nA
入力バイアス電流	I_B	25	25	nA
電圧利得	G_V	100	100	dB
同相入力電圧範囲	V_{ICM}	0 〜 3.5	±12	V
同相信号除去比	CMRR	85	90	dB
電源電圧除去比	SVR	100	90	dB
消費電流	I_{CC}	0.7	3.5	mA
スルーレート	SR	0.5	1	V/μs

(新日本無線データシートより)

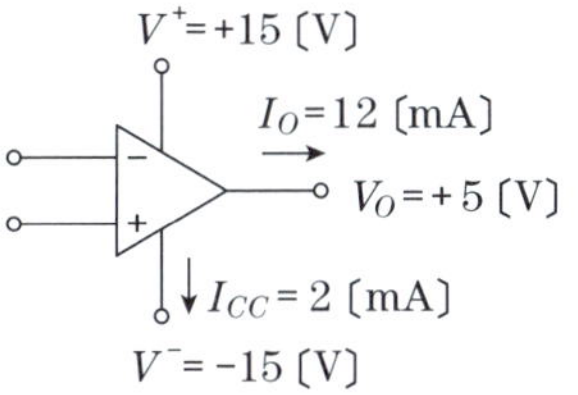

$$P = I_{CC}(V^+ - V^-) + I_O(V^+ - V_o)$$
$$= 2(15+15) + 12(15-5)$$
$$= 60 + 120 = 180 \text{[mW]}$$

図 1-30 消費電力の計算例

(4) レール・トゥ・レール

一般のオペアンプでは，入力電圧や出力電圧の最大値は電源電圧よりも数 V 低い値になります．例えば，電源電圧が ±15 V ならば，出力電圧の最大値は ±12 〜 ±14 V 程度になります．しかし，近年ではオペアンプの動作電圧が低電圧化する傾向にあります．もし，単電源 +3 V で動作するオペアンプの場合に，出力電圧の最大値がこれより数 V 低い値しか取り出せないとなると実用的とはいえません．そこで，電源電圧付近までの出力電圧を取り出せるように工夫したオペアンプが市販されています．この特徴を出力レール・トゥ・レール，または出力フルスイングといいます．入力電圧についても，同様に電源電圧付近までの入力電圧を加えることのできる，入力レール・トゥ・レール，または入力フルスイングと呼ばれるオペアンプが市販されています．

表 1-9 に，入出力フルスイングオペアンプ NJM2730 の特徴を示します．NJM2730 は，1.8 V の低電圧でも動作するバイポーラ（トランジスタ）構造の単電源オペアンプです．入力電圧，出力電圧とも 0 V レベルから電源電圧

表 1-9 NJM2730

項目	仕様	入出力フルスイングオペアンプ	単位
	記号	NJM2730	
動作電源電圧	V^+	$+1.8 \sim +5.0$（単電源）	V
入力フルスイング	V_{ICM}	$0 \sim 5.0$（$V^+=5$〔V〕時）	V
出力フルスイング	V_{OH}, V_{OL}	$V_{OH} \geq 4.75$〔V〕, $V_{OL} \leq 0.25$〔V〕（$V^+=5$〔V〕時）	V
電圧利得	G_V	85	dB
同相信号除去比	CMRR	70	dB
入力換算雑音電圧	V_{NI}	10	$nV\sqrt{Hz}$
消費電流	I_{CC}	320	μA
スルーレート	SR	0.5	V/μs

（新日本無線データシートより）

レベルまで扱うことが可能です．

(5) バイパスコンデンサ

定電圧電源装置の出力電圧は，安定化回路によって，一定の電圧に制御されています．しかし，完璧な安定化は不可能であり，電圧がわずかながら変動することは避けられません．オペアンプ用電源の電圧変動の周波数が高くなった場合には，雑音としてオペアンプの出力に現れてしまう場合があります．また，外部からの高周波雑音が電源ラインにのってしまう場合もあります．これらのトラブルを避けるためには，図 1-31 に示すように，オペアンプ IC の近くにバイパスコンデンサと呼ばれる 0.1 〜 1.5 μF 程度のコンデンサを接続します．バイパスコンデンサは，タンタルコンデンサ，積層セラミックコンデンサなど高周波特性のよいコンデンサが適しています．図 1-32 に，これらのコンデンサの外観例を示します．

図 1-31 バイパスコンデンサの接続

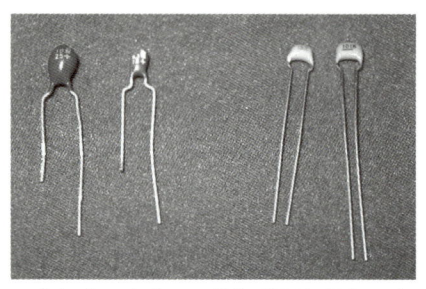

(a) タンタル　(b) 積層セラミック
図 1-32 コンデンサの例

1-6 オペアンプの規格表

(1) 規格表の入手

現在では，インターネットを使用することでオペアンプの規格表（データシート）を容易に入手することができます．半導体メーカのホームページにアクセスして，製品情報などのメニューをたどっていけば，データシートが公開されている場合が大半です．メーカのホームページを見つけるには，インターネット上の検索エンジン（YAHOO !, goo, Google など）で「新日本無線　オペアンプ」，「NEC　オペアンプ」などのキーワードを使用して検索するとよいでしょう．また，オペアンプは，「汎用リニア IC」に分類される製品です．図 1-33 に，新日本無線のホームページから，半導体データブックの汎用リニア IC 目次とオペアンプ NJM4558／4559 のデータシートを表示した例を示します．メーカによっては，オペアンプ用語集やよくある質問などの情報を公開している場合もあります．

図 1-33　ホームページ上のデータシート例

(2) 電気的特性

規格表（データシート）には，オペアンプのピン配列や外形，内部回路，各種特性のグラフなど豊富なデータが掲載されています．オペアンプの一般的な性能を判断する場合には，電気的特性の一覧表を見るとよいでしょう．

例として，表1-10にNJM4558の電気的特性を示します．この表には，例えば，入力オフセット電圧 V_{IO}，電圧利得 A_V，交流特性を示すスルーレート SR，入力換算雑音電圧 V_{NI} など，これまで説明してきたオペアンプの諸性能が示されています．ここでは，いくつかの補足説明をしておきます．

ⓐ 電圧利得 G_V と電圧増幅度 A_V

電圧利得 G_V と電圧増幅度 A_V には，式(1-12)に示す関係があります(7ページ参照)．つまり，電圧利得の単位はdBですが，電圧増幅度には単位があ

$$A_V = \left| \frac{V_o}{V_i} \right|$$

$$G_V = 20 \log_{10} A_V [\text{dB}] \quad (1\text{-}12)$$

電圧利得〔dB〕　電圧増幅度　単位なし

表1-10　電気的特性の例　　($V^+/V^- = \pm 15$〔V〕, $T_a = 25$〔℃〕)

項目	記号	条件	最小	標準	最大	単位
入力オフセット電圧	V_{IO}	$R_s \leq 10$〔kΩ〕	-	0.5	6	mV
入力オフセット電流	I_{IO}		-	5	200	nA
入力バイアス電流	I_B			25	500	nA
入力抵抗	R_{IN}		0.3	5	-	MΩ
電圧利得	A_V	$R_L \geq 2$〔kΩ〕, $V_O = \pm 10$〔V〕	86	100	-	dB
最大出力電圧 1	V_{OM1}	$R_L \geq 10$〔kΩ〕	±12	±14	-	V
最大出力電圧 2	V_{OM2}	$R_L \geq 2$〔kΩ〕	±10	±13	-	V
同相入力電圧範囲	V_{ICM}		±12	±14	-	V
同相信号除去比	CMR	$R_s \leq 10$〔kΩ〕	70	90	-	dB
電源電圧除去比	SVR	$R_s \leq 10$〔kΩ〕	76.5	90	-	dB
消費電流	I_{CC}		-	3.5	5.7	mA
スルーレート	SR					
NJM4558	SR			1	-	V/μs
NJM4559	SR			2	-	V/μs
入力換算雑音電圧	V_{NI}	RIAA, $R_S = 2.2$〔kΩ〕, 30kHz LPF	-	1.4	-	μVrms
利得帯域幅積	GB					
NJM4558	GB			3		MHz
NJM4559	GB			6		MHz

(新日本無線 NJM4558 データシートより)

りません．ただし，電圧増幅度の数値に「倍」を付けて，100倍のように読むことがあります．しかし，オペアンプ分野の規格表などでは，電圧利得と電圧増幅度を明確に区別せずに使用している例が多く見受けられます．例えば，電圧利得の記号に A_V を使用していたり（**表1-10**参照），電圧増幅度と称して電圧利得〔dB〕を示していたりする場合があります．したがって，必要に応じて電圧利得と電圧増幅度を各自の判断で区別しましょう．

(b) 電源電圧除去比（SVR）

SVR（supply voltage rejection ratio）は，電源電圧の変化分 ΔV と，それに伴う入力オフセット電圧 ΔV_{IO} の変動の比をデシベルの単位で表した値です．入力オフセット電圧 ΔV_{IO} の変動は，出力電圧の変動として現れますので，SVRは式（1-13）のように定義されます．ΔV_O は，出力電圧の変動を入力電圧に換算した値です．

$$\text{SVR} = 20 \log_{10} \frac{\Delta V}{\Delta V_O} \text{〔dB〕} \quad (1\text{-}13)$$

SVRの値が大きいほど，入力オフセット電圧の変化が少ない高性能なオペアンプです．電源電圧除去比は，電源変動除去比とも呼ばれます．

(c) 利得帯域幅積（GB積）

利得帯域幅積は，電圧増幅度と周波数の積を周波数の単位〔Hz〕で表した値です．オペアンプをオープンループ（負帰還をかけない回路）で使用した場合の特性は，例えば**図1-34**のようになります．電圧利得は，周波数 f が10Hz以上になると減少していき，周波数が1MHzを超えた付近でゼロとなります．電圧利得がゼロになる周波数をゼロクロス周波数と呼びます．

さて，電圧利得が減少している周波数領域において，点Ⓐ（$f=100$〔Hz〕）と点Ⓑ（$f=100$〔kHz〕）での「電圧利得×周波数」を考えます．電圧利得を電圧増幅度に換算してから計算を行

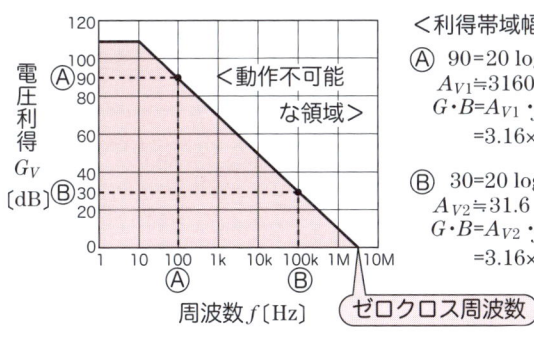

＜利得帯域幅積の計算＞

Ⓐ $90 = 20 \log_{10} A_{V1}$ より
$A_{V1} \fallingdotseq 31600$
$G \cdot B = A_{V1} \cdot f = 31600 \times 100$
$= 3.16 \times 10^6 \fallingdotseq 3.16$〔MHz〕

Ⓑ $30 = 20 \log_{10} A_{V2}$ より
$A_{V2} \fallingdotseq 31.6$
$G \cdot B = A_{V2} \cdot f = 31.6 \times 100 \times 10^3$
$= 3.16 \times 10^6 \fallingdotseq 3.16$〔MHz〕

図1-34 周波数-電圧利得特性
（新日本無線 NJM4558 データシートより）

うと，図 1-34 の右側に示したように，点Ⓐ，点Ⓑいずれの場合でも，$G \times B = A_V \times f$ の値はおよそ 3.16 MHz になります．

このように，電圧利得が減少している周波数領域では，$G \times B$ は一定値となります．利得帯域幅積（$G \times B$）の値を超える部分（図 1-34 の網掛け以外の領域）では，オペアンプを動作させることはできません．つまり，利得帯域幅積は，設計の限界を知る目安となります．NJM4558 のデータシート（表 1-10）では，利得帯域幅積が標準で 3 MHz となっており，先に計算した値とほぼ一致することが確認できます．利得帯域幅積は，GB 積（gain bandwidth product）とも呼ばれます．

(3) 絶対最大定格

オペアンプは，ある条件の範囲で動作します．例えば，NJM4558 の動作電源電圧範囲は，±4 から ±18 V となっています．この範囲外で使用した場合には，安定な動作が保証されません．オペアンプが安定に動作する条件を，推奨動作条件といいます．また，オペアンプの破壊につながりかねない限界の規格を絶対最大定格といいます．したがって，オペアンプを使用する場合には，必ず絶対最大定格以内で動作させなければなりません．絶対最大定格は，たとえ一瞬でも超えてはならない値です．**表 1-11** に NJM4558 の絶対最大定格を示します．

表 1-11　絶対最大定格　　　　　($T_a = 25$ [℃])

項目	記号	定格	単位
電源電圧	V^+/V^-	±18	V
差動入力電圧	V_{ID}	±30	V
同相入力電圧	V_{IC}	±15（注）	V
消費電力	P_D	（D タイプ）500 （M タイプ）300 （V タイプ）250 （L タイプ）800	mW
動作温度	T_{opr}	−40 〜 +85	℃
保存温度	T_{stg}	−40 〜 +125	℃

（注）電源電圧が ±15 V 以下の場合は，電源電圧と等しくなります．

（新日本無線 NJM4558 データシートより）

1-7 実験しよう

(1) 実験の準備

学んだ知識を深めるためには実験が欠かせません．また，自分では理解したつもりの項目でも，実験をすることによって，思いもしなかった問題に気づくこともあります．是非とも，はんだごてやテスタを手にして，オペアンプに関する実験を行いましょう．

ここでは，実験に必要なおもな部品や機器について説明します．

(a) 実験回路

オペアンプを使用した実験回路です．テスタなどで測定する配線には，図 1-35 に示すチェック端子をプリント基板に取り付けておくと便利です．また，できるだけ図 1-36 に示す IC ソケットを使用して，はんだ付けの熱からオペアンプを保護しましょう．

(b) 電源装置

21 ページの図 1-25 で紹介した両電源装置が用意できれば理想的です．しかし，例えば両電源装置を自作することも可能です．図 1-37 に，±15 V を取り出すことのできる両電源装置

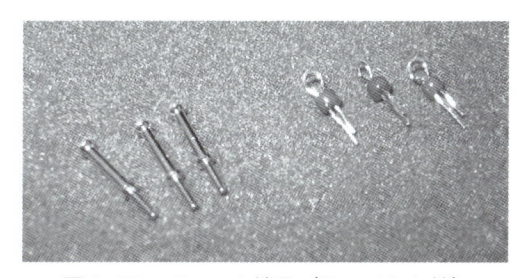

図 1-35 チェック端子（サンハヤト社）

図 1-36 IC ソケット（8 ピン用）

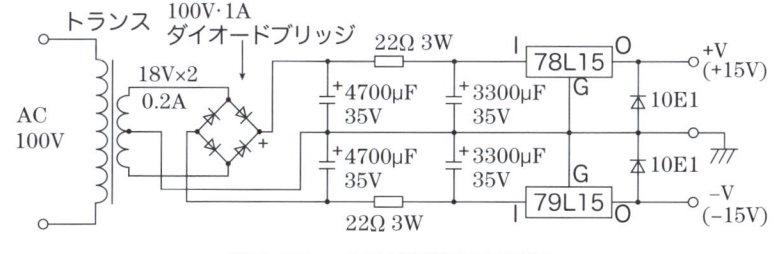

図 1-37 ±15V 両電源の回路例

の回路図を示します．78L15 は +15 V 出力，79L15 は -15 V 出力の得られる三端子レギュレータ IC（最大出力電流 100 mA）です．

(c) **信号発生装置**

オペアンプに入力する正弦波や方形波を発生する装置です．シグナルジェネレータ（SG）または，ファンクションジェネレータ（FG）と呼ばれることもあります．近年では，高機能なものが安価で入手できるようになってきました．**図 1-38** に，周波数カウンタ機能を併せ持ったファンクションジェネレータの外観例を示します．また，ファンクションジェネレータ用の IC を入手して自作すれば，より安価に済ますことが可能です．**図 1-39** に，組み立てキットとして市販されている

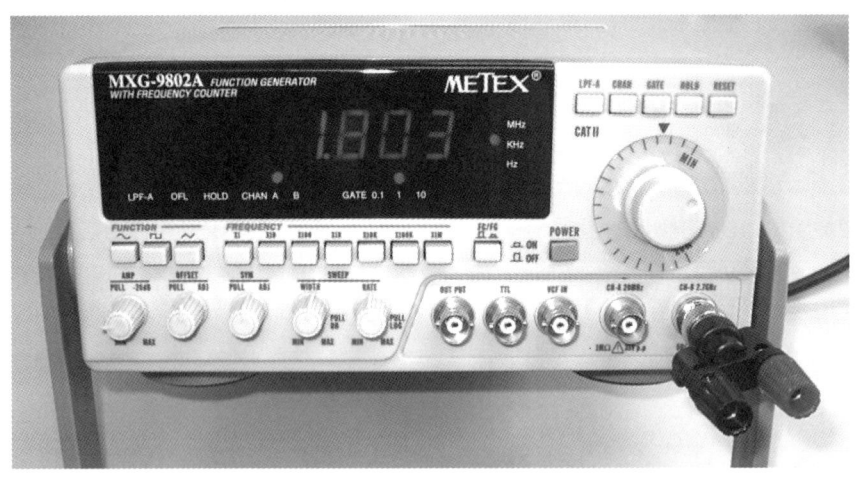

図 1-38　ファンクションジェネレータ（FG）の外観例

図 1-39　オシレータ（OSC の組み立て例）
　　　　（秋月電子通商 AKI-038）

オシレータ（OSC）と呼ばれる信号発生装置の製作例を示します．このキットは安価ではありますが，図 1-38 に示したファンクションジェネレータの信号発生とほぼ同等の機能（発振周波数 0.1 Hz ～ 20 MHz）を持っています．

(d) **テスタ**

回路の電流や電圧を測定する最も基本的な測定装置です．アナログ型とディジタル型に大別できます（**図 1-40**）．どちらのタイプでも構いませんので，各自の使いやすいものを用意してください．近年では，次に紹介するオシロスコープの機能を有したディジタルテスタも市販されています．

(e) **オシロスコープ**

オシロスコープは，信号の波形を観測する装置です（**図 1-41**）．アナログ型とディジタル型に大別できます．アナログ型では，観測データを保持しておくことはできません．一方，ディジタル型では，観測データの保持や各種の加工処理を行うことができます．パソコンと接続する機能をもったディジタル型オシロスコープであれば，観測波形の画面をパソコンに取り込んで処理することも可能です．近年では，ディジタル型の高機能オシロスコープ

(a) アナログ型（SH-88TR）　　　　(b) ディジタル型（PC-20）

図 1-40　テスタの外観例（写真提供：三和電気計器）

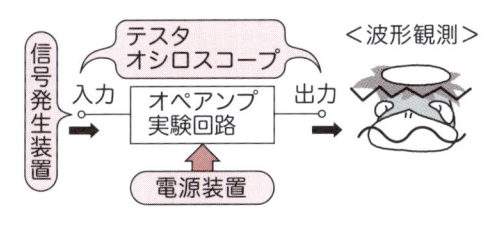

図 1-41　波形の観測

1-7　実験しよう

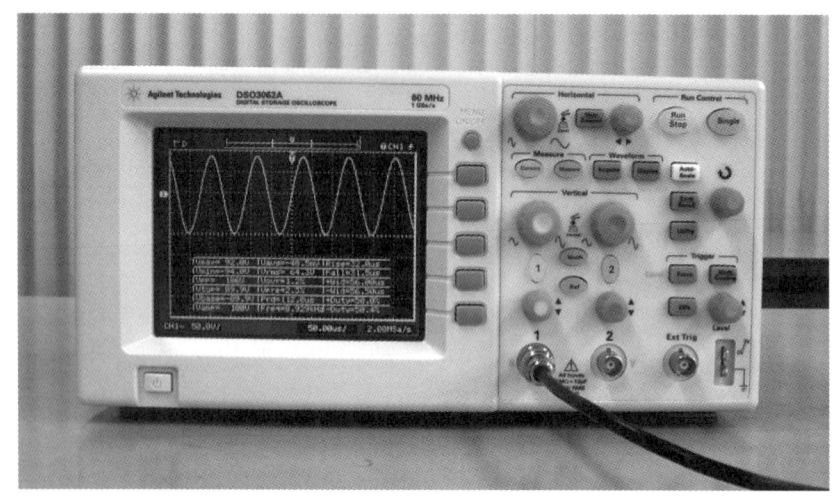

図1-42 ディジタルオシロスコープの外観例

が個人でも手の届く価格になってきました．図1-42に，液晶ディスプレイを搭載したディジタルオシロスコープの外観例を示します．また，パソコンのUSBポートやプリンタポートなどに接続することで波形観測が可能なアダプタ型のオシロスコープも市販されています．図1-43に，アダプタ型のオシロスコープの外観とパソコンでの観測画面例を示します．オシロスコープは，できるものなら備えておきたい測定装置です．1つの信号のみを観測するものを1チャネル（または1現象）オシロスコープ，2つの信号を同時に観測できるものを2チャネル（または2現象）オシロスコープといいます．

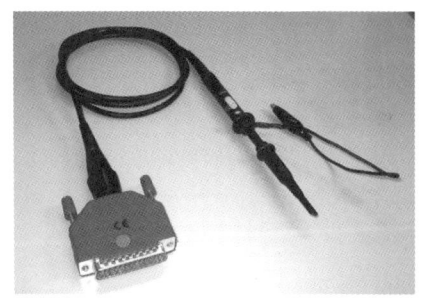

(a) 本体の外観例　　　　(b) 観測例（パソコン画面）
図1-43 アダプタ型オシロスコープ

(2) スルーレートの測定実験

オペアンプでは，入力された信号を増幅する際に，信号の急激な変化に追従できずに，出力波形が変形してしまうことがあります．スルーレートSRは，出力波形の変形を，1 μs 当たりの電圧の変化量で表した値です．スルーレートの値が大きい程，入力の変化に追従する性能が高いオペアンプであると考えることができます（10 ページ参照）．ここでは，汎用オペンプNJM4558 のスルーレートを測定する実験を行いましょう．

(a) 実験回路

図 1-44 に実験回路，図 1-45 に製作例を示します．実験回路では，電源電圧を ±15 V としました．NJM4558 の動作電源電圧は ±4 ～ ±18 V ですから，この範囲なら変更しても問題ありません．また，オペアンプIC の近くに接続してある 2 個の積層セラミックコンデンサは，バイパスコンデンサで

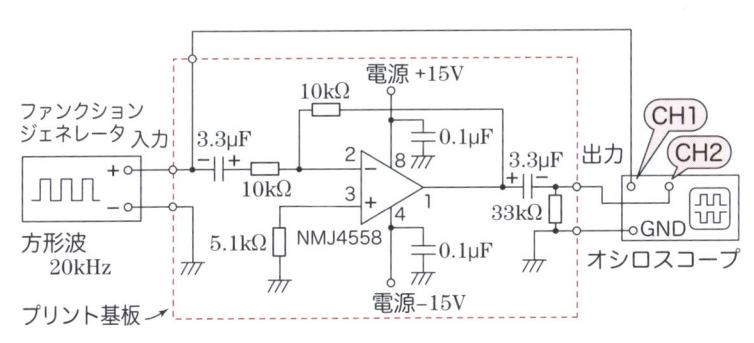

図 1-44 スルーレート実験回路

図 1-45 スルーレート実験回路の製作例

1-7 実験しよう

す（24ページ参照）．製作はプリント基板を用いてはんだ付けによって行いました．各自の環境や好みによっては，ブレッドボード（103ページ参照）を用いて実験を行うとよいでしょう．

(b) **使用機器**

両電源装置（または，単電源装置2台），ファンクションジェネレータ，オシロスコープ

(c) **実験手順**

① オペアンプに電源電圧を加えます．

② オシロスコープを動作させて，チャンネル1（CH1）をファンクションジェネレータの出力端子，チャンネル2（CH2）を実験回路の出力端子に接続します．

③ ファンクションジェネレータによって20 kHzの方形波を発生し，実験回路の入力端子に加えます．ファンクションジェネレータのアッテネータ（出力電圧を調整する機能）ダイヤルを調整して，出力電圧±1 V程度にします．

④ オシロスコープによって，実験回路の入力と出力の波形を観測します．

図1-46に，オシロスコープでの観測例を示します．この例では，上側にCH1，下側にCH2の波形が表示されています．また，CH1，CH2とも，横軸は10 μs/div，縦軸は1 V/divになっています．「/div」とは，1マス当たりの値を意味します．

(d) **波形観測**

図1-44は，反転増幅回路と呼ばれる回路です（39ページ参照）．反転増幅回路では，入力信号と出力信号の位

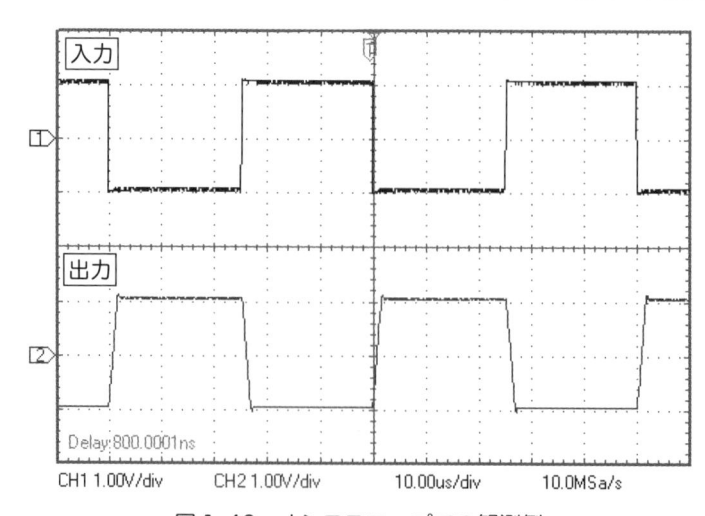

図1-46 オシロスコープでの観測例

相が反転します．オシロスコープでの観測からも入力波形（CH1）と出力波形（CH2）の位相が反転している様子が確認できます．

では，波形の変動を観測しましょう．入力波形（CH1）では，立上りと立下りがほぼ瞬時に変化しています．一方，出力波形（CH2）では，立上りと立下りの際に Δt の遅延が生じています．

(e) **スルーレートの計算**

スルーレート SR は，出力波形の変形を，1 μs 当たりの電圧の変化量で表した値ですから，式（1-14）で計算することができます．

$$\mathrm{SR} = \frac{\Delta V}{\Delta t} \qquad (1\text{-}14)$$

図 1-47（オシロスコープ）から，Δt と ΔV を読み取ると，$\Delta t = 4$〔μs〕，$\Delta V = 2$〔V〕となります．これを式（1-14）に代入して，SR = 0.5〔V/μs〕を得ます．

$$\mathrm{SR} = \frac{2}{4 \times 10^{-6}} = 0.5 \,〔\mathrm{V/\mu s}〕$$

NJM4558 のデータシート（26 ページ表 1-10）には，スルーレート SR = 1〔V/μs〕（標準）と記載されています．実験の誤差を考慮すれば，実験から計算した値とデータシートの値は，概ね一致していると考えてよいでしょう．

この他，同じ実験回路を用いて，入力信号の周波数や振幅を変化させた場合の出力波形を観測してみましょう．また，正弦波を入力した際に，出力波形が三角波に近づく様子などを観測してみましょう．

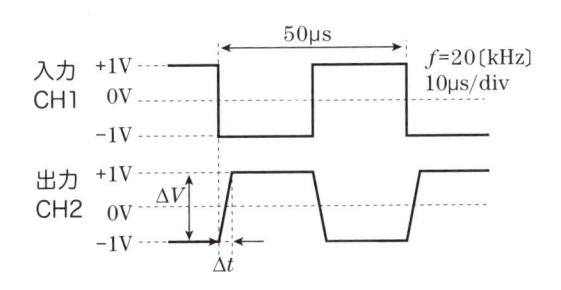

図 1-47　Δt, ΔV の測定

1-7　実験しよう

章末問題

1 次の文章は，オペアンプの特徴について述べたものである．正しいものはどれか答えなさい．
① 入力インピーダンスが高い
② 出力インピーダンスが高い
③ 増幅度が極めて大きい
④ 直流の増幅を行うことができる
⑤ IC化されている

2 次の用語について簡単に説明しなさい．
① 入力オフセット電圧
② スルーレート
③ CMRR
④ GB積
⑤ 単電源オペアンプ

3 両電源用オペアンプを単電源で使用する場合の接続方法として正しいのは，図1-48のうちどれか答えなさい．

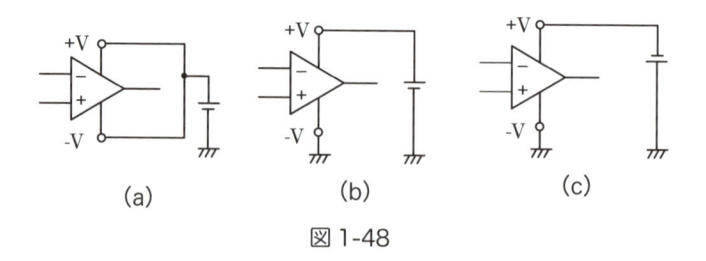

図1-48

4 バイパスコンデンサについて次の問に答えなさい．
① 接続する主な目的を説明しなさい．
② なぜ，高周波信号に対して有効なのか説明しなさい．
③ 求められる特性について説明しなさい．

5 NJM4558とNJM4580を比較した場合，雑音特性が優れているのはどちらか答えなさい．

第2章 オペアンプの基礎

　オペアンプには，2つの入力端子（−，＋）があります．どちらの端子に信号を入力するかによって異なった位相の出力が得られます．−（マイナス）端子に信号を入力した場合には反転増幅，＋（プラス）端子に信号を入力した場合には非反転増幅と呼ばれる動作をします．また，オペアンプの基本として重要な項目に差動増幅回路の原理やイマジナリショートの考え方があります．この章では，オペアンプを用いて各種の回路を構成する場合に必要となる基本事項について学びましょう．

2-1 反転増幅回路

(1) 反転増幅回路と非反転増幅回路

反転増幅回路は，入力信号と出力信号の位相がπラジアン（180度）ずれる増幅回路です．図2-1に，反転増幅回路の入力波形と出力波形の例を示します．これに対して，非反転増幅回路は，入力信号と出力信号の位相が同じになる増幅回路です．図2-2に，非反転増幅回路の入力波形と出力波形の例を示します．オペアンプは，2本の入力端子（−, ＋）のうち，−端子（反転入力端子）に信号を入力すると反転増幅回路，＋端子（非反転入力端子）に信号を入力すると非反転増幅回路として動作します（図2-3参照）．

(2) トランジスタ反転増幅回路

トランジスタを用いた増幅回路では，大きな電流利得，電圧利得が得られるエミッタ接地増幅回路が広く使用されています．図2-4に，基本的なエミッタ接地増幅回路の例を示します．この回路は，入力信号と出力信号の位相がπラジアンずれる反転増幅回路として動作します．つまり，反転

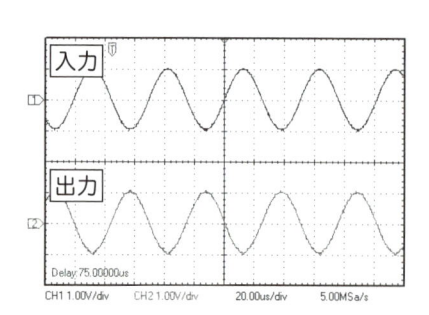

図2-1 反転増幅回路の入出力波形

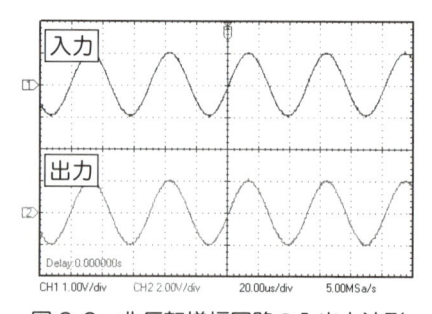

図2-2 非反転増幅回路の入出力波形

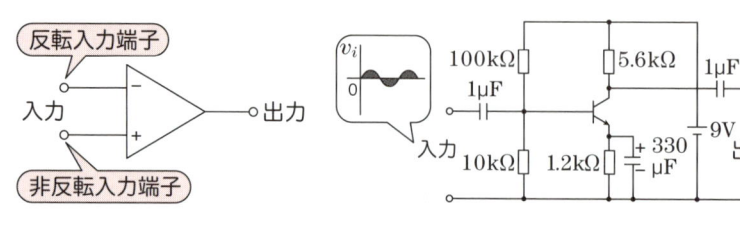

図2-3 2つの入力端子

図2-4 エミッタ接地増幅回路の例

増幅回路は，増幅回路の基本形と考えることができます．

(3) オペアンプ反転増幅回路

図2-5にオペアンプを使用した反転増幅回路とオペアンプ内部を等価回路（5ページ図1-5参照）で表した図を示します．これらの図では，電源やバイパスコンデンサの記述を省略しています．

図2-5の下図から，回路の増幅度を求める式を導いてみましょう．ただし，少々複雑な計算が出てきますので，面倒だと思われる読者は，後ほど説明する，より簡単な計算法（44ページ）で理解してください．

経路Ⓐにキルヒホッフの法則を用いると式（2-1）が得られます．

$$v_i - i_1 R_s - i_f R_f - i_f Z_o + i_2 Z_i A_v = 0 \quad (2\text{-}1)$$

また，電流 i_f については式（2-2）が成立します．

$$i_f = i_1 - i_2 \quad (2\text{-}2)$$

式（2-2）を式（2-1）に代入すると，式（2-3）のようになります．

$$v_i = i_1(R_s + R_f + Z_o) - i_2(R_f + Z_o + Z_i A_v) \quad (2\text{-}3)$$

次に，経路Ⓑにキルヒホッフの法則を用いると式（2-4）が得られます．

$$v_i - i_1 R_s - i_2 Z_i = 0 \quad (2\text{-}4)$$

式（2-4）を変形して，式（2-5）とします．

$$i_2 = \frac{v_i - i_1 R_s}{Z_i} \quad (2\text{-}5)$$

式（2-5）を式（2-3）に代入して，i_1 についての式にすると式（2-6）の

Z_i：入力インピーダンス
Z_o：出力インピーダンス
A_v：電圧増幅度

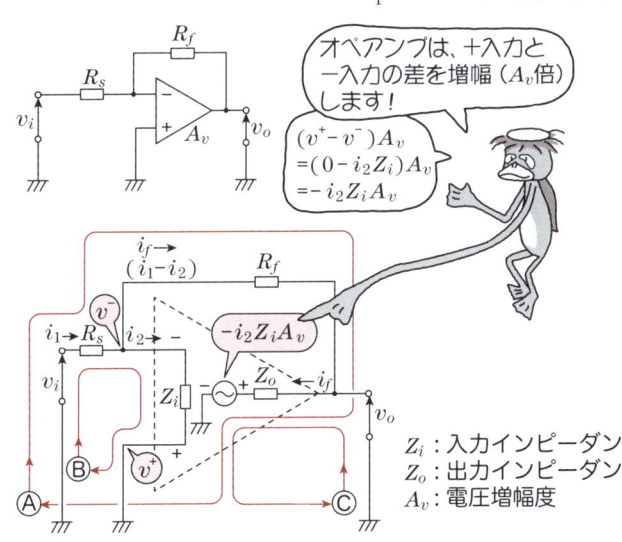

図2-5　反転増幅回路

$$i_1 = \frac{v_i(Z_i + R_f + Z_o + Z_i A_v)}{Z_i(R_s + R_f + Z_o) + R_s(R_f + Z_o + Z_i A_v)} \tag{2-6}$$

$$i_1 = \frac{v_i - i_2 Z_i}{R_s} \tag{2-7}$$

$$i_2 = \frac{v_i(R_f + Z_o)}{Z_i(R_s + R_f + Z_o) + R_s(R_f + Z_o + Z_i A_v)} \tag{2-8}$$

$$v_o - i_f Z_o + i_2 Z_i A_v = 0 \tag{2-9}$$

$$v_o = i_1 Z_o - i_2(Z_o + Z_i A_v) \tag{2-10}$$

$$\frac{v_o}{v_i} = \frac{Z_o(Z_i + R_f + Z_o + Z_i A_v) - (Z_o + Z_i A_v)(R_f + Z_o)}{Z_i(R_s + R_f + Z_o) + R_s(R_f + Z_o + Z_i A_v)} \tag{2-11}$$

$$\frac{v_o}{v_i} = \frac{-Z_i A_v R_f}{Z_i(R_s + R_f) + R_s(R_f + Z_i A_v)}$$

$$= -\frac{R_f}{R_s} \cdot \frac{1}{\frac{1}{A_v} + \frac{R_f}{R_s A_v} + \frac{R_f}{Z_i A_v} + 1} \tag{2-12}$$

ようになります．

式（2-4）を変形して，式（2-7）とします．

式（2-7）を式（2-3）に代入して，i_2についての式にすると式（2-8）のようになります．

出力側の経路ⓒにキルヒホッフの法則を用いると式（2-9）が得られます．

式（2-2）を式（2-9）に代入して，v_oの式に変形すると式（2-10）のようになります．

式（2-10）に，式（2-6）と式（2-8）を代入して，v_oとv_iの比についての式に変形して，式（2-11）を得ます．

理想的なオペアンプの出力インピーダンスはゼロですので，式（2-11）に$Z_o=0$を代入して整理すると式（2-12）のようになります．

さらに，理想的なオペアンプの増幅度A_vは無限大ですので，式（2-12）に$A_v=\infty$を代入すると式（2-13）のようになります．

$$\frac{v_o}{v_i} = -\frac{R_f}{R_s} \tag{2-13}$$

こうして得られた式（2-13）は，反転増幅回路の増幅度を計算する基本式です．右辺に－（マイナス）の記号が付いているのは，出力の位相が反転することを意味しています．この式は，増幅回路の増幅度が抵抗R_fとR_sの比率だけで決められることを示しています（**図 2-6**）．つまり，オペアンプICを反転増幅回路として使用すれば，IC自身の増幅度A_vとは無関係に，任意

$$\frac{v_o}{v_i} = -\frac{R_f}{R_s}$$

2つの抵抗の比のみで決められる！

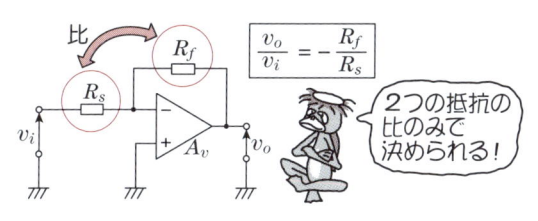

図 2-6　反転増幅回路の増幅度

の増幅度を容易に設定できるのです．また，増幅度が IC の特性のばらつきによる影響を受けないことも利点です．一方，図 2-4 に示したトランジスタ増幅回路では，トランジスタの直流電流増幅率 h_{FE} のような温度変化の影響を受ける項目が増幅度に関係します．

次に，反転増幅回路の入力インピーダンス Z_{in} を計算しましょう．ただし，反転増幅回路の入力インピーダンス Z_{in} とオペアンプの入力インピーダンス Z_i を混同しないように注意してください（**図 2-7**）．図 2-5 の下図から考えると，Z_{in} は式（2-14）のように表すことができます．

$$Z_{in} = \frac{v_i}{i_1} \quad (2\text{-}14)$$

式（2-14）に式（2-6）を代入すると，式（2-15）が得られます．

$$Z_{in} = \frac{Z_i(R_s + R_f + Z_o) + R_s(R_f + Z_o + Z_i A_v)}{Z_i + R_f + Z_o + Z_i A_v}$$

(2-15)

理想的なオペアンプの出力インピーダンス Z_o はゼロであるため，式（2-15）に $Z_o = 0$ を代入して変形すると式（2-16）のようになります．

$$Z_{in} = \frac{Z_i(R_s + R_f) + R_s(R_f + Z_i A_v)}{Z_i(1 + A_v) + R_f}$$

$$= \frac{R_f}{1 + A_v + \frac{R_f}{Z_i}} + R_s \quad (2\text{-}16)$$

さらに，理想的なオペアンプの増幅度 $A_v = \infty$，入力インピーダンス $Z_i = \infty$ を式（2-16）に代入すると式（2-17）

オペアンプの Z_i と回路の Z_{in} を混同しないこと！

$$A_v' = \frac{v_o}{v_i}$$

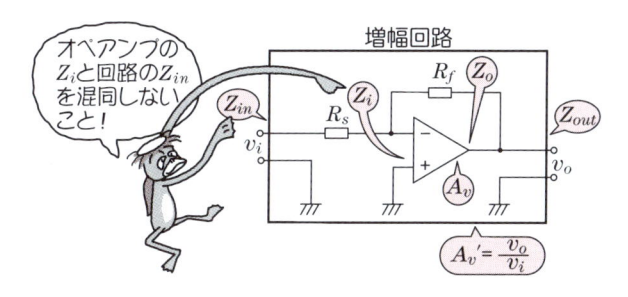

図 2-7　オペアンプと増幅回路

2-1　反転増幅回路

が得られます．

$$Z_{in} = R_s \quad (2\text{-}17)$$

式（2-17）は，反転増幅回路の入力インピーダンス Z_{in} が抵抗 R_s の値と等価になることを示しています．つまり，反転増幅回路に入力インピーダンスは，無限大に比べれば，とても小さな値となってしまいます．このことから，反転増幅回路の増幅度が抵抗 R_f と R_s の比率だけで決められる（式（2-13））とはいっても，抵抗 R_f と R_s をあまり小さな値で使用すると，回路の入力インピーダンスが小さくなり，前段の回路へ悪影響を及ぼすなどの弊害を生じます．これとは逆に，抵抗値をあまり大きな値で使用すると，オペアンプへの入力信号が小さくなり，ノイズの影響を受けやすくなってしまいます．このことから，抵抗 R_f と R_s の値は，概ね kΩ のオーダで使用するのが一般的です．

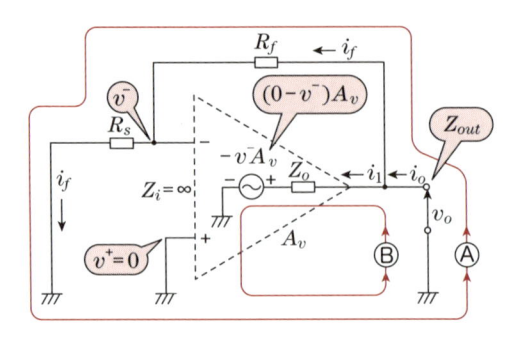

次に，反転増幅回路の出力インピーダンス Z_{out} を計算しましょう．**図2-8** を用いて考えます．入力端子を短絡して，経路Ⓐと経路Ⓑにキルヒホッフの法則を適用すると，式（2-18）と式（2-19）が得られます．

$$v_o - i_f R_f - i_f R_s = 0 \quad (2\text{-}18)$$
$$v_o - i_1 Z_o + v^- A_v = 0 \quad (2\text{-}19)$$

また，図2-8では，式（2-20）が成立します．

$$\left. \begin{array}{l} i_o = i_1 + i_f \\ v^- = i_f R_s \end{array} \right\} \quad (2\text{-}20)$$

式（2-20）を式（2-19）に代入して，式（2-21）を得ます．

$$v_o - Z_o(i_o - i_f) + i_f R_s A_v = 0 \quad (2\text{-}21)$$

式（2-18）を式（2-22）のように変形します．

$$i_f = \frac{v_o}{R_f + R_s} \quad (2\text{-}22)$$

式（2-22）を式（2-21）に代入して，出力インピーダンス Z_{out} を表す式に変形すると，式（2-23）のようになります．

図2-8 反転増幅回路の出力インピーダンス Z_{out}

$$Z_{out} = \frac{v_o}{i_o}$$

$$= \frac{Z_o(R_f + R_s)}{R_f + R_s + Z_o + R_s A_v} \quad (2\text{-}23)$$

式（2-23）において，オペアンプの増幅度 A_v が無限大だと考えると，出力インピーダンス Z_{out} は極めて小さな値になります．このように，反転増幅回路では，入力インピーダンス Z_{in} は抵抗 R_s の値と等しくなり，出力インピーダンス Z_{out} はゼロに近くなります．

(4) イマジナリショート

図 2-9 に，オペアンプを用いた反転増幅回路を示します．オペアンプの増幅度を A_v とすると，帰還のない場合には，端子 c に $v_o = -A_v \times v_i$ が出力されます．しかし，この回路では抵抗 R_f による帰還があるために，端子 a には端子 c からの負電圧が加わります．このため，端子 a の電位は下がります．この現象は，連続するために，端子 a の電位は徐々に下がっていきます．そして，端子 a の電位がアースに対して負になると，端子 c には正電圧が出力されます．すると，先ほどとは逆に，端子 a の電位が高くなってきます．これらの動作は，増幅度の大きいオペアンプにおいて一瞬にして行われるため，結局は端子 a の電位は常にゼロ（アース）と考えることができます．したがって，オペアンプの実際の入力インピーダンス（端子 a-b 間の抵抗）は，非常に大きい（無限大と考えることができる）にもかかわらず，入力端子 a と入力端子 b（アース）はあたかもショートしているかのように見えます．このことを，イマジナリショート（imaginary short：仮想短絡）といいます（図 2-10 参照）．

イマジナリショートの考えを使用して，反転増幅回路の増幅度を考えてみましょう．図 2-9 において，端子 a と端子 b は，イマジナリショートしているため，抵抗 R_s に流れる電流 i は，式（2-24）のようになります．

$$i = \frac{v_i}{R_s} \quad (2\text{-}24)$$

オペアンプの入力抵抗は，非常に大きいために，電流 i はオペアンプ内へ

図 2-9　反転増幅回路

図 2-10　イマジナリショート

は流れずに抵抗 R_f を通って端子 c へ向けて流れます．このため，端子 c の電圧 v_o は，式（2-25）に示すように，端子 a の電位（ゼロ）よりも R_f による電圧降下の分だけ低くなります．

$$v_o = 0 - R_f i = -\frac{R_f}{R_s} v_i \quad (2\text{-}25)$$

したがって，反転増幅回路の電圧増幅度は，式（2-26）のようになります．

$$\boxed{\frac{v_o}{v_i} = -\frac{R_f}{R_s} \quad (2\text{-}26)}$$

式（2-26）は，前に導出した式（2-13）と同じです．

(5) 入力バイアス電流の補正

オペアンプの入力端子には，入力バイアス電流が流れます（第 1 章 10 ページ参照）．ここでは，**図 2-11** に示す回路を考え，オペアンプの反転（−）入力端子と非反転（+）入力端子に同じ入力バイアス電流 I_B が流れているとします．また，図 2-9 とは異なり，オペアンプの非反転入力端子には抵抗 R_1 を入れてあります．

入力端子の電圧を V^-, V^+ とすると，V^+ は式（2-27）で表すことができます．

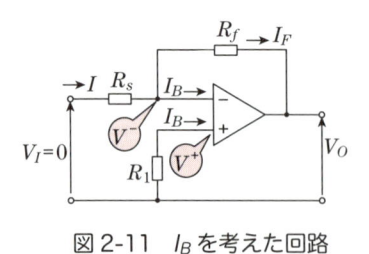

$$V^+ = -I_B R_1 \quad (2\text{-}27)$$

$V_I = 0$ とすると，イマジナリショートにより $V^- = V^+$ と考えられるために入力電流 I は，式（2-28）のようになります．

$$I = \frac{-V^-}{R_s} = \frac{-V^+}{R_s} = \frac{I_B R_1}{R_s} \quad (2\text{-}28)$$

抵抗 R_f に流れる電流を I_F とすると，I_B は式（2-29）のようになります．

$$\begin{aligned}
I_B &= I - I_F \\
&= \frac{I_B R_1}{R_s} - \frac{V^- - V_O}{R_f} \\
&= \frac{I_B R_1}{R_s} + \frac{I_B R_1}{R_f} + \frac{V_O}{R_f} \quad (2\text{-}29)
\end{aligned}$$

これより，出力電圧 V_O は式（2-30）のようになります．

$$\begin{aligned}
V_O &= I_B R_f - I_B \frac{R_1 R_f}{R_s} - I_B R_1 \\
&= I_B \left(R_f - \frac{R_1 R_f}{R_s} - R_1 \right) \\
&= I_B \left(R_f - \frac{R_1 R_f + R_1 R_s}{R_s} \right)
\end{aligned}$$

$$(2\text{-}30)$$

式（2-30）の出力電圧 V_O は，入力バイアス電流 I_B の影響によって生じ

図 2-11 I_B を考えた回路

$$R_1 = \frac{R_s R_f}{R_s + R_f}$$
（並列合成抵抗）

た出力オフセット電圧であり，本当は0Vであってほしい電圧です．そこで，式(2-30)において，抵抗R_1を式(2-31)のように考えれば，出力電圧V_Oは式(2-32)のように0Vとなります．

$$R_1 = \frac{R_s R_f}{R_s + R_f} \quad (2\text{-}31)$$

$$V_O = I_B \left(R_f - \frac{1}{R_s} \cdot \frac{R_s R_f{}^2 + R_s{}^2 R_f}{R_s + R_f} \right)$$

$$= I_B \left(R_f - \frac{1}{R_s} R_s R_f \right)$$

$$= 0 \quad (2\text{-}32)$$

このように，非反転入力端子にR_sとR_fの並列合成抵抗と同じ大きさの補償抵抗R_1を挿入することで，入力バイアス電流の影響をなくすことが可能となります．入力バイアス電流は，温度によって変化します（9ページの図1-11(b)）ので，補償抵抗R_1の挿入によって温度変化に対する安定度を高めることにもなります．ただし，実際の入力バイアス電流は，トランジスタ入力型でnA，FET入力型でpAのオーダですから，FET入力型では補償抵抗を省略できます．

(6) 直流特性

反転増幅回路に直流信号を入力した場合の出力特性を調べましょう．**図2-12**に実験回路を示します．抵抗R_sは10 kΩのままで，帰還抵抗R_fを10 kΩ，22 kΩ，33 kΩに変更します．入力電圧V_Iは，10 kΩの可変抵抗器（VR）によって，-8 Vから+8 Vまで1 Vずつ変化させます．入力バイアス電流の影響を打ち消す補償抵抗R_1は，便宜的に5.1 kΩ一定としました．入力電圧V_Iと出力電圧V_Oをテスタで測定してグラフにした結果を**図2-13**に示します．反転増幅回路であるため，入力電圧V_Iと出力電圧V_Oの極性が反転しています．

表2-1に，$V_I = 3$〔V〕のときの増幅

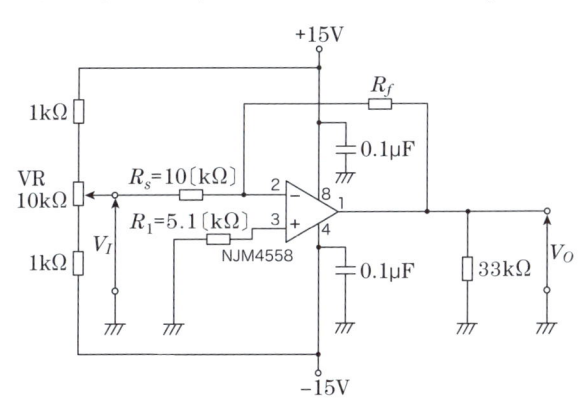

図2-12 反転増幅の直流入出力特性実験回路

2-1 反転増幅回路

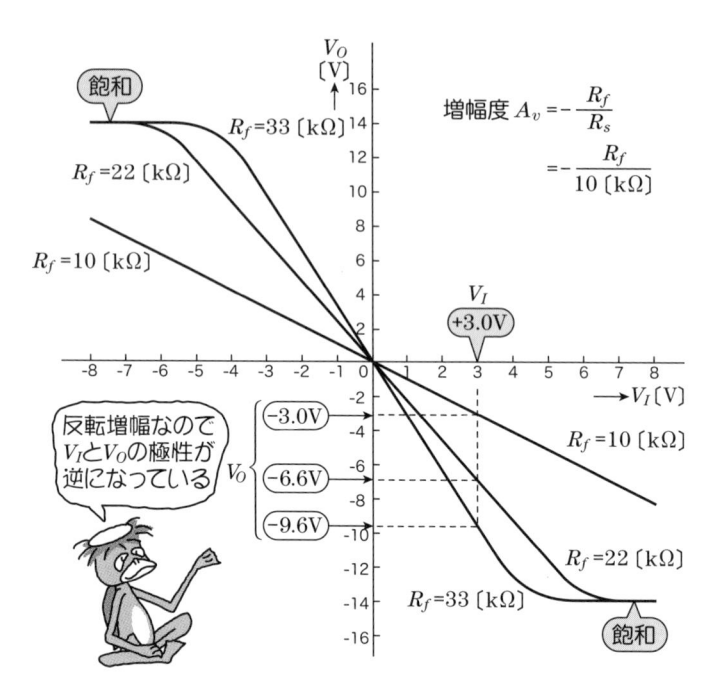

図中の注釈:
- 飽和
- $R_f = 33\ [\mathrm{k\Omega}]$
- $R_f = 22\ [\mathrm{k\Omega}]$
- $R_f = 10\ [\mathrm{k\Omega}]$
- 増幅度 $A_v = -\dfrac{R_f}{R_s} = -\dfrac{R_f}{10\ [\mathrm{k\Omega}]}$
- V_I +3.0V
- 反転増幅なので V_I と V_O の極性が逆になっている
- −3.0V
- −6.6V
- −9.6V
- $R_f = 10\ [\mathrm{k\Omega}]$
- $R_f = 22\ [\mathrm{k\Omega}]$
- $R_f = 33\ [\mathrm{k\Omega}]$
- 飽和

図 2-13　反転増幅回路の直流入出力特性

表 2-1　実験結果

$R_f\ [\mathrm{k\Omega}]$	理論値 $A_v = -\dfrac{R_f}{R_s}$	実測値 $A_v' = \dfrac{V_O}{V_I}$
10	−1	−1
22	−2.2	−2.2
33	−3.3	−3.2

度を式（2-26）によって計算した理論値 A_v とテスタによって計測した実測値 A_v' を示します．A_v と A_v' は概ね一致しています．完全に一致しない原因としては，使用した抵抗の誤差などが考えられます．また，出力電圧 V_O が ±14 V 付近を超えると，それ以上の電圧が出力されない飽和状態となっていることが観測できます．これは，オペアンプ NJM4558 の電気的特性（26 ページ表 1-10 の最大出力電圧 1 の標準値）と合致します．当然のことながら，オペアンプに加えた電源電圧以上の出力電圧を得るのは不可能なのです．また，オペアンプに加えることのできる電源電圧の最大値は，絶対最大定格として規定されています．

ここでの実験では，炭素皮膜（カーボン）抵抗を使用しました．一方，金属皮膜抵抗は炭素皮膜抵抗よりも少々高価ではありますが，温度特性やノイズ特性が優れています．したがって，

実用回路を製作する場合には，金属皮膜抵抗を採用するとよいでしょう．

(7) 交流特性

反転増幅回路に交流信号を入力した場合の出力特性を調べましょう．**図2-14** に交流用の実験回路を示します．図 2-12 に示した直流用の実験回路と比べると，入力端子と出力端子に直流分をカットする結合コンデンサを挿入してある点が異なります．入力側の結合コンデンサ C_i を通過することのできる入力信号の下限の周波数 f_c（低域遮断周波数といいます）は式 (2-33) で計算することができます．

$$f_c = \frac{1}{2\pi C_i R_s} \quad (2\text{-}33)$$

式 (2-33) に $C_i = 1 (\mu F)$, $R_s = 10 (k\Omega)$ を代入して計算します．

$$f_c = \frac{1}{2 \times 3.14 \times 1 \times 10^{-6} \times 10 \times 10^3}$$

$$\fallingdotseq 15.9 (Hz)$$

同様に出力側の結合コンデンサ C_o を通過することのできる出力信号の低域遮断周波数 f_c' を計算します．出力側では，$C_o = 1 (\mu F)$, $R_L = 33 (k\Omega)$ となります．

$$f_c' = \frac{1}{2\pi C_o R_L}$$

$$= \frac{1}{2 \times 3.14 \times 1 \times 10^{-6} \times 33 \times 10^3}$$

$$\fallingdotseq 4.8 (Hz)$$

これより，入力側では約 15.9 Hz 以下，出力側では約 4.8 Hz 以下の周波数をもつ信号は，結合コンデンサを通過することはできません．つまり，直流分はカットされます．

また，図 2-12 の直流入出力特性の実験回路では，補償抵抗 R_1 を挿入していました．しかし，入力バイアス電流による出力の影響は，直流成分であるため，出力側の結合コンデンサにより遮断され，出力端子には現れません．したがって，図 2-14 では，補償抵抗を省略してあります．

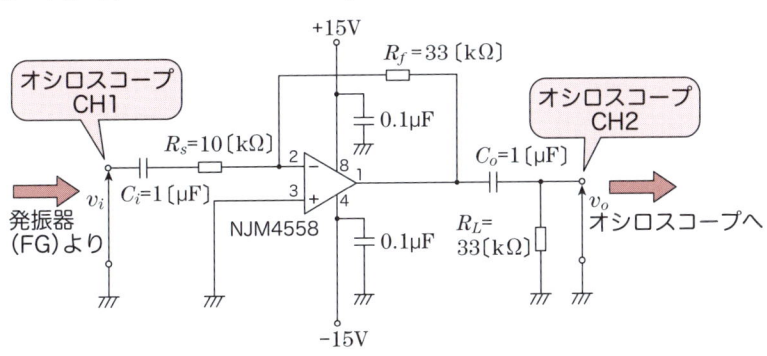

図 2-14 反転増幅回路の交流入出力特性実験回路

帰還抵抗 R_f を 33 kΩ にしてありますので，この反転増幅回路の増幅度の理論値は，式（2-13）から −3.3 倍になります．

$$\frac{v_o}{v_i} = -\frac{R_f}{R_s} = -\frac{33}{10} - 3.3$$

発振器（ファンクションジェネレータ：FG）から 20 kHz の正弦波を実験回路に入力して，その入力波形と出力波形をオシロスコープで観測します．図 2-15(a) は，入力電圧の実効値を約 1 V にした場合のオシロスコープの画面です．画面の上側（CH1）の波形が入力信号，下側（CH2）の波形が出力信号です．横軸は時間を表しており，1 マスの時間は 20 μs/div です．また，縦軸は電圧を表しており，1 マスの電圧は 2 V/div です．

(a) 入力電圧　約 1V

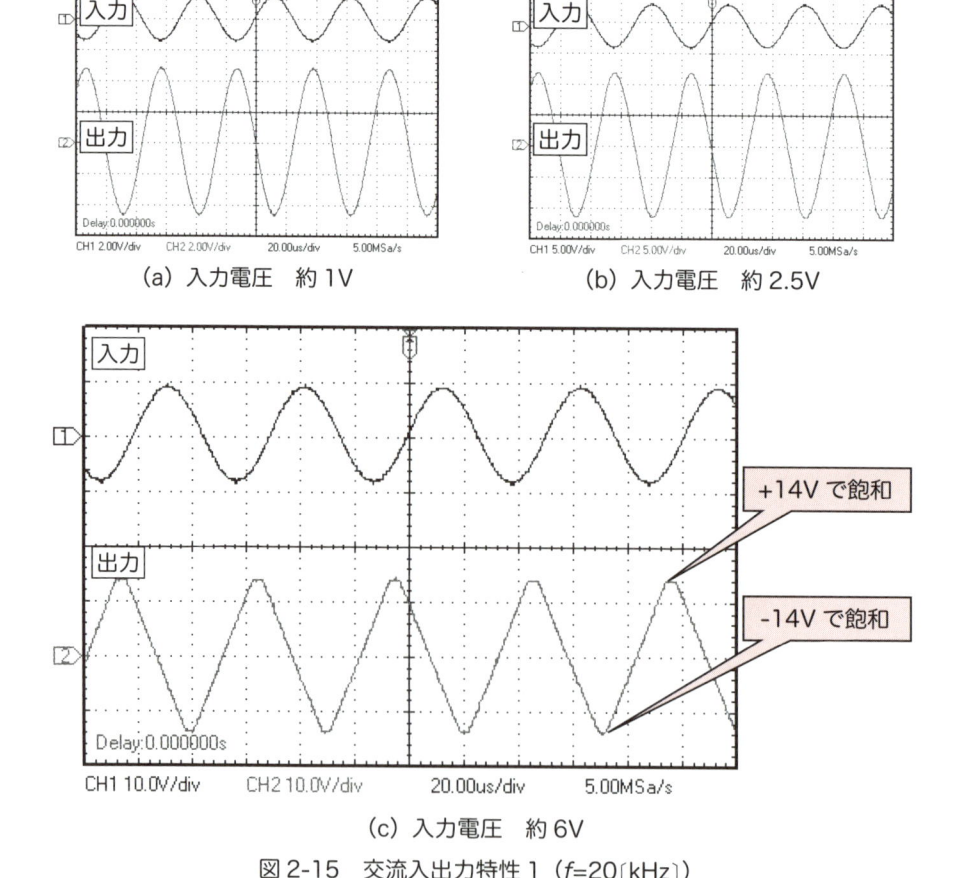

(b) 入力電圧　約 2.5V

(c) 入力電圧　約 6V

図 2-15　交流入出力特性 1（f=20〔kHz〕）

反転増幅回路なので，2つの波形の位相はπラジアンずれています．最大値で増幅度を計算すると，

$$\frac{\begin{pmatrix}出力信号の\\最大値\end{pmatrix}}{\begin{pmatrix}入力信号の\\最大値\end{pmatrix}} = \frac{-4.88\,[\mathrm{V}]}{1.52\,[\mathrm{V}]} = -3.21$$

となり，理論値の-3.3とほぼ一致します（ここでは，ディジタルオシロスコープの測定機能を用いたため，小数点以下2位までの数値を使用しました）．

図2-15(b)は，入力電圧の実効値を約2.5Vにした場合のオシロスコープの画面です．最大値で増幅度を計算すると，

$$\frac{\begin{pmatrix}出力信号の\\最大値\end{pmatrix}}{\begin{pmatrix}入力信号の\\最大値\end{pmatrix}} = \frac{-11.20\,[\mathrm{V}]}{3.60\,[\mathrm{V}]} = -3.11$$

となり，理論値の-3.3とほぼ一致します．

図2-15(c)は，入力電圧の実効値を約6Vにした場合のオシロスコープの画面です．入力信号の最大値は，約8Vなので，増幅度の3.3を掛けると約26Vとなり，電源電圧の15Vを超えてしまいます．オシロスコープの出力波形を確認すると，±14V以上では出力が飽和している様子が観測できます．この現象は，前に述べた直流特性（46ページ）の場合と同様です．

次に，同じ入力電圧を加えた場合に周波数を変化させて出力特性を観測してみましょう．**図2-16**(a)は，実効値約2.5V，周波数20kHzの正弦波を入力した場合のオシロスコープの画面です．出力波形は正弦波であり，振幅は約-3倍に増幅されています．

図2-16(b)は，周波数50kHzの正弦波を入力した場合のオシロスコープの画面です．増幅度を計算すると-1.6になっています．このように，周波数が高くなると増幅度は低下してきます（第1章7ページの周波数特性を参照）．また，出力波形は三角波状に変形しており，これはオペアンプNJM4558のスルーレートSRが不足していることが原因です（第1章10ページ参照）．

図2-16(c)は，周波数100kHzの正弦波を入力した場合のオシロスコープの画面です．出力波形はやはり三角波状に変形しており，増幅度を計算すると-0.8になっています．つまり，増幅器というより減衰器の働きをしています．オペアンプNJM4558のスルーレートは，1V/μs（26ページの表1-10参照）です．この規格で最大出力電圧14Vを得るための最大周波数は，次のように計算できます（11ページの式（1-5）参照）．

$$f_{\mathrm{max}} = \frac{\mathrm{SR}}{2\pi V_{\mathrm{max}}} = \frac{1 \times 10^6}{2 \times 3.14 \times 14}$$
$$= 11.4\,[\mathrm{kHz}]$$

この計算結果によると，図2-16(a)

(a) $f=20$〔kHz〕

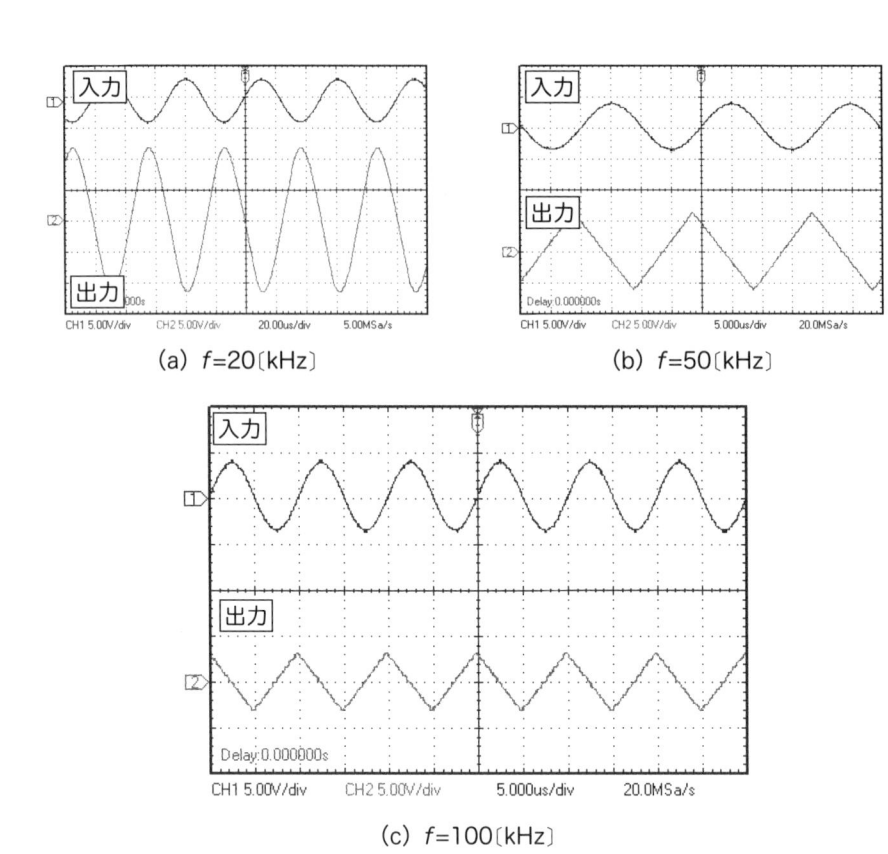

(b) $f=50$〔kHz〕

(c) $f=100$〔kHz〕

図2-16　交流入出力特性2（$v_i = 2.5$V）

$f=20$〔kHz〕の出力波形にもひずみが生じている可能性が高いと考えられます．そこで，**図2-17**(a)に示すように，オシロスコープの表示画面を変化（横軸を20 μs/div → 10 μs/div）すると，出力波形がやや三角波状にひずんでいるのが観測できます．一方，図2-17(b)は，NJM4558のSRを考慮した最大周波数以内である$f=10$〔kHz〕の信号の入出力波形です．図(a)と比較すると，出力波形が滑らかな正弦波になっていることがわかります．

以上の例のように，オペアンプを使用する場合には，適切な入力電圧や周波数の範囲で使用することが大切です．

必要なスルーレートは，$SR = 2\pi f_{max} V_{max}$〔V/s〕で計算する．SRが不足すると，三角波状の出力となってしまう

(a) $f=20$〔kHz〕

やや ひずんでいる様子が観測できる

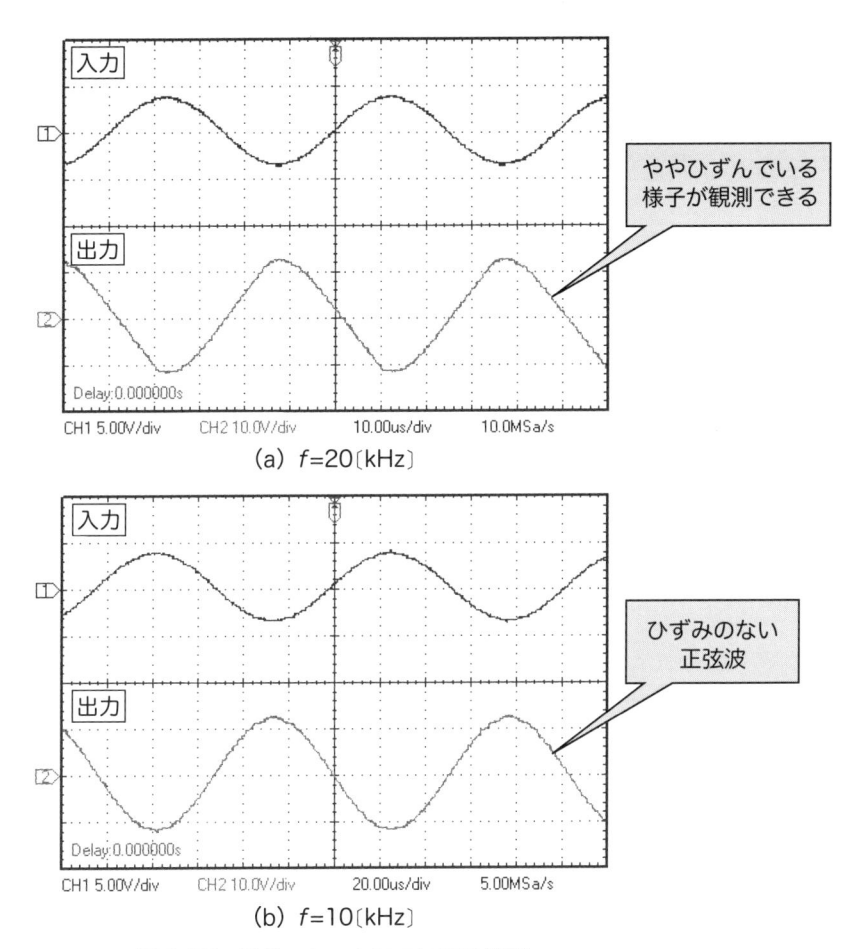

(b) $f=10$〔kHz〕

ひずみのない正弦波

図2-17 スルーレートについての観測

図2-16(a)を拡大すると図2-17(b)になる

見えなかったひずみが見えてくる…

2-1 反転増幅回路

2-2 非反転増幅回路

(1) オペアンプ非反転増幅回路

図2-18にオペアンプを使用した非反転増幅回路とオペアンプ内部を等価回路で表した図（5ページ図1-5参照）を示します．これらの図では，電源やバイパスコンデンサの記述を省略しています．

図2-18の下図から，回路の増幅度を求める式を導いてみましょう．ただし，少々複雑な計算が出てきますので，面倒だと思われる読者は，後ほど説明するより簡単な計算法（55ページ）で理解してください．

経路Ⓐにキルヒホッフの法則を適用して，式（2-34）を得ます．

$$i_2 R_s - v_i + i_1 Z_i = 0 \qquad (2\text{-}34)$$

また，電流 i_2, i_f, i_1 には，式（2-35）の関係があります．

$$i_2 = i_f + i_1 \qquad (2\text{-}35)$$

式(2-35)を，式(2-34)に代入すると，式（2-36）のようになります．

$$\begin{aligned} v_i &= (i_f + i_1)R_s + i_1 Z_i \\ &= i_1(R_s + Z_i) + i_f R_s \end{aligned} \qquad (2\text{-}36)$$

回路の経路Ⓑにキルヒホッフの法則

$$\begin{aligned}(v^+ - v^-)A_v &= (v_i - v^-)A_v \\ &= \{(i_1 Z_i + i_2 R_s) - i_2 R_s\}A_v \\ &= i_1 Z_1 A_v \end{aligned}$$

Z_i：入力インピーダンス
Z_o：出力インピーダンス
A_v：電圧増幅度

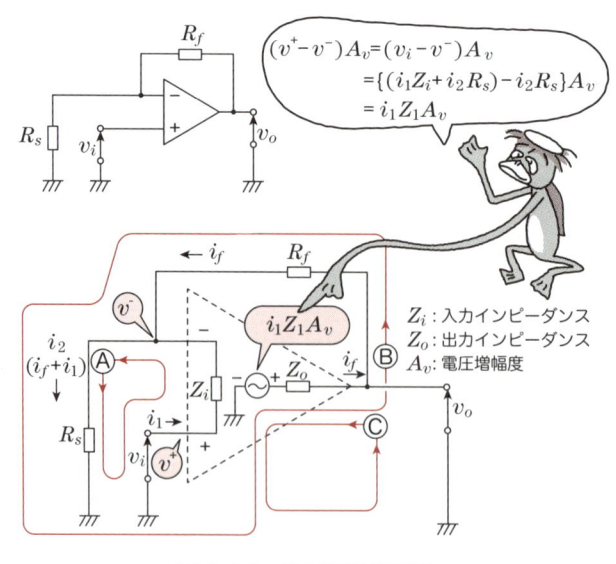

図2-18 非反転増幅回路

を適用して，式 (2-37) を得ます．
$$i_f R_f + i_2 R_s - i_1 Z_i A_v + i_f Z_o = 0 \quad (2\text{-}37)$$

式 (2-35) を，式 (2-37) に代入すると，式 (2-38) のようになります．
$$i_1(R_s - Z_i A_v) + i_f(R_f + R_s + Z_o) = 0$$
$$(2\text{-}38)$$

式 (2-36) と式 (2-38) から，i_1 と i_f についての式 (2-39) と式 (2-40) を得ます．
$$i_1 = \frac{v_i(R_f + R_s + Z_o)}{(R_f + R_s + Z_o)(R_s + Z_i) - R_s(R_s - Z_i A_v)}$$
$$(2\text{-}39)$$

$$i_f = \frac{v_i(Z_i A_v - R_s)}{(R_f + R_s + Z_o)(R_s + Z_i) - R_s(R_s - Z_i A_v)}$$
$$(2\text{-}40)$$

回路の経路ⓒにキルヒホッフの法則を適用して，式 (2-41) を得ます．
$$-i_f Z_o + i_1 Z_i A_v - v_o = 0 \quad (2\text{-}41)$$

式 (2-41) を式 (2-42) のように変形します．
$$v_o = i_1 Z_i A_v - i_f Z_o \quad (2\text{-}42)$$

式 (2-42) に，式 (2-39) と式 (2-40) を代入して，増幅度を表す式 (2-43) に変形します．
$$\frac{v_o}{v_i} = \frac{(R_f + R_s + Z_o) Z_i A_v - (Z_i A_v - R_s) Z_o}{(R_f + R_s + Z_o)(R_s + Z_i) - R_s(R_s - Z_i A_v)}$$
$$= \frac{(R_f + R_s) Z_i A_v - R_s Z_o}{(R_f + R_s + Z_o)(R_s + Z_i) - R_s(R_s - Z_i A_v)}$$
$$(2\text{-}43)$$

理想的なオペアンプの出力インピーダンス Z_o はゼロであることから，式 (2-43) に $Z_o = 0$ を代入して，式 (2-44) を得ます．

$$\frac{v_o}{v_i} = \frac{(R_f + R_s) Z_i A_v}{(R_f + R_s)(R_s + Z_i) - R_s(R_s - Z_i A_v)}$$
$$= \frac{(R_f + R_s) Z_i A_v}{R_s(R_f + Z_i + Z_i A_v) + R_f Z_i}$$
$$= \frac{(R_f + R_s) A_v}{R_s\left(\dfrac{R_f}{Z_i} + 1 + A_v\right) + R_f} \quad (2\text{-}44)$$

理想的なオペアンプの入力インピーダンス Z_i は無限大であることから，式 (2-44) に $Z_i = \infty$ を代入して，式 (2-45) を得ます．

$$\frac{v_o}{v_i} = \frac{(R_f + R_s) A_v}{R_s(1 + A_v) + R_f}$$
$$= \frac{R_f + R_s}{\dfrac{R_s}{A_v} + R_s + \dfrac{R_f}{A_v}} \quad (2\text{-}45)$$

さらに，理想的なオペアンプの増幅度 A_v は無限大であることから，式 (2-45) に $A_v = \infty$ を代入して，式 (2-46) を得ます．

$$\boxed{\frac{v_o}{v_i} = \frac{R_f + R_s}{R_s} = 1 + \frac{R_f}{R_s} \quad (2\text{-}46)}$$

こうして得られた式 (2-46) は，非反転増幅回路の増幅度を計算する基本式です．右辺が正なのは，出力の位相が入力と同じことを意味しています．反転増幅回路の増幅度を表す式 (2-13) と比較してみてください．やはり，式 (2-46) も増幅回路の増幅度が抵抗 R_f と R_s の比率で決められることを示しています（図 2-19）．

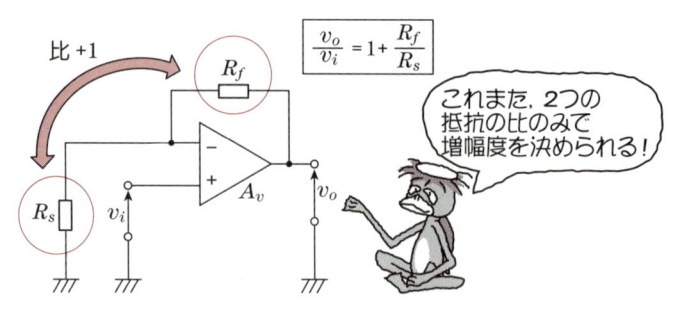

$$\frac{v_o}{v_i} = 1 + \frac{R_f}{R_s}$$

比 +1

これまた，2つの抵抗の比のみで増幅度を決められる！

図2-19 非反転増幅回路の増幅度

次に，非反転増幅回路の入力インピーダンス Z_{in} を計算しましょう．式(2-36) と式 (2-38) から，式 (2-47) を得ます．

$$v_i = i_1(R_s + Z_i) + \frac{R_s(Z_i A_v - R_s)}{R_f + R_s + Z_o} i_1 \quad (2\text{-}47)$$

式 (2-47) を変形して，入力インピーダンス Z_{in} を表す式 (2-48) にします．

$$Z_{in} = \frac{v_i}{i_1}$$
$$= R_s + Z_i + \frac{R_s(Z_i A_v - R_s)}{R_f + R_s + Z_o} \quad (2\text{-}48)$$

理想的なオペアンプの増幅度 A_v は無限大であることから，式 (2-48) に $A_v = \infty$ を代入すると，非反転増幅回路の入力インピーダンス Z_{in} は式 (2-49) のようになります．

$$Z_{in} = \infty \quad (2\text{-}49)$$

反転増幅回路では入力インピーダンスが入力部の抵抗 R_s の値と等しくなりましたが，非反転増幅回路ではより大きな入力インピーダンスを得ること

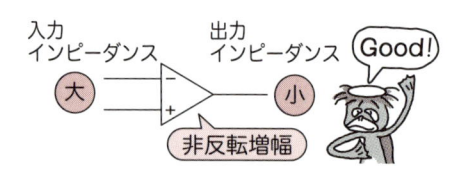

入力インピーダンス 大 — 出力インピーダンス 小 Good!
非反転増幅

が可能となります．

次に，非反転増幅回路の出力インピーダンス Z_{out} を計算しましょう．入力端子を短絡した非反転増幅回路の等価回路を**図2-20**に示します．この図は，反転増幅回路の出力インピーダンスを考えるときに用いた図 2-8（42 ページ）と同じになっています．したがって，非反転増幅回路の出力インピーダンス Z_{out} は，式 (2-50)（式 (2-23) と同じ）で表すことができます．$A_v = \infty$ を代入すると，出力インピーダンス Z_{out} は，極めて小さい値になります．

$$Z_{out} = \frac{v_o}{i_o}$$
$$= \frac{Z_o(R_f + R_s)}{R_f + R_s + Z_o + R_s A_v} \quad (2\text{-}50)$$

第2章 オペアンプの基礎

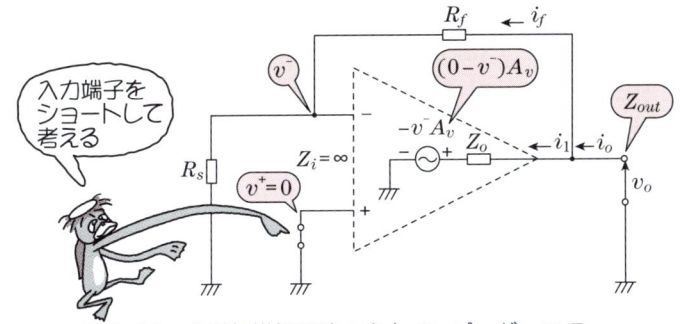

図2-20 非反転増幅回路の出力インピーダンス Z_{out}

(2) イマジナリショートを考えた増幅度

ここでは，前に説明したイマジナリショートの考え方を使用して非反転増幅回路の増幅度を導出しましょう．

図2-21に，オペアンプを用いた非反転増幅回路を示します．出力端子cから帰還抵抗 R_f を経由して流れる電流 i は，入力インピーダンスの高いオペアンプ内へは流れず，そのまま抵抗 R_s へ流れます．また，この回路でも，出力端子cと入力端子aが帰還抵抗 R_f で接続されているために，反転増幅回路で説明したのと同様の理由（43ページ参照）で端子aと端子bはイマジナリショートしていると考えられます．したがって，入力電圧 v_i は，式（2-51）のようになります．

$$v_i = R_s i \qquad (2-51)$$

一方，出力電圧 v_o は，式（2-52）のように表すことができます．

$$v_o = (R_s + R_f) i \qquad (2-52)$$

これより，非反転増幅回路の電圧増幅度は，式（2-53）で計算できます．

$$\frac{v_o}{v_i} = \frac{(R_s + R_f)i}{R_s i} = 1 + \frac{R_f}{R_s} \qquad (2-53)$$

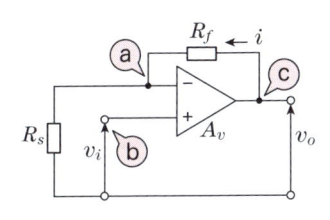

図2-21 非反転増幅回路

2-2 非反転増幅回路

式（2-53）は，オペアンプの等価回路を考えて導出した式（2-46）と一致します．

(3) 入力バイアス電流の補正

非反転増幅回路においても，オペアンプの入力端子には，入力バイアス電流が流れます（第1章10ページ参照）．図2-22に示す非反転増幅回路において，オペアンプの反転（−）入力端子と非反転（+）入力端子に同じ入力バイアス電流I_Bが流れているとします．入力電圧$V_I=0$とすると，反転増幅回路と同じ回路（44ページの図2-11）になります．したがって，非反転増幅回路においても，補償抵抗R_1を非反転入力端子に挿入することで，入力バイアス電流I_Bによる出力オフセット電圧の影響を除去できます．補償抵抗R_1は，抵抗R_fとR_sの並列合成抵抗の値にします．

(4) 直流特性

非反転増幅回路に直流信号を入力した場合の出力特性を調べましょう．図2-23に実験回路を示します．抵抗R_sは10 kΩのままで，帰還抵抗R_fを10 kΩ，22 kΩ，33 kΩに変更します．入力電圧V_Iは，10 kΩの可変抵抗器（VR）によって，−8 Vから+8 Vまで1 Vずつ変化させます．入力バイアス電流の影響を打ち消す補償抵抗R_1は，便宜的に5.1 kΩ一定としました．入力電圧V_Iと出力電圧V_Oをテスタで測定してグラフにした結果を図2-24に示します．

非反転増幅回路であるため，入力電

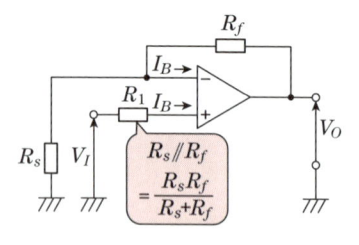

図2-22 非反転増幅回路の補償抵抗R_1

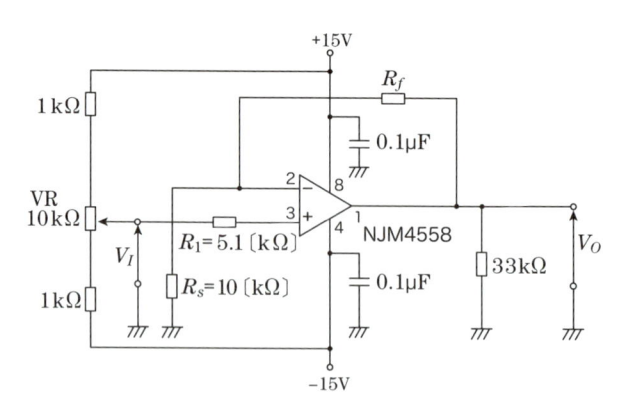

図2-23 非反転増幅の直流入出力特性実験回路

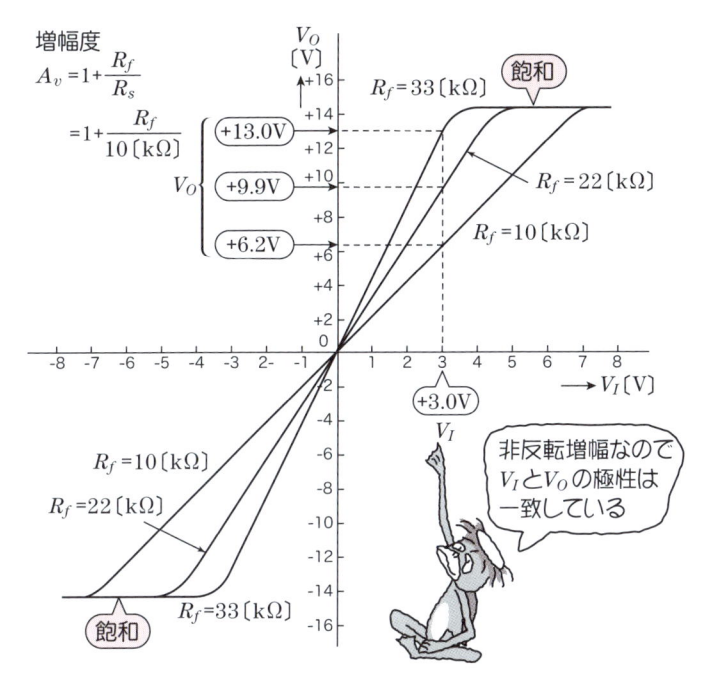

図2-24 非反転増幅回路の直流入出力特性

圧V_Iと出力電圧V_Oの極性は同じになっています．

表2-2に，$V_I=3$〔V〕のときの増幅度を式(2-53)によって計算した理論値A_vとテスタによって計測した実測値A_v'を示します．A_vとA_v'は概ね一致しています．また，反転増幅回路と同様に，出力電圧V_Oが±14 V付近を超えると，それ以上の電圧が出力されない飽和状態となっていることが観測できます．

(5) 交流特性

非反転増幅回路に交流信号を入力した場合の出力特性を調べましょう．

反転増幅回路（47ページの図2-14）と同様に，直流分をカットする結合コンデンサを入力側と出力側に挿入します（**図2-25**）．このとき，このままでは入力側の非反転入力端子に流れるはずの入力バイアス電流I_Bまでもがカットされてしまいます．したがっ

表2-2 実験結果

R_f〔kΩ〕	理論値 $A_v = 1 + \dfrac{R_f}{R_s}$	実測値 $A_v' = \dfrac{V_O}{V_I}$
10	2	2.1
22	3.2	3.3
33	4.2	4.3

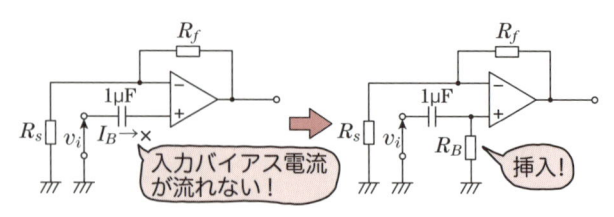

図 2-25　交流回路の注意点

て，非反転増幅回路を交流で動作させるときには，抵抗 R_B を挿入します．抵抗 R_B の値は，抵抗 R_s や R_f と概ね同じオーダを使用します．ここでは，$R_B=33$〔kΩ〕としました．

図 2-26 に交流用の実験回路を示します．また，交流に対する実験ですから，補償抵抗 R_1 は省略しています．

帰還抵抗 R_f を 33 kΩ にしてありますので，この反転増幅回路の増幅度の理論値は，式（2-53）から +4.3 倍になります．

$$\frac{v_o}{v_i} = 1 + \frac{R_f}{R_s} = 1 + \frac{33}{10} = +4.3$$

発振器（ファンクションジェネレータ：FG）から 1 kHz の正弦波を実験回路に入力して，その入力波形と出力波形をオシロスコープで観測します．

図 2-27(a)は，入力電圧の実効値を約 1 V にした場合のオシロスコープの画面です．画面の上側（CH1）の波形が入力信号，下側（CH2）の波形が出力信号です．CH1 と CH2 では縦軸のスケールが異なっていることに注意してください．CH1 は縦 1 マスが 2 V/div ですが CH2 では縦 1 マスが 5 V/div です．横軸は時間を表しており，CH1 と CH2 とも横 1 マスの時間は 500 μs/div です．

非反転増幅回路なので，2 つの波形の位相は同じです．最大値で増幅度を計算すると，出力信号の最大値（+6.20 V）÷入力信号の最大値（+1.56 V）= +3.97 となり，理論値の +4.3 と

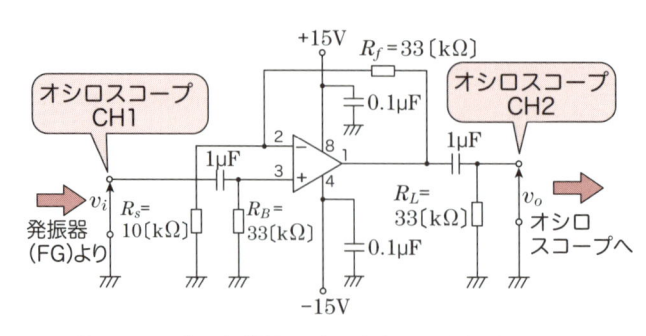

図 2-26　非反転増幅回路の交流入出力特性実験回路

概ね一致します（ここでは，ディジタルオシロスコープの測定機能を用いたため，小数点以下2位までの数値を使用しました）．

図2-27(b)は，入力電圧の実効値を約2Vにした場合のオシロスコープの画面です．最大値で増幅度を計算すると，出力信号の最大値（+12.40 V）÷入力信号の最大値（+3.04 V）= +4.08となり，理論値の+4.3とほぼ一致します．

図2-27(c)は，入力電圧の実効値を約3Vにした場合のオシロスコープの画面です．入力信号の最大値は，約4.40 Vなので，増幅度の4.3を掛けると約19 Vとなり，電源電圧の15 Vを超えてしまいます．オシロスコープの出力波形を確認すると，±14 V以上では出力が飽和している様子が観測できます．この現象は，前に述べた直流特

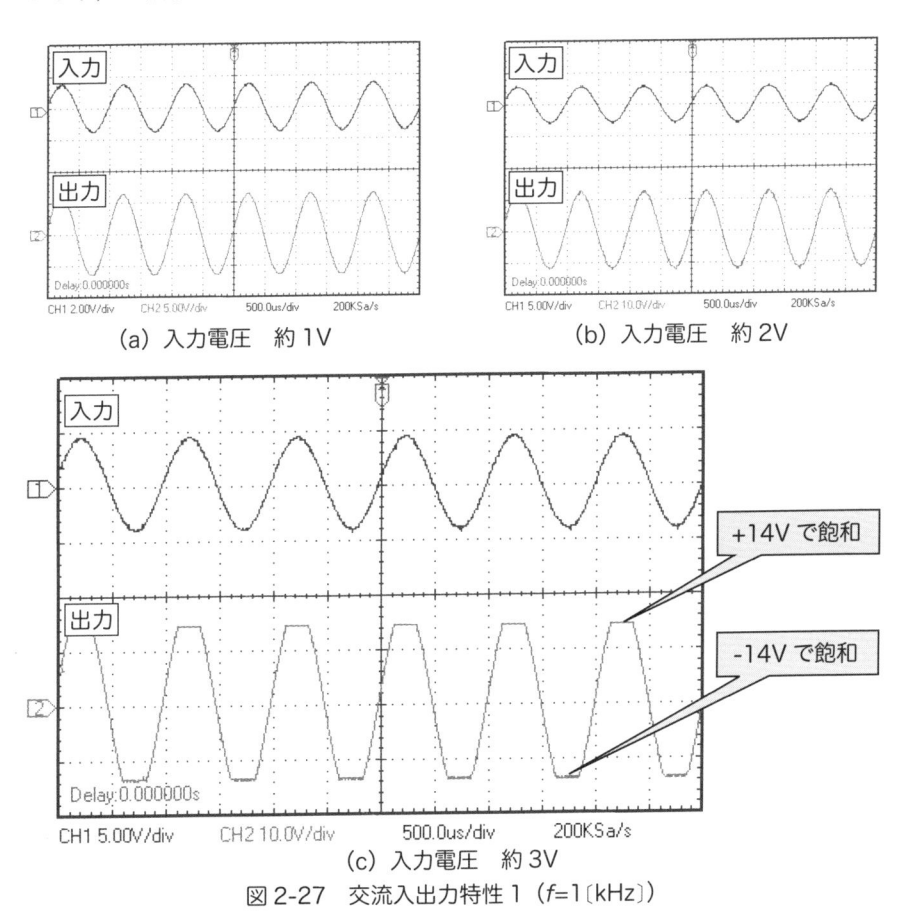

(a) 入力電圧　約1V

(b) 入力電圧　約2V

+14Vで飽和

-14Vで飽和

(c) 入力電圧　約3V

図2-27　交流入出力特性1（$f=1$〔kHz〕）

性（57 ページ）の場合と同様です．

次に，同じ入力電圧を加えた場合に周波数を変化させて出力特性を観測してみましょう．図 2-28(a)は，実効値約 1.5 V，周波数 5 kHz の正弦波を入力した場合のオシロスコープの画面です．出力波形は正弦波であり，振幅は約 4 倍に増幅されています．

図 2-28(b)は，周波数 10 kHz の正弦波を入力した場合のオシロスコープの画面です．増幅度を計算するとやはり約 4 倍になっています．

図 2-28(c)は，周波数 50 kHz の正弦波を入力した場合のオシロスコープの画面です．増幅度を計算すると約 3 倍になっています．このように，周波数が高くなると増幅度は低下してきます（第 1 章 7 ページの周波数特性を参照）．また，出力波形は三角波状に変形しており，これはオペアンプ NJM4558 のスルーレート SR が不足していることが原因です（第 1 章 10 ページ参照）．したがって，スルーレート SR の大きな高速用オペアンプを用いることで特性の改善が行えます（第 1 章 13 ページ表 1-2 参照）．

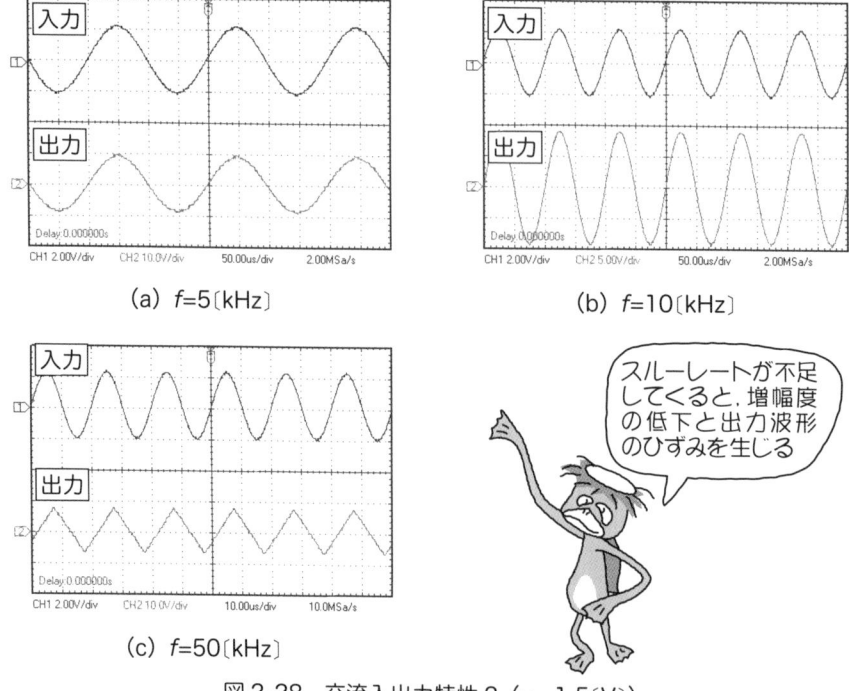

(a) $f=5$ [kHz]

(b) $f=10$ [kHz]

(c) $f=50$ [kHz]

> スルーレートが不足してくると，増幅度の低下と出力波形のひずみを生じる

図 2-28　交流入出力特性 2 ($v_i=1.5$ [V])

2-3 差動増幅回路

(1) トランジスタ差動増幅回路

オペアンプは，2つの入力端子の信号の差を増幅するICです．つまり，高性能な差動増幅回路です．ここでは，トランジスタを使用した回路によって差動増幅回路の基礎を学びましょう．

図2-29(a)に差動増幅回路，図(b)にその等価回路を示します．入力端子の電圧はv_{b1}とv_{b2}，出力端子の電圧はv_{c1}とv_{c2}です．ただし，h_{fe}はトランジスタの電流増幅率，h_{ie}はトランジスタの入力インピーダンスであり，使用している2個のトランジスタTr_1とTr_2の特性は揃っていると考えます．等価回路において，式(2-54)から式(2-58)が成り立ちます．

$$v_{b1} = i_{b1}h_{ie} + i_e R_E \qquad (2\text{-}54)$$

$$v_{b2} = i_{b2}h_{ie} + i_e R_E \qquad (2\text{-}55)$$

$$\left.\begin{array}{l} i_{c1} = h_{fe}i_{b1} \\ i_{c2} = h_{fe}i_{b2} \end{array}\right\} \qquad (2\text{-}56)$$

$$\left.\begin{array}{l} v_{c1} = -i_{c1}R_L \\ v_{c2} = -i_{c2}R_L \end{array}\right\} \qquad (2\text{-}57)$$

$$v_o = v_{c1} - v_{c2} \qquad (2\text{-}58)$$

式(2-54)から式(2-55)を引いて，式(2-59)とします．

$$v_{b1} - v_{b2} = h_{ie}(i_{b1} - i_{b2}) \qquad (2\text{-}59)$$

式(2-56)を式(2-59)に代入して，式(2-60)とします．

$$i_{c1} - i_{c2} = \frac{h_{fe}}{h_{ie}}(v_{b1} - v_{b2}) \qquad (2\text{-}60)$$

式(2-58)に式(2-57)を代入すると，式(2-61)のようになります．

$$v_o = -R_L(i_{c1} - i_{c2}) \qquad (2\text{-}61)$$

式(2-61)に式(2-60)を代入して，

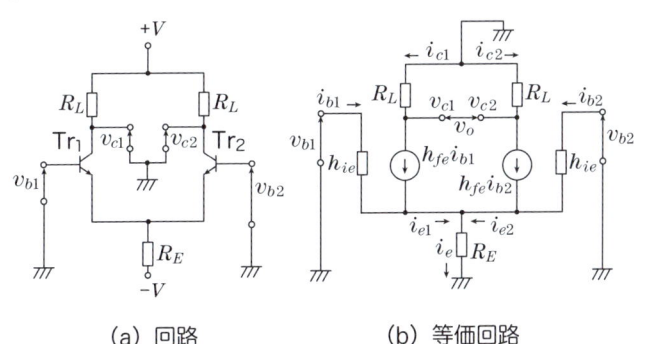

(a) 回路 (b) 等価回路

図2-29 差動増幅回路

式 (2-62) を得ます．

$$v_o = -R_L \frac{h_{fe}}{h_{ie}}(v_{b1} - v_{b2}) \quad (2\text{-}62)$$

式 (2-62) は，2つの入力電圧 v_{b1} と v_{b2} の差を増幅することを示しています．また，振幅の等しい2つの入力電圧が同相の場合に出力はゼロとなり，逆相の場合に出力は2倍となります．つまり，入力電圧の変動，雑音の影響などは2つの入力電圧に同相でかかることが大半であるため，互いに打ち消し合い出力には現れません．しかし，実際には2個のトランジスタの特性を完全に一致させ，かつ同じ条件で動作させることは不可能ですから，同相の入力に対してもわずかの出力が現れてしまいます．

(2) CMRR の計算

CMRR（同相信号除去比）については，すでに12ページで説明しました．ここでは，CMRR を計算する式を導出しましょう．

2個のトランジスタの増幅度を A_{v1}，A_{v2} とすれば，差動増幅回路の2つの入力端子に振幅の等しい同相の電圧を加えた場合には，$A_{v1} = A_{v2}$ が成立します．この増幅度を同相増幅 A_v とすれば，式 (2-63) のようになります．

$$A_v = A_{v1} = A_{v2} \quad (2\text{-}63)$$

式 (2-63) に，式 (2-54) と式 (2-57) を代入して式 (2-64) とします．

$$A_v = A_{v1} = \frac{v_{c1}}{v_{b1}}$$
$$= \frac{-i_{c1}R_L}{i_{b1}h_{ie} + i_e R_E} \quad (2\text{-}64)$$

図 2-29 (b) の等価回路において，$i_{b1} = i_{b2}$ より，電流 i_e は式 (2-65) のようになります．

$$i_e = h_{fe}i_{b1} + h_{fe}i_{b2} + i_{b1} + i_{b2}$$
$$= 2i_{b1}(h_{fe} + 1) \quad (2\text{-}65)$$

式 (2-64) に，式 (2-56) と式 (2-65) を代入して式 (2-66) を得ます．

$$A_v = \frac{-h_{fe}i_{b1}R_L}{i_{b1}h_{ie} + 2i_{b1}(h_{fe}+1)R_E}$$
$$= \frac{-h_{fe}R_L}{h_{ie} + 2R_E(h_{fe}+1)} \quad (2\text{-}66)$$

式(2-66)の分子と分母を h_{fe} で割り，式 (2-67) とします．

$$A_v = \frac{-R_L}{\dfrac{h_{ie}}{h_{fe}} + 2R_E\left(1 + \dfrac{1}{h_{fe}}\right)} \quad (2\text{-}67)$$

式 (2-68) の仮定を用いると，同相増幅度 A_v は，式 (2-69) のように近似できます．

$$\left.\begin{array}{l} h_{fe} \gg 1 \\ h_{ie} \ll 2R_E\left(1 + \dfrac{1}{h_{fe}}\right) \end{array}\right\} \quad (2\text{-}68)$$

$$A_v \fallingdotseq \frac{-R_L}{2R_E} \quad (2\text{-}69)$$

次に，差動増幅回路の2つの入力端子に振幅の等しい逆位相の電圧を加えた場合の差動増幅度 A_{vd} を考えます．入力端子に，$v_{b1} = -v_{b2}$ の電圧を入力すると，$i_{e1} = -i_{e2}$ となり，$i_e = 0$ となります．したがって，差動増幅度 A_{vd}，各トランジスタの増幅度 A_{vd1}，A_{vd2} の関係は，式(2-70)のようになります．

$$A_v = A_{vd1} = -A_{vd2} \quad (2\text{-}70)$$

式 (2-70) に，式 (2-54) と式 (2-57) を代入して式 (2-71) とします．

$$A_{vd} = \frac{v_{c1}}{v_{b1}} = \frac{-i_{c1}R_L}{i_{b1}h_{ie} + i_e R_E} \quad (2\text{-}71)$$

電流 $i_e = 0$ より，式 (2-72) が得られます．

$$A_{vd} = \frac{-i_{c1}R_L}{i_{b1}h_{ie}} \quad (2\text{-}72)$$

式 (2-72) に，式 (2-56) を代入して差動増幅度 A_{vd} を表す式 (2-73) を得ます．

$$A_{vd} = \frac{-h_{fe}i_{b1}R_L}{i_{b1}h_{ie}}$$
$$= \frac{-h_{fe}R_L}{h_{ie}} \quad (2\text{-}73)$$

差動増幅回路では，同相増幅度 A_v が小さく，差動増幅度 A_{vd} が大きいほど，電圧や温度の変動による影響を受けにくく，大きな出力を得ることができます．この指標がCMRRです．したがって，式 (2-66) と式 (2-72) を使用して，式 (2-74) で表されるCMRRが大きいほど，高性能な差動増幅回路であると考えることができます（**図2-30**）．つまり，CMRRは，差動増幅回路の良さを表す指標なので

$$\text{CMRR} = \frac{\text{差動増幅度}}{\text{同相増幅度}}$$
$$= \frac{h_{ie} + 2R_E(h_{fe}+1)}{h_{ie}} \fallingdotseq \frac{2h_{fe}R_E}{h_{ie}}$$

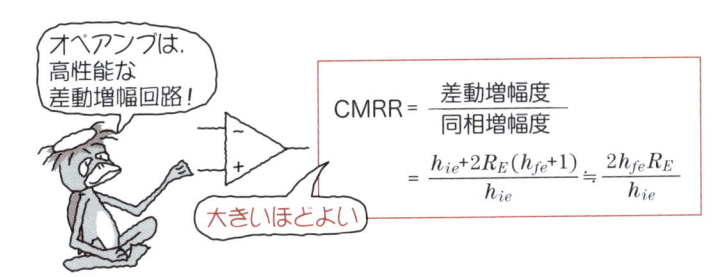

図2-30　CMRRの計算式

す.

$$\text{CMRR} = \frac{差動増幅度}{同相増幅度} = \frac{A_{vd}}{A_v}$$

$$= \frac{h_{ie} + 2R_E(h_{fe}+1)}{h_{ie}} \quad (2\text{-}74)$$

(3) オペアンプによる差動増幅

オペアンプを差動増幅器として使用する場合の回路を**図2-31**に示します．反転入力端子（−）と非反転増幅回路（+）の増幅度は，それぞれ式（2-75）と式（2-76）で表されることは既に学びました（式（2-13），(2-46) 参照）．ただし，v_{o1} と v_{o2} は，それぞれの端子に入力した信号による出力電圧を示しています．

$$A_v^- = \frac{v_{o1}}{v_{i1}} = -\frac{R_f}{R_s} \quad (2\text{-}75)$$

$$A_v^+ = \frac{v_{o2}}{v_{i2}} = 1 + \frac{R_f}{R_s} \quad (2\text{-}76)$$

図2-31では，非反転入力端子には，v_{i2} を抵抗 R_1 と R_2 で分圧した電圧が加わります．したがって，式（2-76）において，分圧比を考えた出力電圧 v_{o2}' の式（2-77）を得ます．

$$v_{o2}' = \left(1 + \frac{R_f}{R_s}\right)\left(\frac{R_2}{R_1+R_2}\right)v_{i2}$$

$$(2\text{-}77)$$

式（2-77）において，$R_s = R_1$, $R_f = R_2$ として考えると，式（2-78）のようになります．

$$v_{o2}' = \frac{R_f}{R_s} v_{i2} \quad (2\text{-}78)$$

式（2-75）と式（2-78）より出力電圧 v_o を計算すると，式（2-79）を得ることができます．

$$v_o = v_{o1} + v_{o2}'$$

$$= -\frac{v_{i1}R_f}{R_s} + \frac{v_{i2}R_f}{R_s}$$

$$= \frac{R_f}{R_s}(v_{i2} - v_{i1}) \quad (2\text{-}79)$$

式（2-79）は，オペアンプの2つの入力端子に加えた電圧 v_{i1} と v_{i2} の差を増幅していることを示しています．この式とトランジスタによる差動増幅回路の式（2-62）を比べてください．式（2-79）は，温度変化などの影響を受けやすい h_{fe} を含んでいません．

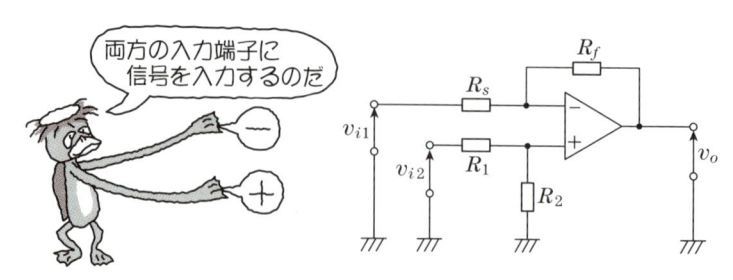

図2-31　差動増幅器としてのオペアンプ

2-4 負帰還増幅回路

(1) 負帰還増幅回路の原理

オペアンプは，負帰還をかけて使用するのが一般的です．負帰還増幅回路は，ノイズやひずみの低減，安定な増幅度を得ることができるなどの利点をもった回路です．ここでは，負帰還増幅回路の原理を説明します．

図 2-32 (a)に反転増幅回路，(b)に非反転増幅回路を使用した場合の負帰還増幅回路の構成を示します．どちらの構成でも，出力信号 v_o の一部を入力側に戻しています．そして，戻した信号が入力信号 v_i とは逆位相になるようにして増幅回路に入力します．つまり，A_v を正とすれば(a)では入力信号 v_i と帰還信号をそのまま加算して v_1 としますが，(b)のように非反転増幅回路を使用した場合には入力信号 v_i と帰還信号の差をとって v_1 とします．このように，出力信号を入力側に戻すことを帰還といい，戻した信号を入力信号と逆位相にする帰還を負帰還といいます．帰還はフィードバック，負帰還はネガティブフィードバックともいいます．また，帰還率 F は，帰還する割合を示します．

図 2-32 (a)から，負帰還増幅回路の増幅度 A を考えましょう．反転増幅回路を用いた負帰還増幅回路では，式 (2-80) が成り立ちます．

$$\left. \begin{array}{l} v_1 = v_i + Fv_o \\ v_o = -A_v v_1 \end{array} \right\} \quad (2\text{-}80)$$

式 (2-80) において，下式を上式に代入して v_1 を消去した後，式を変形すると，負帰還増幅回路の増幅度 A を求める式 (2-81) が得られます．

$$A = \frac{v_o}{v_i} = \frac{-A_v}{1 + A_v F} \quad (2\text{-}81)$$

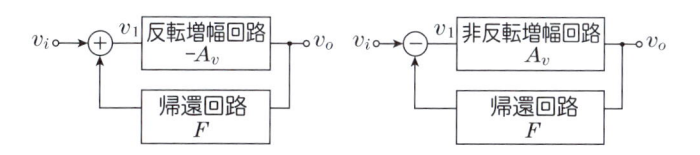

式 (2-81) において，$|1+A_v F| > 1$ の場合を負帰還，$|1+A_v F| < 1$ の場合

(a) 反転増幅回路使用   (b) 非反転増幅回路使用

図 2-32 負帰還増幅回路の構成

を正帰還と呼びます．正帰還は，第4章で学ぶ発振という現象を引き起こします．さて，式（2-81）において，$A_v F \gg 1$ であるとすると，式（2-82）が得られます．

$$A = -\frac{1}{F} \quad (2\text{-}82)$$

この式は，負帰還増幅回路の増幅度 A が，反転増幅回路または非反転増幅回路の増幅度 A_v とは無関係であり，帰還率 F のみによって決まることを表しています．一般に帰還回路は，抵抗やコンデンサなどの受動素子だけで構成されますので，安定した特性をもっています．つまり，負帰還増幅回路の増幅度 A も安定した特性となります．

(2) 負帰還の効果

図 2-33 に示す反転増幅回路を使用した負帰還増幅回路において，負帰還をかけない場合に出力に現れる雑音電圧を N_s，負帰還をかけた場合の雑音電圧を N_f とします．ここでの雑音電圧は，反転増幅回路が自身で発生する雑音を考えています．

帰還回路を経て反転増幅回路に入力される雑音電圧は FN_f となり，反転増幅回路の出力からは $-A_v FN_f$ が得られます．負帰還増幅回路を考えた場合の全雑音は，反転増幅回路が発生する雑音 N_s と $-A_v FN_f$ の和になることから，式（2-83）が成り立ちます．

$$N_f = N_s - A_v FN_f \quad (2\text{-}83)$$

式（2-83）を N_f の式に変形すれば，式（2-84）が得られます．

$$N_f = \frac{N_s}{1 + A_v F} \quad (2\text{-}84)$$

式（2-84）は，負帰還をかけることで，元の雑音 N_s が，$1 + A_v F$ の逆数倍に低減されることを示しています．また，反転増幅回路で生じる，ひずみ電圧についても同様の効果があります．

ただし，式（2-81）のように負帰還をかけると，増幅度も $1 + A_v F$ の逆数倍に低減されます．したがって，信号対雑音比（S/N比）は同じであることに注意してください．つまり，負帰還増幅回路では，増幅度が低下するのと同じ割合で雑音やひずみも低下するのです．

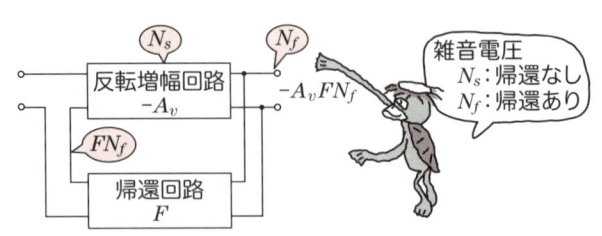

図 2-33 雑音を考えた負帰還増幅回路

次に周波数特性について説明します．一般の増幅回路では，図 2-34 (a)に示すように中域周波数では増幅度が安定していますが，低域や高域の周波数では増幅度が低下します．中域周波数の増幅度から，利得で 3 dB ダウンした低域側の周波数を低域遮断周波数 f_L，高域側の周波数を高域遮断周波数 f_H といいます．負帰還をかけると，中域周波数の増幅度は，$1+A_v F$ の逆数倍に低下しますが，図 2-34 (b)に示すように低域遮断周波数 f_L から高域遮断周波数 f_H までの範囲が広がります．つまり，負帰還は，周波数特性の改善にも効果があります．

(3) オペアンプの帰還回路

これまで説明してきたように，負帰還増幅回路には大きなメリットがあるために，オペアンプでも負帰還をかけて使用するのが一般的です．

図 2-35 に示す，オペアンプを用いた反転増幅回路と非反転増幅回路を帰還回路に注目して見てください．どちらの回路においても，出力信号を帰還回路となる抵抗 R_f を経由して入力端子に戻しています．ただし，オペアンプ自身は差動増幅回路ですから，負帰還をかけるためには，帰還信号を反転入力端子に注入することが必要です．

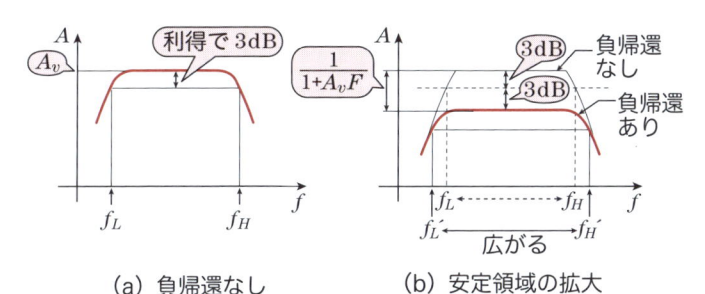

(a) 負帰還なし　　(b) 安定領域の拡大

図 2-34　周波数特性の改善

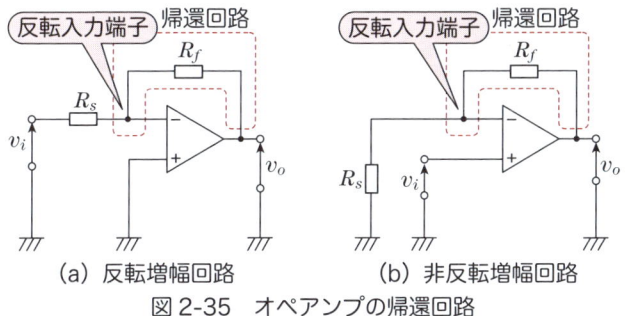

(a) 反転増幅回路　　(b) 非反転増幅回路

図 2-35　オペアンプの帰還回路

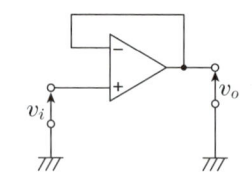

2-5 電圧フォロア回路

(1) 電圧フォロア回路とは

すでに学んだように，**図 2-36**(a)はオペアンプを用いた非反転増幅回路です．そして，この回路の増幅度 A_v は式 (2-85)（53 ページの式 (2-46) 参照）で表されます．

$$A_v = 1 + \frac{R_f}{R_s} \quad (2\text{-}85)$$

式 (2-85) において，抵抗 $R_f=0$，$R_s=\infty$ の場合を考えます．すると，増幅度 A_v は，1 になります．このときの回路（図 2-36 (b)）を電圧フォロア回路といいます．電圧フォロア回路に，1 kHz の正弦波を入力した場合の，入出力波形を**図 2-37** に示します．電圧フォロア回路は，非反転増幅回路ですから，入力波形と出力波形は同相です．また，増幅度 $A_v=1$ ですから，入

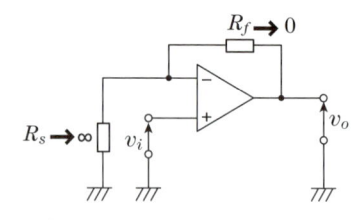

(a) 非反転増幅回路　　(b) 電圧フォロア回路

図 2-36　オペアンプを用いた電圧フォロア回路

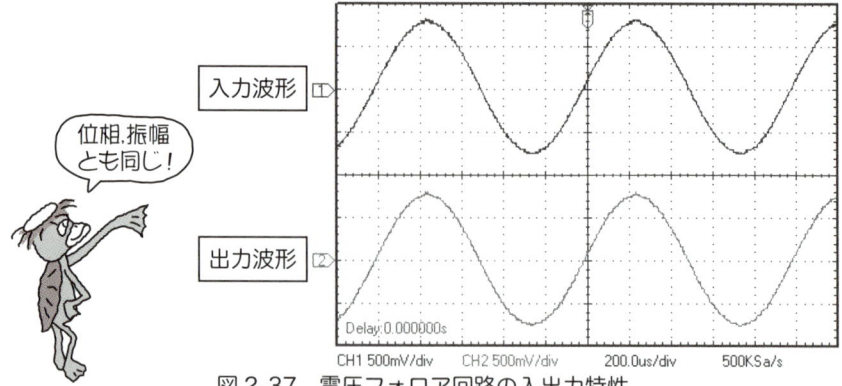

図 2-37　電圧フォロア回路の入出力特性

力波形と出力波形の振幅は同じになっています．

この回路は，増幅度が 1 ではありますが，オペアンプを用いた非反転増幅回路の特徴である高い入力インピーダンスと低い出力インピーダンスを併せ持った回路として使用することができます．電圧フォロア回路は，ボルテージフォロア回路とも呼ばれます．

(2) 電圧フォロア回路の応用

電圧フォロア回路は，バッファ（緩衝増幅器）として使用されます．**図 2-38** に，オペアンプによって構成した電圧フォロア回路の応用例を示します．図(a)は，回路 A と回路 B を直接的に結合した場合を示しています．回路 A の電圧 v_s は，式（2-86）に示すように，出力抵抗 R_s と回路 B の入力抵抗 R_i によって分圧され，入力電圧 v_i として回路 B に伝わります．式（2-86）において $R_i \gg R_s$ の場合には，式（2-87）に示すように $v_i = v_s$ となり，回路 A の出力電圧 v_s がそのまま回路 B の入力電圧 v_i として伝わります．このことから，図(b)に示すように，2 つの回路間に電圧フォロア回路を挿入します．すると，入力インピーダンスの大きい電圧フォロア回路が回路 A の電圧 v_s をそのまま受け取り，小さい出力インピーダンスで回路 B へ渡します．したがって，電圧の損失を抑えて回路を結合することができます．

以上の動作は，電圧フォロア回路を用いて信号源のインピーダンスを変換したと考えることもできます．電圧フォロア回路は，トランジスタを用いたコレクタ接地回路によって構成することもできます．その場合には，エミッタフォロア回路とも呼ばれます．

$$v_i = \frac{R_i}{R_s + R_i} v_s \quad (2\text{-}86)$$

(a) 直接的に結合

$$v_i = v_s \quad (2\text{-}87)$$

(b) 電圧フォロア回路を用いて結合

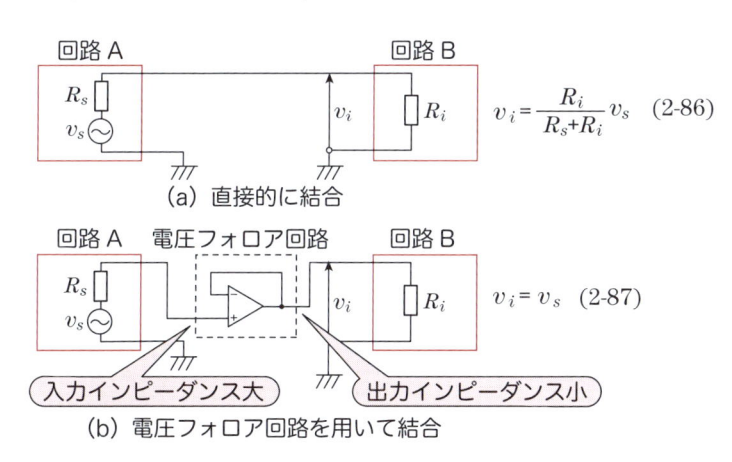

図 2-38　電圧フォロア回路の応用例

2-6 オペアンプの保護

(1) 入力側の保護

オペアンプを用いた回路において，何らかの原因でオペアンプの入力端子に過大な電圧がかかってしまうことがあります．電圧が絶対最大定格を超えるとオペアンプは壊れてしまいます．

ここでは，入力側に過大な信号が加わった際にオペアンプを保護する回路を考えましょう．

ⓐ 電源電圧の範囲内での保護

図2-39(a)は，入力側にダイオードによる保護回路を付加した回路です．この保護回路は，オペアンプの入力端子に電源電圧以上の電圧が加わらないように動作します．使用するダイオードは，順方向電圧の小さなショットキーダイオードなどが適しています．抵抗Rは，電流を制限してダイオードを保護するために挿入してあります．

ⓑ 一定電圧の範囲内での保護

図2-39(b)は，入力側にツェナーダイオードによる保護回路を付加した回

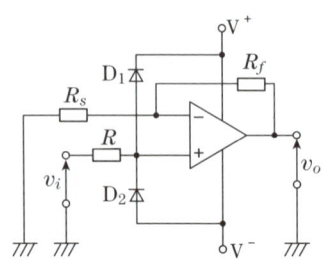

(a) 電源電圧範囲

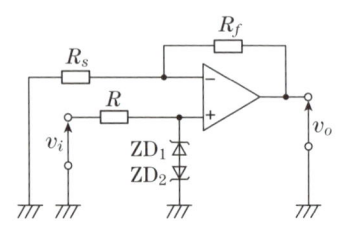

(b) 一定電圧範囲

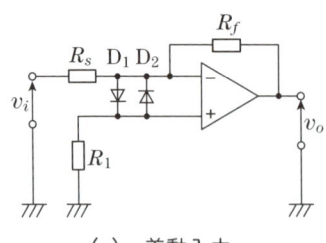

(c) 差動入力

図2-39 入力側の保護回路

路です．この保護回路は，オペアンプの入力端子にツェナー電圧 $\pm V_z$ を超える電圧が加わらないように動作します．

(c) 差動入力電圧に対する保護

図 2-39(c)は，ダイオードを用いた2つの入力端子の差動入力電圧に対する保護を付加した回路です．つまり，入力端子のイマジナリショートを保護する回路だと考えることができます．通常の動作時には，入力端子間のダイオードに電圧がかかりませんから，オペアンプの動作には影響しません．

(2) 出力側の保護

一般的なオペアンプには，出力端子が短絡した場合の保護回路が内蔵されています．しかし，出力側に過大な電圧が加わった場合の保護回路については，別に付加する必要があります．出力側の保護も，入力側と同様な回路を考えることができます．

(a) 電源電圧の範囲内での保護

図 2-40(a)は，出力側にダイオードによる保護回路を付加した回路です．この保護回路は，オペアンプの出力端子に電源電圧以上の電圧が加わらないように動作します．通常の動作時には，オペアンプの出力電圧を制限してしまうことはありません．使用するダイオードは，順方向電圧の小さなショットキーダイオードなどが適しています．

(b) 一定電圧の範囲内での保護

図 2-40(b)は，出力側にツェナーダ

(a) 電源電圧範囲

(b) 一定電圧範囲

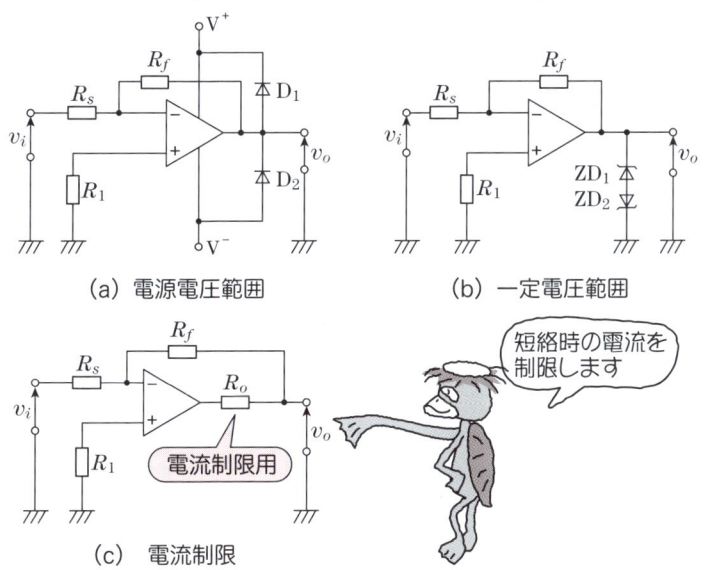

(c) 電流制限

図 2-40　出力側の保護回路

イオードによる保護回路を付加した回路です．この保護回路は，オペアンプの出力端子にツェナー電圧 $\pm V_z$ を超える電圧が加わらないように動作します．ただし，出力電圧についてもツェナー電圧 $\pm V_z$ を超える電圧は制限されてしまいます．つまり，この保護回路は，リミッタ回路としても動作しますので注意が必要です（197ページ参照）．

(c) 出力電流の制限

オペアンプの出力端子が短絡した場合には，内部の保護回路が動作します．しかし，短絡が長時間続いた場合には，短絡による電流の消費が大きくなってしまいます．この場合の対策としては，図2-40(c)に示すように，オペアンプ出力側に電流制限用抵抗 R_o を挿入した回路を用います．R_o の大きさは，100Ω程度を使用するのが一般的です．ただし，抵抗 R_o によって，出力電圧が減少してしまいますので注意が必要です．

(3) 未使用回路の処理

オペアンプは，製品によって1個のICパッケージ中に複数個の回路が用意されている場合があります．例えば，汎用オペアンプNJM4558は2回路入りのICです．他の品種では，4回路や6回路入りもあります．図2-41の2回路入りICにおいて，オペアンプAのみを使用する場合を考えます．未使用のオペアンプBは，そのままにしておいても，問題が生じることは多くありません．しかし，動作が不安定となりIC内部のバランスが崩れる可能性があります．このため，安全策として未使用のオペアンプについては，電圧フォロアを構成して非反転入力端子をグランドに接続しておくとよいでしょう．ただし，NECのμPC4556など，一部の品種では10倍以上の増幅度が得られるように，回路を配線しておくことが推奨されているICもあります．したがって，必要に応じて規格表などで適切な処理方法を確認してください．

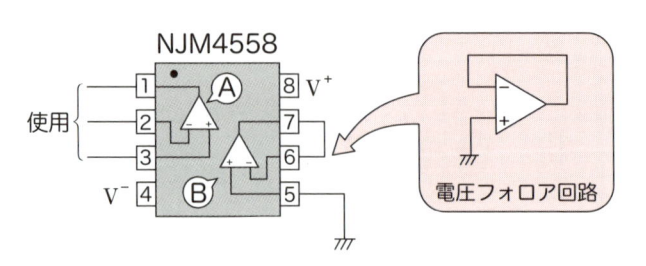

図2-41　未使用オペアンプの処理

2-7 実験しよう

(1) スルーレートの観測実験

51ページの図2-17では，周波数20 kHzの信号を反転増幅回路に入力した場合に，出力波形がひずんでいる様子を観測しました．ここでは，スルーレートの異なる2種類のオペアンプを使用して非反転増幅回路を製作し，各オペアンプの周波数特性を観測してみましょう．

図2-42に非反転増幅回路の実験回路，図2-43に実験回路の製作例を示します．実験回路は，図2-26に示

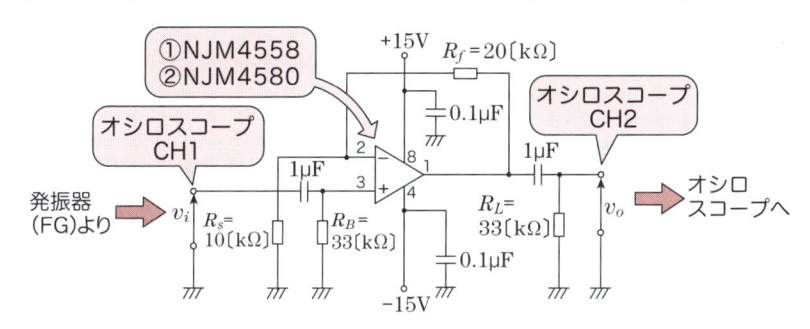

図2-42 スルーレート観測用実験回路

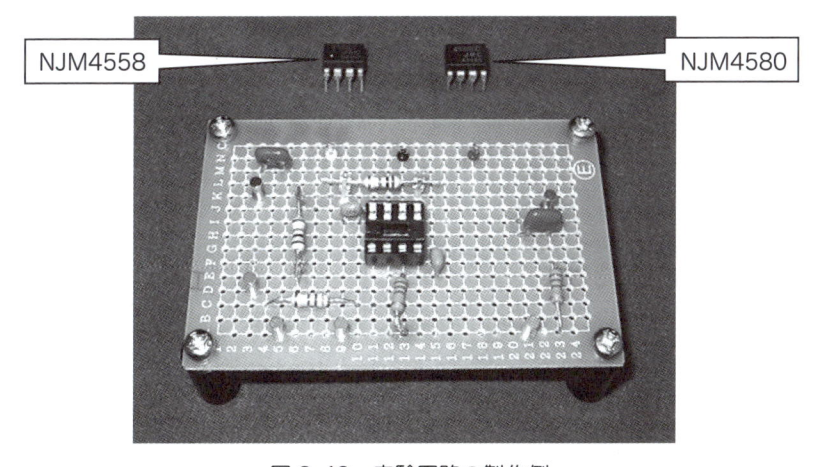

図2-43 実験回路の製作例

した非反転増幅回路の交流入出力特性とほぼ同じですが，ここでは $R_s=10$〔kΩ〕，$R_f=20$〔kΩ〕として増幅度 A_v を3倍に設定しました．使用するオペアンプは，NJM4558 と NJM4580 をソケットに差し替えて実験します．

図 2-44(a) に，オペアンプ NJM4558 を使用して，周波数 $f=10$〔kHz〕，実効値約3Vの正弦波を入力した際の入出力波形を示します．

実効値が3Vの場合には，最大値は $3×\sqrt{2}=4.2$〔V〕です．図 2-42 の非反転増幅回路の増幅度は3ですから，最大出力電圧 V_{max} は，$4.2×3=12.6$〔V〕になります．したがって，約13Vの最大出力電圧 V_{max} を考えた場合の最大周波数 f_{max1} は，式（2-88）で計算できます（11ページの式（1-5）参照）．ただし，規格表から NJM4558 のスルーレート SR は，1 V/μs としています．

$$f_{max1} = \frac{SR}{2\pi V_{max}} = \frac{1×10^6}{2×3.14×13}$$

$$≒ 12.2〔kHz〕 \quad (2-88)$$

実験で入力した 10 kHz は，f_{max1} の範囲内です．図 2-44(a) の出力波形はひずんだ様子がありません．

図 2-44(b) は，入力信号の周波数を 20 kHz にした場合の入出力波形です．$f_{max1}<20$〔kHz〕であるため，出力波形にひずみが生じているのが観測できます．次に，使用するオペアンプを NJM4580 に変更して実験を行います．NJM4580 は，オーディオ用途向けに開発されたオペアンプであり，スルーレート SR は 5 V/μs となっています．また，ピン配置は NJM4558 と同じです．式（2-88）と同様に，約13Vの最大出力電圧 V_{max} を考えた場合の最大周波数 f_{max2} は，式（2-89）で計算できます．

$$f_{max2} = \frac{SR}{2\pi V_{max}} = \frac{5×10^6}{2×3.14×13}$$

$$≒ 61.2〔kHz〕 \quad (2-89)$$

f_{max2} は，NJM4558 のスルーレートを考えた f_{max1} よりも5倍も高い周波数となっています．NJM4580 を使用

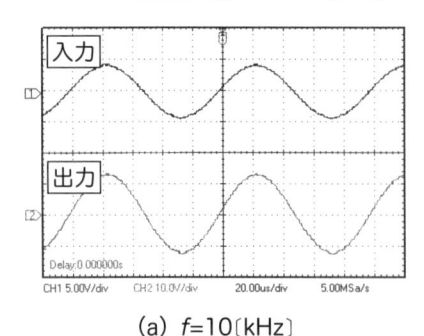

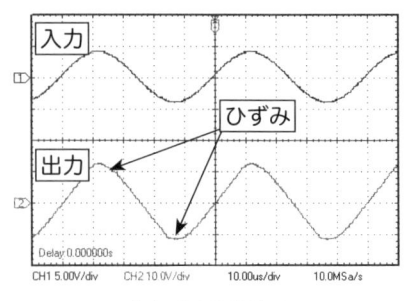

(a) $f=10$〔kHz〕   (b) $f=20$〔kHz〕

図 2-44　NJM4558 を用いた実験結果

した回路に，周波数 $f=20$〔kHz〕，実効値約 3 V の交流波形を入力した場合の入出力波形を図 2-45(a)に示します．NJM4558（図 2-44(b)）ではひずみが生じていましたが，NJM4580 ではひずんだ様子がありません．

図 2-45(b)は，NJM4580 を用いた回路において，入力信号の周波数を 60 kHz にした場合の入出力波形です．60 kHz でも，はっきりとしたひずみは観測できません．さらに周波数を高くして，f_{max2} を超える 70 kHz の信号を入力した場合の入出力波形を図 2-45(c)に示します．この周波数では，ひずみが生じています．

表 2-3 に，NJM4558 と NJM4580 のおもな規格を示します．

表 2-3 NJM4558 と NJM4580

項目	汎用 NJM4558	高音質用 NJM4580
動作電源電圧	±4 〜 ±18 V	±2 〜 ±18 V
消費電流	3.5 mA	6 mA
電圧利得	100 dB	110 dB
スルーレート	1 V/μs	5 V/μs
入力換算 雑音電圧	1.4 μV$_{rms}$	0.8 μV$_{rms}$
CMRR	90 dB	110 dB
GB 積	3 MHz	15 MHz

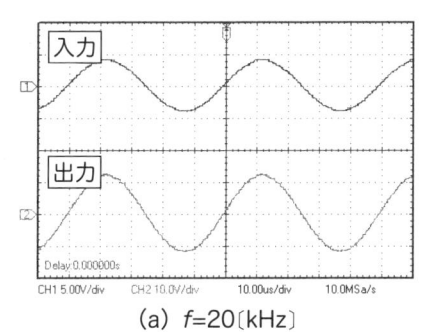

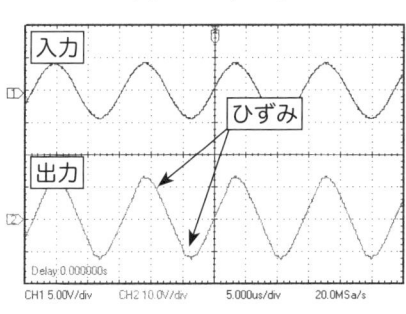

(a) $f=20$〔kHz〕

(b) $f=60$〔kHz〕

(c) $f=70$〔kHz〕

図 2-45 NJM4580 を用いた実験結果

2-7 実験しよう

(2) 単電源での動作実験

オペアンプ NJM4558 は，両電源用の IC です．しかし，交流信号を増幅する場合に，直流分をカットして動作させれば，1個の電源を分圧して動作させることが可能です．つまり，単電源で動作させることができるのです．このような単電源動作は，オーディオ用増幅回路などとしてオペアンプを使用する場合に多く採用されています．

図 2-46 に単電源の動作用の実験回路，図 2-47 に実験回路の製作例を示します．回路では，単電源で使用するため，オペアンプの端子 V^-，つまり電源の負電圧を加える端子（ピン番号 4）をそのままグランドに接続しています．そして，非反転入力端子（ピン番号 3）には，2 本の抵抗（100 kΩ）で分圧した 7.5 V の電圧がバイアスとして加わるように配線しています．これについては，図 2-48 と式（2-90）を参照してください．また，入力側と出力側には，直流分をカットするためにそれぞれ 0.1 μF のバイパスコンデ

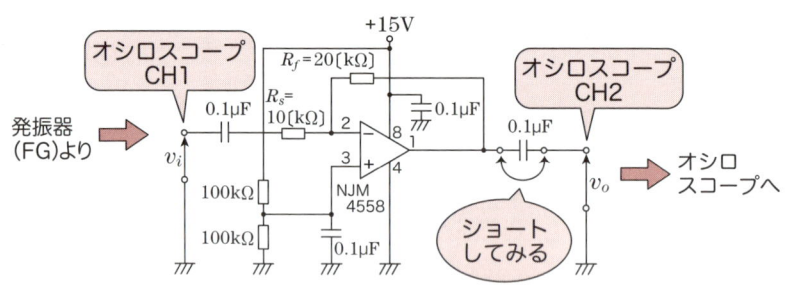

図 2-46 単電源用実験回路

図 2-47 実験回路の製作例

$V^+ = +15\,[\text{V}]$

$R_1 = 100\,[\text{k}\Omega]$

$R_2 = 100\,[\text{k}\Omega]$

$V_o = 7.5\,[\text{V}]$

$$V_o = \frac{R_2}{R_1+R_2}V^+ = \frac{100}{100+100} \times 15 = 7.5\,[\text{V}] \quad (2\text{-}90)$$

図 2-48 バイアス電圧

ンサ（パスコン）を挿入しています．

図 2-49 は，入力電圧 v_i に発振器（FG）から周波数 1 kHz，実効値 2 V の正弦波を入力した場合の入出力波形です．実験回路は，抵抗 $R_f = 20\,[\text{k}\Omega]$，$R_s = 10\,[\text{k}\Omega]$ の反転増幅回路ですので，位相の反転と 2 倍に増幅された入出力波形が観測できます．

次に，実験回路の出力側のバイパスコンデンサをショートして波形観測を行いましょう．バイパスコンデンサをショートすると，直流分がカットされずに出力端子に現れます．先ほどと同じ周波数 1 kHz，実効値 2 V の正弦波を入力した場合の入出力波形を**図 2-50** に示します．出力波形の振幅に，バイアス電圧 7.5 V が加わっていることが確認できます．

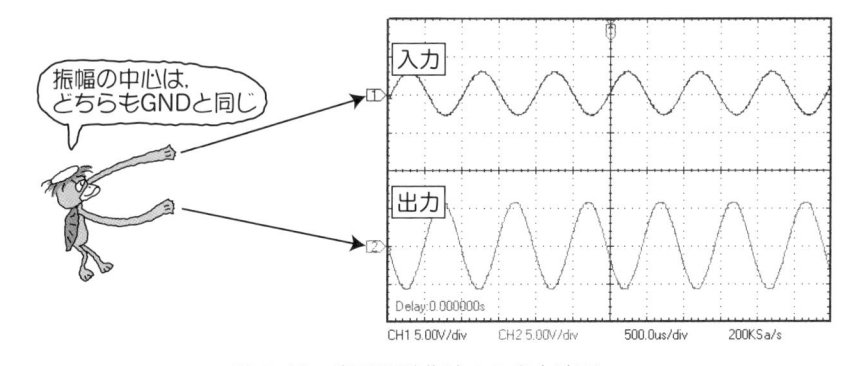

図 2-49　単電源動作時の入出力波形

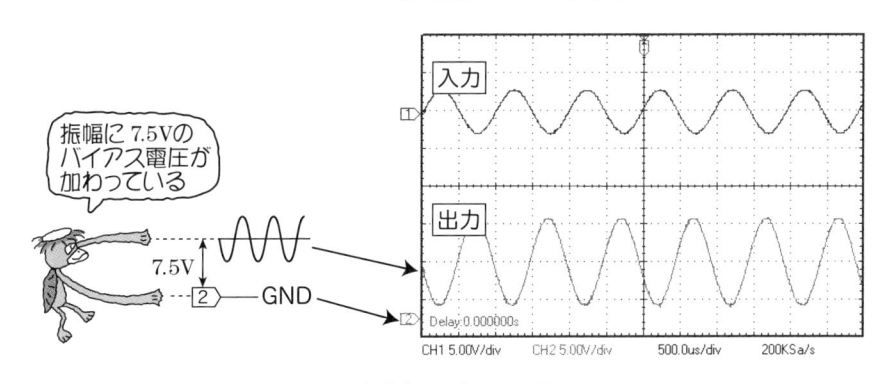

図 2-50　出力側のパスコンをショート

■ 2-7　実験しよう ■

章 末 問 題

1 次の2つの増幅回路について，①〜③の問に答えなさい．

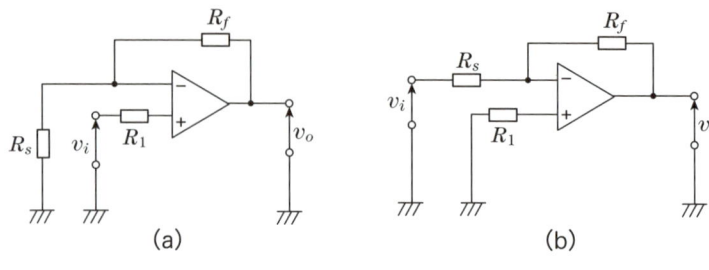

図 2-51

① 回路の名称
② 増幅度を求める式
③ 抵抗 R_1 の働きと，その値を求める式

2 次の文章は，オペアンプのイマジナリショートについて述べたものである．正しいものはどれか答えなさい．

① 正帰還によって得られる効果である．
② 負帰還によって得られる効果である．
③ 2つの入力端子の電位が等しくなる．
④ イマジナリショートが起こると，回路の動作が不安定になる．
⑤ イマジナリショートが起こると，回路の増幅度が増加する．

3 差動増幅回路について，①〜③の問に答えなさい．

① どのような動作を行う回路であるか．
② 回路の利点．
③ オペアンプを差動増幅回路として動作させる場合の基本的な回路を示しなさい．

4 次に示す回路について，①〜③の問に答えなさい．

① 回路の名称
② 回路の特徴
③ 回路の用途

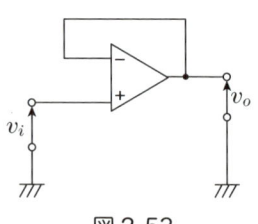

図 2-53

第3章 演算回路の基礎

　オペアンプのルーツは，アナログ量を使用して微分方程式などを解くアナログ式計算機用の回路です．つまり，オペアンプはアナログ信号の処理が得意なのです．この章では，オペアンプを用いたアナログ信号の加算や減算などの演算を行う回路について説明します．また，信号処理の分野で広く使用されている積分回路や微分回路についても，オペアンプを使用すれば高性能な回路が実現できます．基本となる回路は，前に学んだ反転増幅回路と非反転増幅回路です．必要に応じて，前のページを参照しながら学習を進めてください．

3-1 加算回路

(1) 加算回路の基礎

加算回路は，複数の端子に流れている電流の値をアナログ的に加算する回路です．電流を電圧として取り出せば，電圧を加算する回路ととらえることもできます．図3-1に，加算回路の基本的な考え方を示します．3つの端子に，電圧 V_a, V_b, V_c を加えた場合，負荷抵抗 R_L が十分に小さければ，各端子に流れる電流 I_a, I_b, I_c は，式（3-1）のようになります．

$$\left. \begin{array}{l} I_a = \dfrac{V_a}{R_a} \\[4pt] I_b = \dfrac{V_b}{R_b} \\[4pt] I_c = \dfrac{V_c}{R_c} \end{array} \right\} \quad (3\text{-}1)$$

このとき，各電流の和 I は，キルヒホッフの法則から，式（3-2）に示すように計算できます．

$$I = I_a + I_b + I_c$$
$$= \dfrac{V_a}{R_a} + \dfrac{V_b}{R_b} + \dfrac{V_c}{R_c} \quad (3\text{-}2)$$

つまり，3つの端子に流れる電流の加算を行うことができます．この電流を負荷抵抗 R_L から出力電圧 V_O として取り出せば，$V_a + V_b + V_c$ の値を知ることも可能です．

しかし，この加算回路の精度を上げるためには，負荷抵抗 R_L を各端子の抵抗 R_a, R_b, R_c の並列合成抵抗よりも十分に小さくする必要があります．一方で，負荷抵抗 R_L を小さくすると，出力電圧 $V_O = IR_L$ であることから，取り出せる出力電圧 V_O が小さな値となってしまいます．この相反する問題を解決するために，オペアンプを使用することができます．

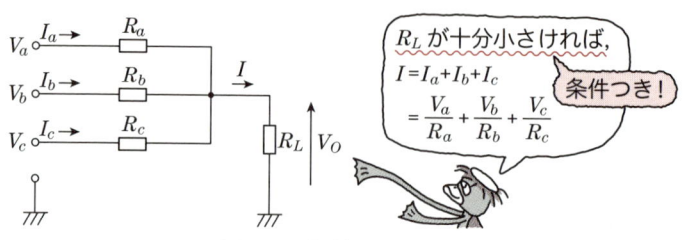

図3-1 加算回路の基本

(2) オペアンプによる加算回路

図3-2に,オペアンプを用いた加算回路を示します.この回路は,反転増幅回路を基本としています.

各入力端子に流れる電流 I_a, I_b, I_c を表す式 (3-1) は,負荷抵抗 R_L が十分に小さいことを前提としていました.一方,オペアンプの反転入力端子 (−) は,イマジナリショートしていますので,ここでは,その前提がなくても式 (3-1) が成立します.

また,オペアンプの入力インピーダンスは非常に大きいために,合成電流 I_f はオペアンプ内へは流れずに,帰還抵抗 R_f へ向けて流れます.各入力端子に流れる電流の合成電流 I_f は式 (3-3) に示すようになり,出力電圧 V_O は式 (3-4) のように計算できます.

$$I_f = I_a + I_b + I_c \quad (3\text{-}3)$$

$$V_O = -I_f R_f = -(I_a + I_b + I_c) R_f$$

$$= -\left(\frac{V_a}{R_a} + \frac{V_b}{R_b} + \frac{V_c}{R_c}\right) R_f \quad (3\text{-}4)$$

式 (3-4) において,$R_a = R_b = R_c$ として,これを R と置き換えれば,式 (3-5) が成立します.

$$V_O = -\frac{R_f}{R}(V_a + V_b + V_c) \quad (3\text{-}5)$$

式 (3-5) において,$R_f = R$ と設定すれば,式 (3-6) に示すように入力端子の電圧を加算した値を得ることができます.ただし,反転増幅回路を用いているので,出力の符号は反転しています.

$$V_O = -(V_a + V_b + V_c) \quad (3\text{-}6)$$

また,式 (3-5) において,$3R_f = R$ と設定すれば,式 (3-7) に示すように入力端子の電圧を平均した値(符号は逆)を得ることができます.式 (3-7) を実現している加算回路を,平均値回路ともいいます.

$$V_O = -\frac{1}{3}(V_a + V_b + V_c) \quad (3\text{-}7)$$

以上のように,オペアンプを用いて加算回路を構成すれば,精度の高い演算結果を得ることができます.

反転増幅回路を使用した加算回路と平均値回路の実例を見てみましょう.図3-3に加算回路,図3-4に平均値回路の例を示します.加算回路では $R = R_f$(増幅度 = 1),平均値回路では

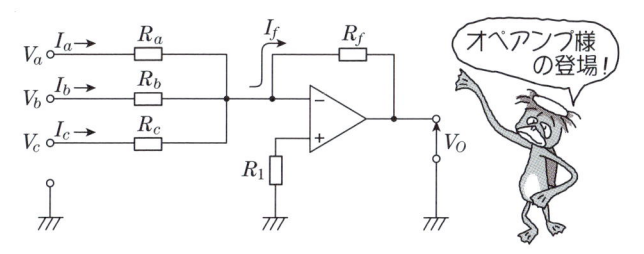

図3-2 オペアンプによる加算回路

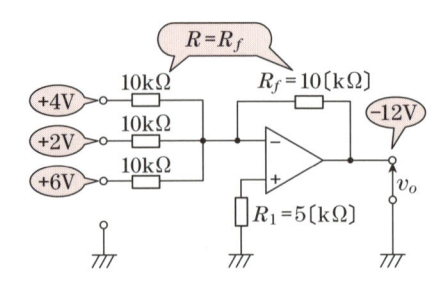

図 3-3 加算回路の例

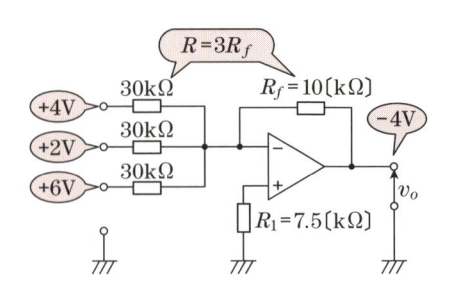

図 3-4 平均値回路の例

$R = 3R_f$（増幅度 = 1/入力端子数）と設定することに注意してください．

図 3-5 は，非反転増幅回路を用いた平均値回路です．オペアンプを電圧フォロア回路として使用しています．各入力端子に流れる電流の和 I は式 (3-8)，入力抵抗の合成抵抗 R は式 (3-9) で計算できます．

$$I = \frac{6}{12} + \frac{-2}{12} + \frac{5}{12}$$
$$\approx 0.5 - 0.17 - 0.42$$
$$= 0.75 \text{ (mA)} \quad (3\text{-}8)$$

$$R = \frac{12}{3} = 4 \text{ (kΩ)} \quad (3\text{-}9)$$

これより，非反転入力端子（+）には，式 (3-10) で算出した電圧 V_I が加わっています．

$$V_I = IR = 0.75 \times 4 = 3 \text{ (V)} \quad (3\text{-}10)$$

電圧フォロア回路の増幅度は 1 であり，入力と出力の電圧は同位相です．したがって，出力電圧 V_O は V_I と等しくなります．そして，反転増幅回路の場合とは異なり，出力電圧の符号は逆転しません．ここで，出力電圧 V_O は，式 (3-11) に示すように各入力端子に加わっている電圧の平均値となっています．

$$V_O = \frac{6 - 2 + 5}{3} = 3 \text{ (V)} \quad (3\text{-}11)$$

これまでは，3 入力の加算回路を例にして説明しましたが，4 入力以上の加算回路についても同様に考えることができます．

(3) 加算回路の応用

ディジタル信号をアナログ信号に変換する回路を D-A コンバータといいます．ここでは，オペアンプを用いた加算回路を D-A コンバータに応用する方法について説明します．

図 3-6 に，オペアンプを用いた

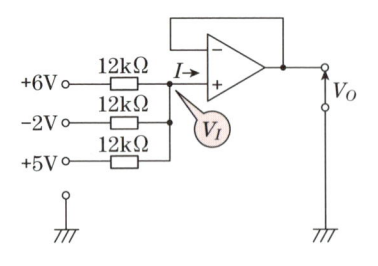

図 3-5 電圧フォロア回路を用いた平均値回路

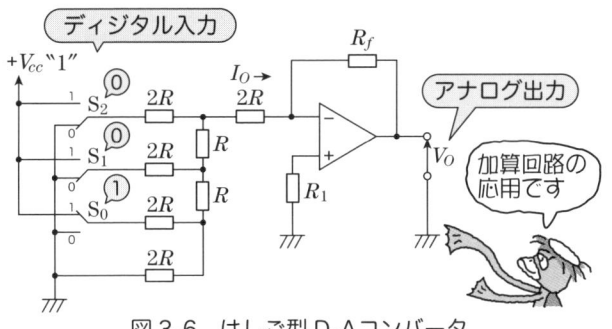

図3-6 はしご型 D-Aコンバータ

D-Aコンバータの回路例を示します．この回路は，3ビットのディジタル信号に対応したスイッチ入力をアナログ信号に変換します．抵抗をはしごのように配置するので，はしご型（ラダー型）と呼ばれています．例として，入力のディジタル信号が「001」の場合を考えます．スイッチ S_2，S_1，S_0 をディジタル信号に対応させて，それぞれ0，0，1と設定します．このときの等価回路を図3-7(a)に示します．合成抵抗を考えると，図3-7(a)は図(b)のように書き換えることができ，合成抵抗 $2R$ に流れる電流は $2I_O$ になります．さらに，図(b)は図(c)に示す等価回路に書き換えることができ，新たな合成抵抗 $2R$ に流れる電流は $4I_O$ になります．図(c)を変形すると，図(d)のようになりますから，出力電流 I_O は式(3-12)のように計算できます．

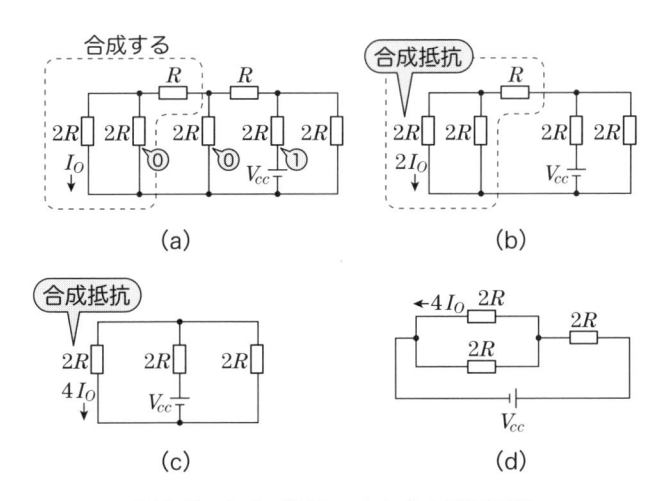

図3-7 入力「001」のときの等価回路

$$4I_O = \frac{V_{cc}}{3R} \times \frac{1}{2}$$

$$I_O = \frac{V_{cc}}{24R} \qquad (3\text{-}12)$$

次に，入力のディジタル信号が「010」の場合を考えます．スイッチ S_2, S_1, S_0 をディジタル信号に対応させて，それぞれ 0，1，0 と設定します．このときの等価回路を**図 3-8**(a)に示します．図 3-7 と同様の考え方で，回路両端の合成抵抗を求めると，図 3-8(b)に示す回路となります．そして，図(b)を変形すると，図(c)の回路が得られ，出力電流 I_O' は式 (3-13) のように計算できます．

$$I_O' = \frac{V_{cc}}{12R} \qquad (3\text{-}13)$$

式 (3-12) と式 (3-13) より，式 (3-14) の関係が得られます．

$$I_O' = 2I_O \qquad (3\text{-}14)$$

このようにして，3 ビットのディジタル入力信号に比例する大きさのアナログ信号を取り出すことができます．はしご型 D-A コンバータは，R と $2R$ の 2 種類の抵抗で回路を構成することができ，出力電流はこれらの抵抗値の比によって決まります．

オペアンプを使用せずに負荷抵抗 R_L から出力電圧 V_O を取り出そうとした場合には，変換精度を高めるために R_L を小さくする必要があります．しかし，R_L を小さくすると取り出せる V_O の値は小さくなってしまいます．一方，オペアンプを出力側に用いることで，変換回路の出力インピーダンスの影響をなくし，各抵抗に流れる電流の精度を上げるとともに，大きな電圧で V_O を取り出すことができるのです．

$$2I_O' = \frac{V_{cc}}{R+2R} \times \frac{1}{2} = \frac{V_{cc}}{6R}$$

$$I_O' = \frac{V_{cc}}{12R}$$

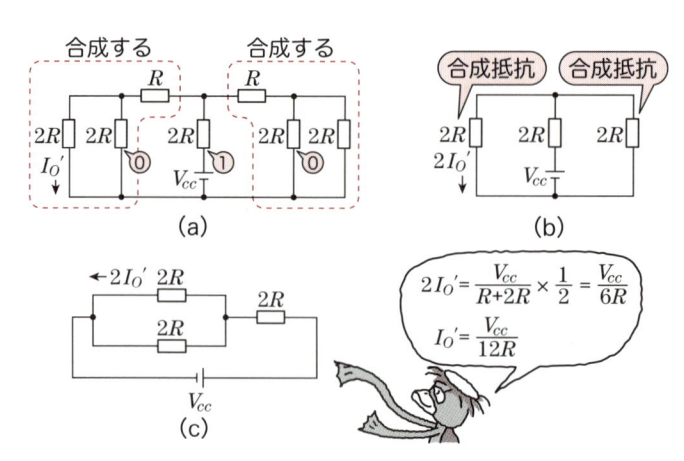

図 3-8　入力「010」のときの等価回路

3-2 減算回路

(1) オペアンプによる減算回路

オペアンプを用いて，入力信号の差を出力する減算回路を構成できます．**図 3-9** に，減算回路を示します．この減算回路，どこかで見た覚えはないでしょうか．64 ページで学んだ図 2-31 の差動増幅回路と比べてみてください．減算回路は，入力電圧 V_a と V_b の差に比例した電圧 V_O を出力する回路ですから，差動増幅回路と同じです．差動増幅回路の出力電圧は，64 ページ式（2-79）に示しました．この式において，抵抗や電圧の記号を図 3-9 の減算回路に合わせると，式（3-15）が得られます．

$$V_O = \frac{R_f}{R_a}(V_b - V_a) \quad (3\text{-}15)$$

ただし，式（3-15）では，64 ページで説明したように，図 3-9 の抵抗 $R_a = R_b$，$R_f = R_1$ が前提条件となっていることに注意してください．

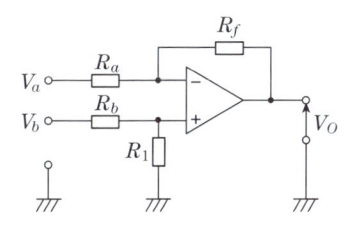

図 3-9 の減算回路は，オペアンプの反転増幅回路を基本としています．式（3-15）を一見すると，右辺にマイナス記号が付いていないように思えるかもしれません．しかし，通常の反転増幅回路と同様に，非反転入力端子（＋）を接地すれば $V_b = 0$ となります．すると，式（3-15）はこれまで使用してきた反転増幅回路の式（2-13）などと同じであることがわかります．

図 3-2 に示したように，加算回路では多数の入力電圧を加算する回路を容易に構成できます．一方，減算回路では，オペアンプ 1 個につき，2 つの電圧（V_a と V_b）の減算しか行うことができません．

(2) 減算回路の応用

減算回路の応用例を考えましょう．**図 3-10** に示す減算回路を見てくだ

図 3-9 減算回路

さい．入力側のアース端子に雑音電圧 V_N がのってしまった場合の回路です．このため，入力側のアース電位は，本来のアース電位である出力側のアース電位とは異なった状態になっています．このような状態は，各種センサからの信号をオペアンプで増幅する場合などに，センサとオペアンプ回路が離れている際などによく生じます．

図3-10の回路の出力電圧 V_O を計算してみましょう．反転入力端子の電圧 V_a は，端子間電圧 V_1 に雑音電圧 V_N が加わっていますので，$V_a = V_1 + V_N$ です．また，非反転入力端子の電圧 V_b は，雑音電圧 V_N と等しくなります．したがって，式 (3-15) にこれらの条件を代入すると，式 (3-16) に示すように $V_O = V_1$ となります．つまり，減算回路（差動増幅回路）を応用すれば，入力端子間に生じる同相の雑音電圧 V_N の影響を完全に除去することができます．

$$V_O = \frac{R_f}{R_a}(V_b - V_a)$$

$$= \frac{20}{20}\{V_N - (V_1 + V_N)\}$$

$$= V_1 \qquad (3\text{-}16)$$

(3) 加減算回路

加算回路と減算回路を組み合わせた回路を加減算回路といいます．**図3-11**に，オペアンプを用いた多入力加減算回路の例を示します．この回路では，オペアンプの反転入力端子と非反転入力端子それぞれに同じ数の信号を加えています．出力電圧 V_O は，式 (3-17) に示すように，2つの入力端子の信号をそれぞれ加算した後に，それらの減算を行った値となります．

$$V_O = 1 \cdot (V_b - V_a)$$
$$= (V_{b1} + V_{b2} + V_{b3})$$
$$\quad - (V_{a1} + V_{a2} + V_{a3}) \qquad (3\text{-}17)$$

この例のように，減算については，1個のオペアンプにつき1回の減算しかできません．

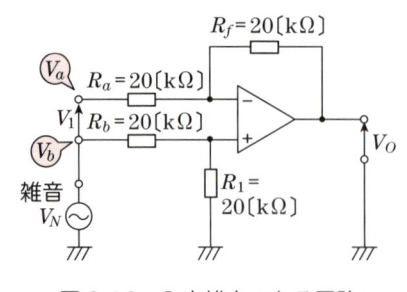

図3-10 入力雑音のある回路

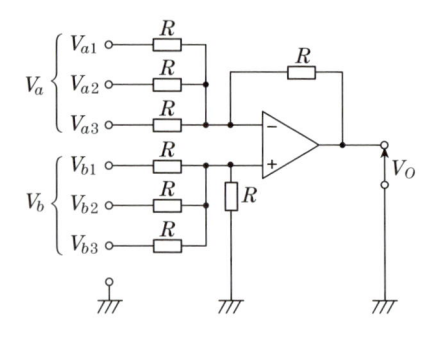

図3-11 多入力加減算回路

3-3 乗算・除算回路

(1) 乗算回路

オペアンプを用いた乗算回路は，対数演算の性質を利用して構成します．対数には，式（3-18）のような性質があります．lnは，e（約2.718）を底とする自然対数です．

$$\ln A + \ln B = \ln(A \times B) \quad (3\text{-}18)$$

この性質を利用すると，乗算を加算として計算することができます．例えば，$A=2$，$B=3$の場合を考えてみましょう．

2と3の対数をとって加算します．その後，式（3-19）に示すように逆対数計算を行えば，2×3の乗算結果である6を得ることができます．

$$\ln 2 + \ln 3 \fallingdotseq 0.693 + 1.099 = 1.792$$
$$\ln x = 1.792 \text{ より，}$$
$$x = e^{1.792} \fallingdotseq 6 \quad (3\text{-}19)$$

以上のようにして，乗算を行う乗算回路の構成を**図3-12**に示します．この図において，加算回路についてはすでに説明しました．ここでは対数回路と逆対数回路について説明します．

(a) 対数回路

ダイオードに流れる電流I_Dは，式（3-20）のように表すことができ，この式をダイオードの整流方程式と呼びます．

$$I_D = I_S \left(e^{\frac{qV_D}{kT}} - 1 \right) \quad (3\text{-}20)$$

式における，I_Sは逆方向飽和電流（逆方向に流れる微小電流の最大値），qは電子の電荷（1.602×10^{-19}〔C〕），V_Dはダイオードの順方向電圧，kはボルツマン定数（1.38×10^{-23}〔J/K〕），Tは絶対温度です．この式からわかるように，ダイオードには指数的に電流を流す性質があります．この性質をオペアンプ回路に応用すると対数回路を作ることができます．**図3-13**(a)にダイオードを用いた対数回路を示します．この図は，入力が正の場合に有効です

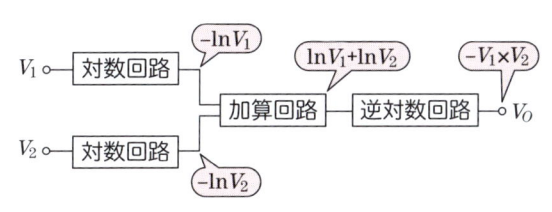

図3-12　乗算回路の構成

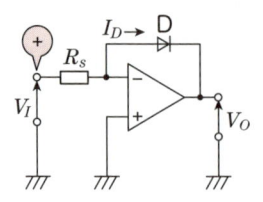

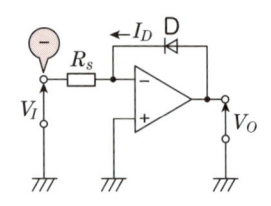

(a) 正の入力電圧に有効　　(b) 負の入力電圧に有効

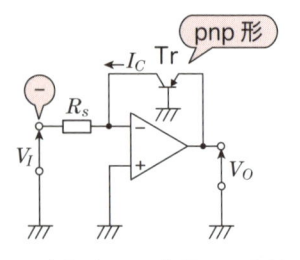

図 3-13　ダイオードを用いた対数回路

が，図(b)のようにダイオード D の向きを逆にすれば負の入力に対して有効になります．それぞれの回路における出力電圧 V_O は，式（3-21），式（3-22）で計算できます．

正の入力電圧

$$V_O = -\frac{kT}{q}\left(\ln\frac{V_I}{R_s} - \ln I_S\right) \quad (3\text{-}21)$$

負の入力電圧

$$V_O = \frac{kT}{q}\left(\ln\frac{-V_I}{R_s} - \ln I_S\right) \quad (3\text{-}22)$$

ダイオードの代わりに，トランジスタをベース接地で用いることでも対数回路を構成することができます．**図 3-14**(a)にトランジスタを用いた正の

入力に有効な対数回路，(b)に負の入力に有効な対数回路を示します．対数回路は，ログ回路とも呼ばれます．

(b) 逆対数回路

図 3-13 に示した対数回路において，抵抗とダイオードの挿入位置を入れ替えると逆対数回路を作ることができます．図 3-14 についても，同様です．**図 3-15**，**図 3-16** にダイオードまたはトランジスタを用いた逆対数回路を示します．

式（3-23），式（3-24）に，ダイオードを用いた逆対数回路の出力電圧 V_O の計算式を示します．逆対数回路は，アンチログ回路とも呼ばれます．

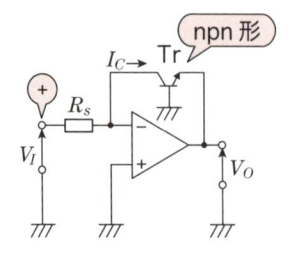

(a) 正の入力電圧に有効　　(b) 負の入力電圧に有効

図 3-14　トランジスタを用いた対数回路

(a) 正の入力電圧に有効　　(b) 負の入力電圧に有効

図 3-15　ダイオードを用いた逆対数回路

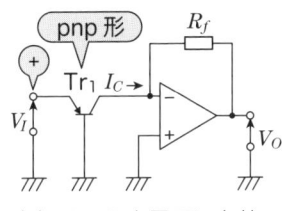

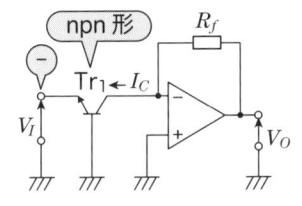

(a) 正の入力電圧に有効　　(b) 負の入力電圧に有効

図 3-16　トランジスタを用いた逆対数回路

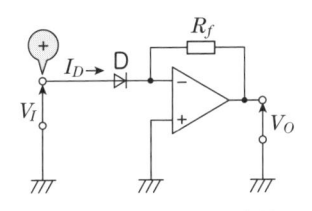

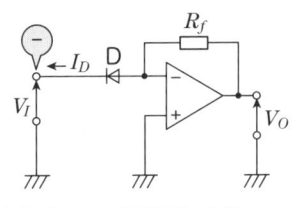

正の入力電圧

$$V_O = -R_f I_S e^{\frac{qV_I}{kT}} \qquad (3\text{-}23)$$

負の入力電圧

$$V_O = R_f I_S e^{-\frac{qV_I}{kT}} \qquad (3\text{-}24)$$

乗算回路は，図 3-13（図 3-14）の対数回路，図 3-15（図 3-16）の逆対数回路および，81 ページ図 3-2 の加算回路を組み合わせて構成できます．**図 3-17** に，ダイオードを用いた対数回路と逆対数回路を使用した乗算回路の

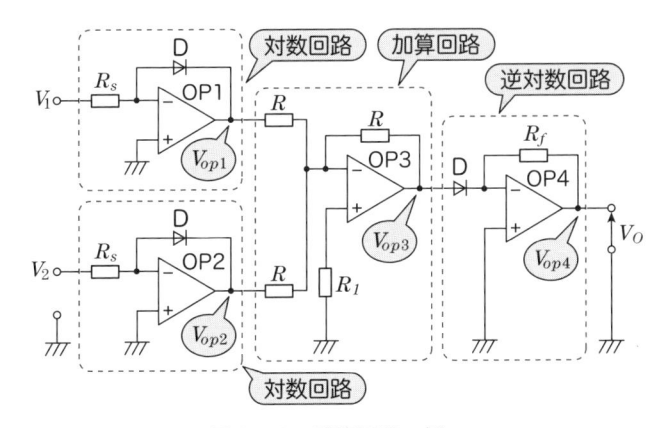

図 3-17　乗算回路の例

3-3　乗算・除算回路

例を示します．図3-12に示した乗算回路の構成と対応させて理解してください．

図3-17の回路から，正の入力電圧に有効な乗算回路の動作を計算式で考えてみましょう．2個の対数回路の出力電圧 V_{op1}, V_{op2} は，式（3-21）から，式(3-25)のように表すことができます．

$$\left. \begin{array}{l} V_{op1} = -\dfrac{kT}{q}\left(\ln\dfrac{V_1}{R_s} - \ln I_S\right) \\ V_{op2} = -\dfrac{kT}{q}\left(\ln\dfrac{V_2}{R_s} - \ln I_S\right) \end{array} \right\} \quad (3\text{-}25)$$

この V_{op1}, V_{op2} が入力される加算回路の出力電圧 V_{op3} は，式（3-5）から，式(3-26)のように表すことができます．

$$V_{op3} = -(V_{op1} + V_{op2})$$
$$= \dfrac{kT}{q}\left(\ln\dfrac{V_1}{R_s} + \ln\dfrac{V_2}{R_s} - 2\ln I_S\right)$$
$$(3\text{-}26)$$

乗算回路の終段である逆対数回路の出力電圧 V_{op4} は，式（3-23）から，式(3-27)のように表すことができます．

$$V_O = V_{op4} = -R_f I_S e^{\frac{q}{kT}\cdot V_{op3}}$$
$$= -R_f I_S e^{\left(\ln\frac{V_1 V_2}{R_s^2 I_S^2}\right)}$$

$$= -\dfrac{R_f I_S V_1 V_2}{R_s^2 I_S^2}$$

$$= -\dfrac{R_f}{R_s^2 I_S} V_1 V_2 \quad (3\text{-}27)$$

式（3-27）において，式（3-28）の条件が成り立つ場合を考えると，式（3-29）のように入力電圧 $V_1 \times V_2$ の乗算が計算できることがわかります．

$$R_f = R_s^2 I_S \quad (3\text{-}28)$$
$$V_O = -V_1 V_2 \quad (3\text{-}29)$$

(2) 除算回路

除算回路は，対数回路と減算回路，逆対数回路を組み合わせて構成することができます．対数には，式（3-30）のような性質があります．$\ln$ は，e（約2.718）を底とする自然対数です．

$$\ln A - \ln B = \ln\left(\dfrac{A}{B}\right) \quad (3\text{-}30)$$

この性質を利用すると，除算を減算として計算することができます．例えば，$A = 3$, $B = 2$ の場合を考えてみましょう．

3と2の対数をとって減算します．その後，式（3-31）に示すように逆対数計算を行えば，3÷2の乗算結果で

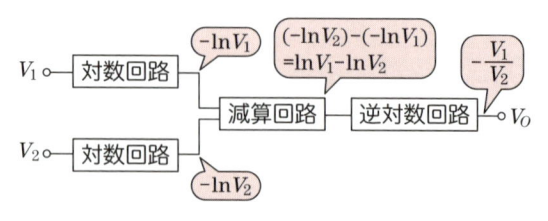

図3-18 除算回路の構成

ある 1.5 を得ることができます．

$\ln 3 - \ln 2 ≒ 1.099 - 0.693 = 0.406$

$\ln x = 0.406$ より，

$$x = e^{0.406} ≒ 1.5 \quad (3\text{-}31)$$

以上のようにして，除算を行う除算回路の構成を**図 3-19**に示します．

図 3-19 の回路から，正の入力電圧に有効な除算回路の動作を計算式で考えてみましょう．2 個の対数回路の出力電圧 V_{op1}, V_{op2} は，式（3-21）から，式（3-32）のように表すことができます．この式は，式（3-25）と同じです．

$$\left. \begin{array}{l} V_{op1} = -\dfrac{kT}{q}\left(\ln\dfrac{V_1}{R_s} - \ln I_S\right) \\ V_{op2} = -\dfrac{kT}{q}\left(\ln\dfrac{V_2}{R_s} - \ln I_S\right) \end{array} \right\} \quad (3\text{-}32)$$

この V_{op1}, V_{op2} が入力される減算回路の出力電圧 V_{op3} は，式（3-15）から，式（3-33）のように表すことができます．

$$V_{op3} = V_{op2} - V_{op1}$$
$$= \dfrac{kT}{q}\left(\ln\dfrac{V_1}{R_s} - \ln\dfrac{V_2}{R_s}\right) \quad (3\text{-}33)$$

除算回路の終段である逆対数回路の出力電圧 V_{op4} は，式（3-23）から，式（3-34）のように表すことができます．

$$V_O = V_{op4} = -R_f I_S e^{\frac{q}{kT}V_{op3}}$$
$$= -R_f I_S e^{\left(\ln\frac{V_1}{V_2}\right)}$$
$$= -R_f I_S \dfrac{V_1}{V_2} \quad (3\text{-}34)$$

式（3-34）において，式（3-35）の条件が成り立つ場合を考えると，式（3-36）のように入力電圧 $V_1 \div V_2$ の除算が計算できることがわかります．

$$R_f I_S = 1 \quad (3\text{-}35)$$

$$V_O = -\dfrac{V_1}{V_2} \quad (3\text{-}36)$$

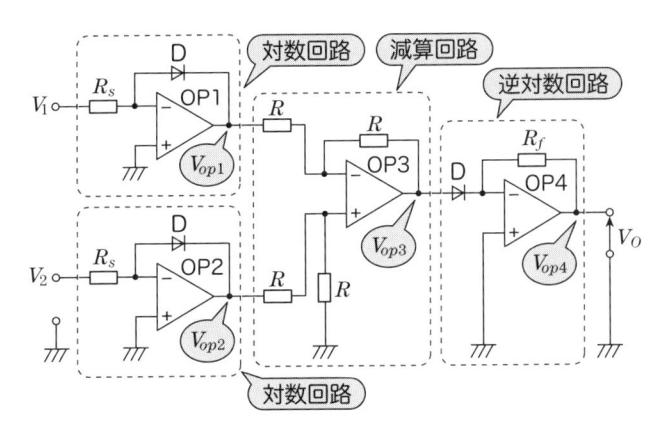

図 3-19　除算回路の例

3-3　乗算・除算回路

3-4 積分回路

(1) 積分回路の基礎

　積分回路とは，入力に与えた電圧を時間の変化とともに積算していく回路です．したがって，理想的な積分回路では，入力電圧が一定の際には，出力電圧が直線的に変化します．入力電圧を v_i，比例定数を k としたときの積分回路の出力電圧 v_o は，式 (3-37) で表すことができます．

$$v_o = k \int v_i \, dt \qquad (3\text{-}37)$$

　例えば，図 3-20 に示すように，理想的な積分回路に方形波を入力した場合の出力電圧は，三角波になります．積分回路は，信号を平均化して雑音の影響を低減する効果があります．また，電圧を時間に変換する回路としても広い用途で用いられています．

　図 3-21 に，抵抗 R とコンデンサ C を用いて構成した RC 積分回路を示します．出力電圧 v_o は，コンデンサの両端から取り出します．時間 t でのコンデンサの電荷を q とすると，この回路の微分方程式は式 (3-38) のようになります．微分方程式は，ある時間 t における回路の状態を表す式です．式 (3-38) を解くと，出力電圧 v_o は式 (3-

図 3-21　RC 積分回路

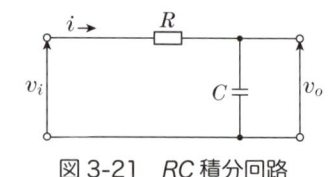

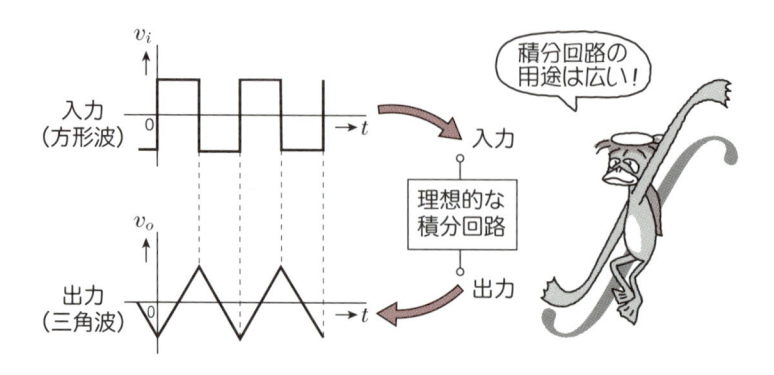

図 3-20　積分回路の入出力波形の例

39) のように表すことができます．

$$R\frac{dq}{dt} + \frac{q}{C} = v_i \quad (3\text{-}38)$$

$$v_o = \frac{q}{C} = v_i\left(1 - e^{-\frac{t}{RC}}\right) \quad (3\text{-}39)$$

RC 積分回路に方形波を入力した場合を考えます．すると，方形波の立上り時にはコンデンサ C に電荷が充電され，立下り時にはコンデンサ C に蓄えられていた電荷が放電します．このため，例えば**図 3-22** に示すような入出力波形が得られます．

また，式 (3-39) における抵抗とコンデンサの積 RC は，時定数 τ（タウ）と呼ばれます．時定数 τ の値が小さいほど，コンデンサ C の充放電はすばやく終了します．つまり，τ は**図 3-23** に示すように出力波形に影響を与えます．入力電圧の周期を T とすると，$\tau \gg T$ であれば直線的な積分波形を得ることができます．しかし，τ の値を大きくすると，式 (3-39) より，出力電圧が小さくなってしまいます．

図 3-24 に，$R = 10$〔kΩ〕，$C = 0.005$〔μF〕とした RC 積分回路に，5 kHz，±1 V の方形波を入力した場合の入出力波形を示します．

RC 積分回路は，構成が簡単ですが，理想的な積分波形を得ることは困難です．また，大きな出力電圧を得ることも難しいために，次に説明するオペアンプを用いた積分回路を使用するのが一般的です．

(2) オペアンプによる積分回路

図 3-25(a)に，オペアンプを用いた基本的な積分回路を示します．この図で，オペアンプの入力抵抗を無限大

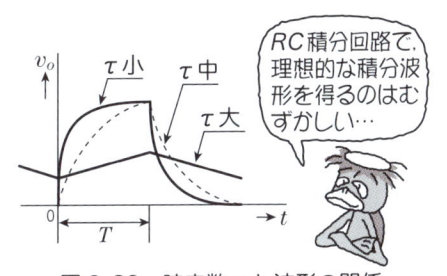

図 3-23 時定数 τ と波形の関係

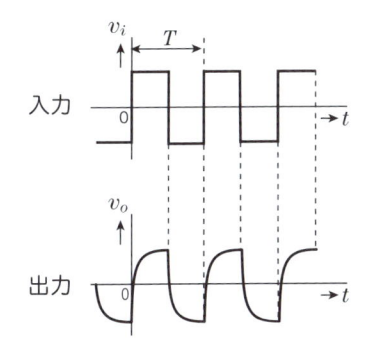

図 3-22 RC 積分回路の入出力波形（$\tau \ll T$）

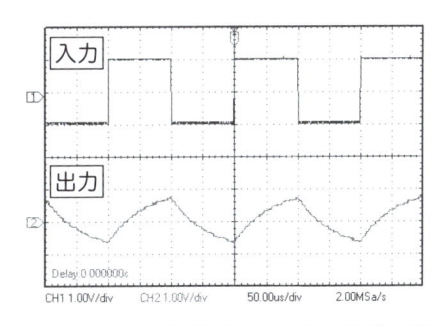

図 3-24 RC 積分回路の入出力波形の例

3-4 積分回路

と考えると，電流 i はすべてコンデンサ C に向けて流れます．オペアンプの増幅度を A とすると，コンデンサ C の端子電圧 v_c は，式（3-40）のようになります．

$$v_c = v_1 - (-Av_1)$$
$$= v_1(1+A) \quad (3\text{-}40)$$

これより，電流 i は式（3-41）のようになるため，図 3-25(b) の等価回路が得られます．

$$i = \frac{dq}{dt}$$
$$= C\frac{dv_c}{dt} = (1+A)C\frac{dv_1}{dt} \quad (3\text{-}41)$$

この等価回路では，コンデンサ C が等価的に $(1+A)$ 倍されています．これをミラー効果といいます．また，図(b)は，RC 積分回路の出力部に増幅度 A のオペアンプを接続した回路とみなすこともできます．したがって，RC 積分回路の出力電圧 v_o を求める式（3-39）を用いて，式（3-42）を得ることができます．

$$v_1 = v_i \left\{ 1 - e^{-\frac{t}{(1+A)RC}} \right\} \quad (3\text{-}42)$$

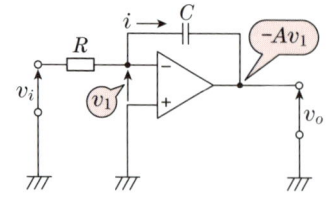

また，式（3-42）を式（3-43）に代入すると式（3-44）のようになります．

$$v_o = -Av_1 \quad (3\text{-}43)$$
$$v_o = -Av_i \left\{ 1 - e^{-\frac{t}{(1+A)RC}} \right\} \quad (3\text{-}44)$$

式（3-44）を級数展開して，第 2 項までとって整理すると式（3-46）になります．式（3-45）は，$|x|<1$ の場合の級数展開の式です．

$$e^x = 1 + x + \frac{x^2}{2!} + \frac{x^3}{3!} + \cdots \quad (3\text{-}45)$$

$$v_o = -Av_i \left\{ \frac{t}{(1+A)RC} - \frac{t^2}{2(1+A)^2 R^2 C^2} + \cdots \right\}$$
$$\fallingdotseq -\frac{A}{1+A} v_i \frac{t}{RC} \left\{ 1 - \frac{t}{2(1+A)RC} \right\}$$
$$(3\text{-}46)$$

式（3-46）において，$|A| \gg 1$ とすると式（3-47）が得られます．

$$v_o = -v_i \frac{t}{RC} \left(1 - \frac{t}{2ARC} \right) \quad (3\text{-}47)$$

式（3-47）において，右辺のカッコ内が 1 になれば，式が理想的な積分波形である直線となります．つまり，オ

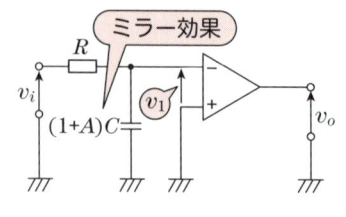

(a) 基本回路　　(b) 等価回路

図 3-25　オペアンプを用いた積分回路

ペアンプを用いた積分回路の出力波形の直線との誤差分 δ（デルタ）は，式(3-48)のようになります．

$$\delta = \frac{t}{2ARC} \quad (3\text{-}48)$$

一方，図 3-21 に示した RC 積分回路の誤差分 δ を考えます．式(3-39)について，式(3-45)を用いて前と同様に級数展開すれば，式(3-49)が得られます．

$$v_o = v_i \frac{t}{RC}\left(1 - \frac{t}{2RC}\right) \quad (3\text{-}49)$$

この式より，RC 積分回路の出力波形の直線との誤差分 δ は，式(3-50)のようになります．

$$\delta = \frac{t}{2RC} \quad (3\text{-}50)$$

式(3-48)と式(3-50)を考慮して，直線と各 δ との関係を示したのが，**図3-26**です．オペアンプの増幅度 A は非常に大きいため，オペアンプを用いた積分回路の出力は，RC 積分回路よりも直線に近いと考えることができます．

図 3-25(a)に示した回路は，ミラー積分回路とも呼ばれます．

(3) 実用的な積分回路

図 3-25(a)に示したオペアンプによる積分回路を実際に動作させると，微小なオフセット電圧が非常に大きく増幅されてしまいます．このため，実用的な回路としては，コンデンサ C と並列に帰還抵抗 R_f を接続して増幅度を制限します．**図3-27**に，実用的なオペアンプ積分回路を示します．この回路の増幅度の大きさは，

$$\frac{R_f}{R_s}$$

となりますが，一般的には 10 程度とします．実用的なオペアンプ積分回路は，**図3-28**に示すように，周波数 f_c を境にして，f_c 以下では積分を

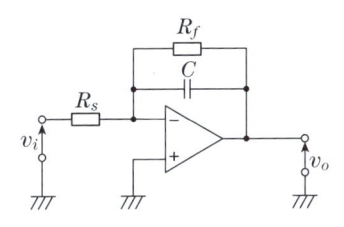

図 3-27　実用的なオペアンプ積分回路

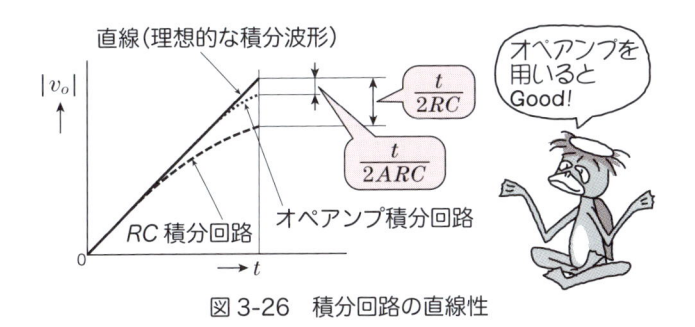

図 3-26　積分回路の直線性

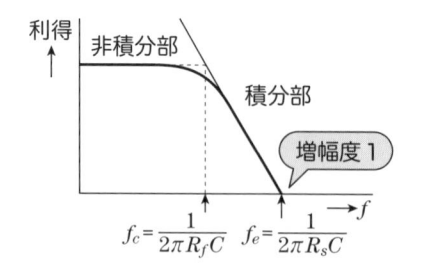

図 3-28 実用的回路の周波数特性

行わない単なる増幅回路，f_c 以上では積分を行う回路として動作します．また周波数 f_e になると，利得は 0（増幅度は 1）になります．**図 3-29** に，実用的なオペアンプ積分回路の入出力波形を示します．ただし，$R_s = 10 \mathrm{[k\Omega]}$，$R_f = 100 \mathrm{[k\Omega]}$，$C = 0.005 \mathrm{[\mu F]}$，入力周波数 5 kHz，入力電圧 ±1 V としています．図 3-24 に示した RC 積分回路の入出力波形と同じ入力条件ですが，オペアンプによる積分回路の方が，より直線的な積分波形が得られているのが確認できます．また，図 3-29 は，反転増幅回路を基本とした積分回路であることから，出力波形の位相が反転していることに注意してください．図 3-29 の波形を得ているときの周波数 f_c と f_e を計算すると，式（3-51），（3-52）のようになります（式の導出は，141 ページ参照）．

$$f_c = \frac{1}{2\pi R_f C}$$

$$= \frac{1}{2 \times 3.14 \times 100 \times 10^3 \times 0.005 \times 10^{-6}}$$

$$\fallingdotseq 318.47 \mathrm{[Hz]} \qquad (3\text{-}51)$$

$$f_e = \frac{1}{2\pi R_s C}$$

$$= \frac{1}{2 \times 3.14 \times 10 \times 10^3 \times 0.005 \times 10^{-6}}$$

$$\fallingdotseq 3.18 \mathrm{[kHz]} \qquad (3\text{-}52)$$

5 kHz は，式（3-52）の f_e を超えていますので，図 3-29 の増幅度が 1 以下になっていることと合致します．

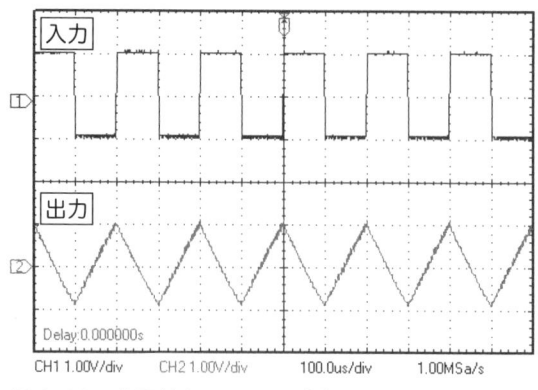

図 3-29 実用的なオペアンプ積分回路の入出力波形

3-5 微分回路

(1) 微分回路の基礎

微分回路とは，入力に与えた電圧の変化量に応じた電圧を出力する回路です．したがって，理想的な微分回路は，入力電圧が変化したときだけ電圧を出力します．入力電圧を v_i，比例定数を k としたときの微分回路の出力電圧 v_o は，式 (3-53) で表すことができます．

$$v_o = k\frac{\mathrm{d}}{\mathrm{d}t}v_i \qquad (3\text{-}53)$$

例えば，**図 3-30** に示すように，理想的な微分回路に方形波を入力した場合の出力電圧は，棒状の波形になります．微分回路は，信号の変動分を検出する効果があります．微分回路の用途は積分回路ほど広くはありませんが，エッジの検出や波形整形などを行う回路に用いられています．

図 3-31 に，抵抗 R とコンデンサ C を用いて構成した RC 微分回路を示します．積分回路とは異なり，出力電圧 v_o を抵抗の両端から取り出します．この回路の微分方程式は式 (3-38) と同じになります．式 (3-38) を解くと出力電圧 v_o は式 (3-54) のように表すことができます．

$$v_o = iR = \frac{\mathrm{d}q}{\mathrm{d}t}R = v_i e^{-\frac{t}{RC}} \quad (3\text{-}54)$$

RC 微分回路に方形波を入力した場

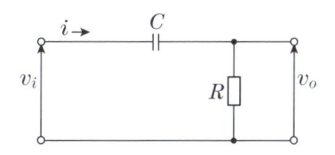

図 3-31　RC 微分回路

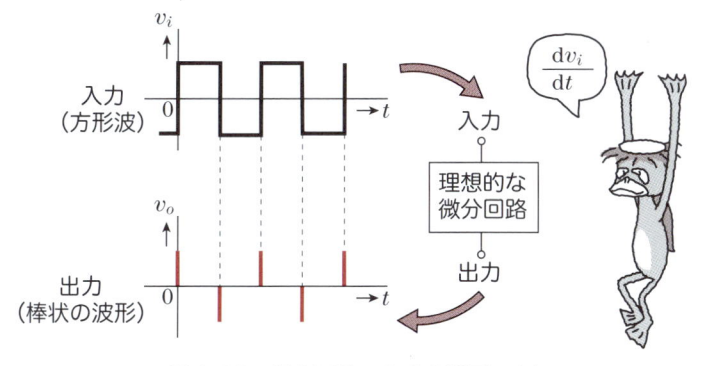

図 3-30　微分回路の入出力波形の例

合を考えます．すると，方形波が正のときにコンデンサ C に電荷が充電された後，方形波が立ち下がった瞬間にはコンデンサ C の放電電圧と方形波の負電圧が加算された電圧が出力されます．方形波の立上り時は，先ほどとは逆向きの電荷がコンデンサ C へ充電されます．このため，例えば**図 3-32** に示すような入出力波形が得られます．このように，実際の微分回路では，コンデンサの充放電を利用して微分波形を得ているために，近似的な微分波形を得ることしかできません．

また，式（3-54）における抵抗とコンデンサの積 RC を時定数 τ と呼ぶことは積分回路と同じです．微分回路では，時定数 τ の値が小さいほど，理想的な微分波形に近い出力を得ることができます．**図 3-33** に，時定数 τ と RC 微分回路の出力波形の関係を示します．入力電圧の周期を T とすると，$\tau \ll T$ であれば近似的な微分波形を得ることができます．

図 3-34 に，$R = 10 [\text{k}\Omega]$，$C = 0.005 [\mu\text{F}]$ とした RC 微分回路に，1 kHz，±1 V の方形波を入力した場合の入出力波形を示します．この図から，入力波形のピークトゥピークの電圧値（2 V）が出力波形の最大電圧（+2 V）または最小電圧（−2 V）になっていることが確認できます．より大きな出力を得るためには，次に説明するオペアンプを用いた微分回路を使用します．

図 3-32　RC 微分回路の入出力波形（$\tau \ll T$）

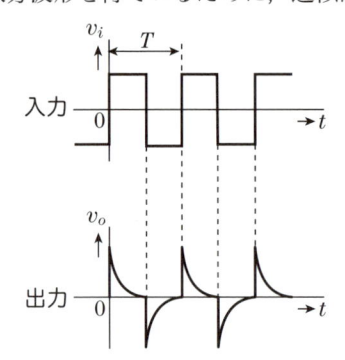

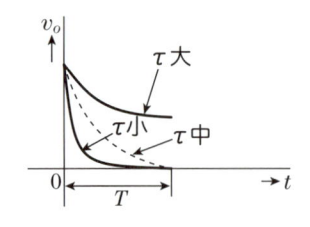

図 3-33　時定数 τ と波形の関係

$\tau \ll T$ とすると，近似的な微分波形を得ることができる

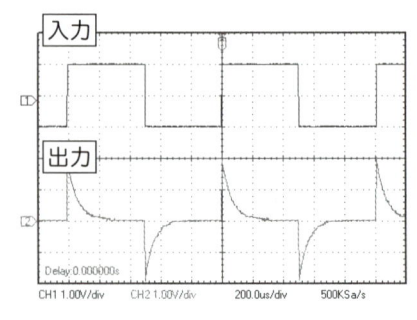

図 3-34　RC 微分回路の入出力波形の例

(2) オペアンプによる微分回路

図 3-35 に，オペアンプを用いた

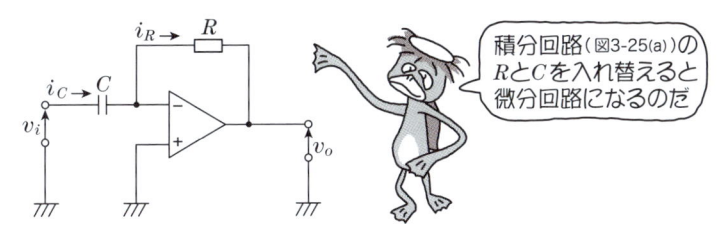

図 3-35　オペアンプを用いた微分回路

(吹き出し) 積分回路（図3-25(a)）のRとCを入れ替えると微分回路になるのだ

基本的な微分回路を示します．この回路は，図 3-25(a)に示した積分回路の抵抗 R とコンデンサ C を入れ替えた構成となっています．

微分回路の出力電圧 v_o を考えてみましょう．オペアンプの入力端子はイマジナリショートしていることから，静電容量 C のコンデンサに蓄えられる電荷 q は，式 (3-55) で表されます．

$$q = Cv_i \quad (3\text{-}55)$$

コンデンサに流れる電流 i_C は，電荷 q を時間 t で微分した値となることから，式 (3-36) が成り立ちます．

$$i_C = \frac{dq}{dt} = C\frac{dv_i}{dt} \quad (3\text{-}56)$$

また，抵抗 R に流れる電流 i_R は式 (3-57) で表されます．

$$i_R = -\frac{v_o}{R} \quad (3\text{-}57)$$

オペアンプの入力抵抗を無限大と考えると，電流 i_C はすべて抵抗 R に流れるため，式 (3-58) が成り立ちます．

$$i_C = i_R \quad (3\text{-}58)$$

式 (3-58) に，式 (3-56) と式 (3-57) を代入すると，式 (3-59) が得られます．

$$C\frac{dv_i}{dt} = -\frac{v_o}{R} \quad (3\text{-}59)$$

式 (3-59) を出力電圧 v_o についての式に変形すると，式 (3-60) のようになります．

$$v_o = -RC\frac{dv_i}{dt} \quad (3\text{-}60)$$

この式は，式 (3-53) における比例定数 k が，$-RC$ となっていると考えられます．つまり，出力電圧 v_o が入力電圧 v_i の微分に比例した値となっていることを示しています．

(3) 実用的な微分回路

図 3-35 に，オペアンプを用いた微分回路を示しました．しかし，実際には，この回路では微分出力を得ることができません．なぜならば，回路の増幅度が大きすぎて，オペアンプが発振状態になってしまうからです．オペアンプは，高い周波数で大きな増幅度を設定して動作させようとすると発振してしまうのです．図 3-35 の微分回路において，$R = 10$ [kΩ]，$C = 0.005$ [μF] とし，周波数 $f = 1$ [kHz]，±1 V の方形波を入力した際の入出力波形を**図**

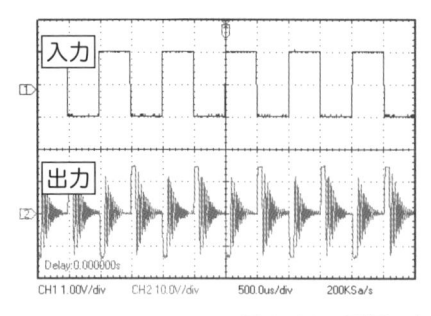

図 3-36　発振した微分回路の入出力波形

3-36 に示します．この図から，出力波形が発振を現しているのが確認できます．このため，実用的な回路としては，コンデンサ C と直列に抵抗 R_s を接続して増幅度を制限します．図 3-37 に，実用的なオペアンプ微分回路を示します．この回路の増幅度の大きさは，

$$\frac{R_f}{R_s}$$

となりますが，一般的には 10 ～ 100 程度とします．実用的なオペアンプ微分回路は，図 3-38 に示すように，周波数 f_c を境にして，f_c 以上では微分を行わない単なる増幅回路，f_c 以下では微分を行う回路として動作します．

図 3-39 に，実用的なオペアンプ微分回路の入出力波形を示します．ただし，$R_s=10$〔kΩ〕，$R_f=100$〔kΩ〕，$C=0.005$〔μF〕，入力周波数 1 kHz，入力電圧±1 V としています．図 3-34 に示した RC 微分回路の入出力波形と同じ入力条件ですが，オペアンプによる微分回路の方が，大きな出力電圧が得られていることが確認できます．図 3-39 では，オペアンプの電源電圧±15 V 時の最大出力電圧±14 V まで出力電圧が出ています．また，この微分回路は，反転増幅回路を基本としていることから，出力波形の位相が反転していることに注意してください．

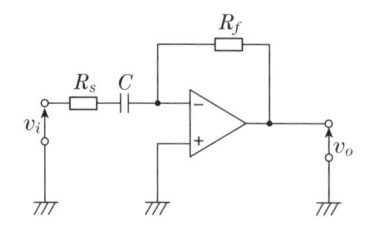

図 3-37　実用的なオペアンプ微分回路

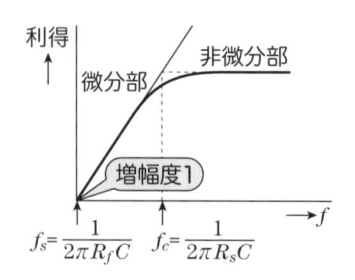

図 3-38　実用的回路の周波数特性

$f_s = \dfrac{1}{2\pi R_f C}$　　$f_c = \dfrac{1}{2\pi R_s C}$

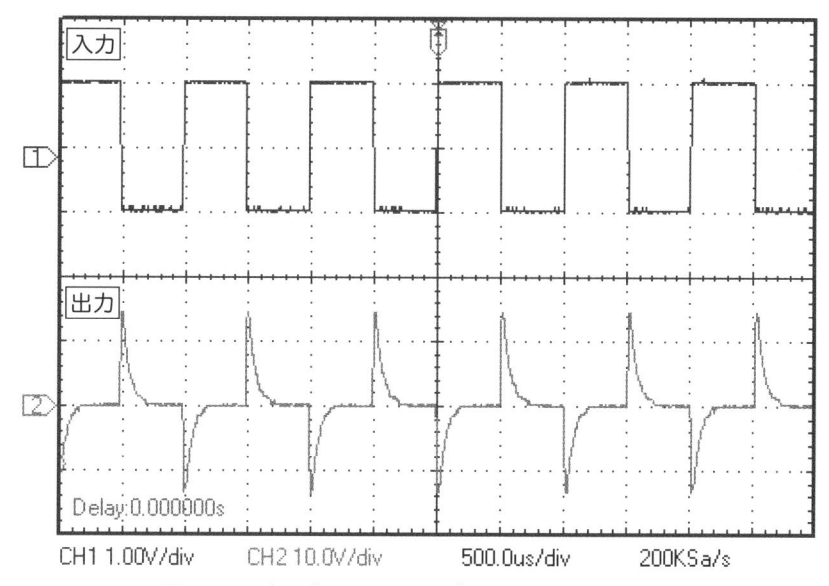

図 3-39 実用的なオペアンプ微分回路の入出力波形

微分回路は，入力信号の変化量を検出する回路ですから，言い換えると，ノイズ（雑音）を拾ってしまう回路ということになります．例えば，かつてのアナログコンピュータでも，微分回路がノイズに弱いという問題がありました．このため，計算する方程式を式変形して，できるだけ微分計算が入らないようにしてから計算するなどの工夫がなされていました．

図 3-40 は，図 3-37 に示した実用的な微分回路の抵抗 R_f と並列にコンデンサ C_2 を追加した回路です．図 3-41 に，この回路の周波数特性を示します．このように回路を構成すると，周波数の低い領域では微分回路，高い領域では積分回路として動作します．

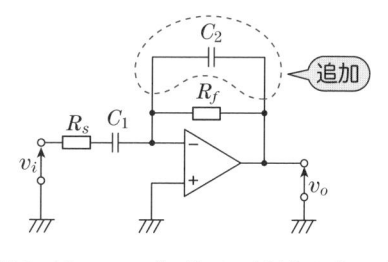

図 3-40 コンデンサ C_2 を追加した回路

つまり，コンデンサ C_2 の追加によって，高い周波数では増幅度が低下しますので，高周波ノイズに対しての特性が改善できるのです．

また，自分では，微分回路を構成するつもりがないのに，自然に微分回路ができてしまうことがあります．それは，浮遊容量と呼ばれる静電容量の仕業です．浮遊容量は，接近した導線

3-5 微分回路

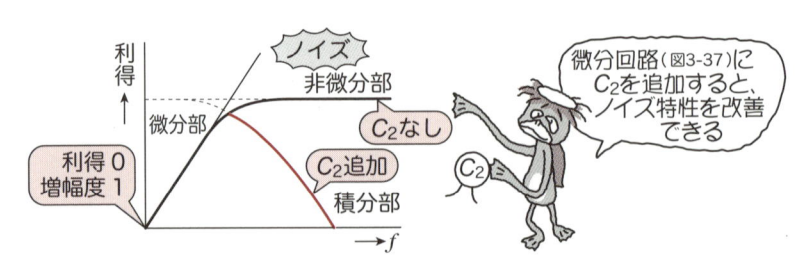

図 3-41　C_2 を追加したときの周波数特性

などの配線間や部品間などに形成される容量の小さいコンデンサです．**図 3-42** に示すように，約 30 cm の銅線 2 本を無造作に並べて配置した際の浮遊容量はおよそ $0.003〔\text{nF}〕= 3〔\text{pF}〕$ でした．また，銅線に手を触れると，浮遊容量は十倍近く増加しました．例えば，**図 3-43** のように，反転増幅回路を構成して使用しているつもりでも，反転入力端子（−）に浮遊容量が加わると，図 3-37 に示した微分回路と同じ構成の回路になります．そして，回路の動作状態が，図 3-38 の微分部に相当する場合には，予期せぬ微分動作を行うことになります．浮遊容量は，ストレイキャパシティとも呼ばれます．ストレイ（stray）とは，さまよっている様子や浮浪者などを意味する英語です．浮遊容量の影響を除くためには，できるだけ短い配線や適切な部品配置，シールド線の使用などを心がけることが大切です．

図 3-42　浮遊容量の測定

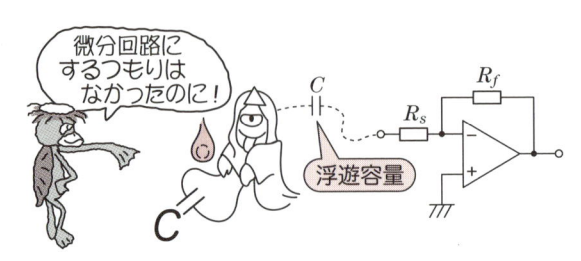

図 3-43　浮遊容量による微分回路

3-6 実験しよう

(1) RC 積分回路の実験

構成が簡単な RC 積分回路を製作して，入出力特性を測定してみましょう．

図 3-44 に回路図を示します．抵抗 R を 10 kΩ，コンデンサ C を 0.005 μF としましたので，時定数 τ は式（3-61）で計算できます．

$$\tau = RC = 10 \times 10^3 \times 0.005 \times 10^{-6}$$
$$= 0.00005 [\text{s}] = 50 [\mu\text{s}] \quad (3\text{-}61)$$

この回路は，非常に簡単なので，ハンダ付けの不要なブレッドボードによって実験回路を製作しました．図 3-45 に，製作例を示します．

RC 積分回路に±1 V の方形波を入力して出力波形をオシロスコープで観測します．入力する方形波の周波数 f は，表 3-1 のように，100 Hz から 50 kHz まで変化させます．図 3-46(a)から(f)

図 3-44　RC 積分実験回路

表 3-1　入力信号の周波数と周期

周波数 f	周期 T
100 Hz	10 000 μs
1 kHz	1000 μs
3 kHz	333 μs
5 kHz	200 μs
10 kHz	100 μs
50 kHz	20 μs

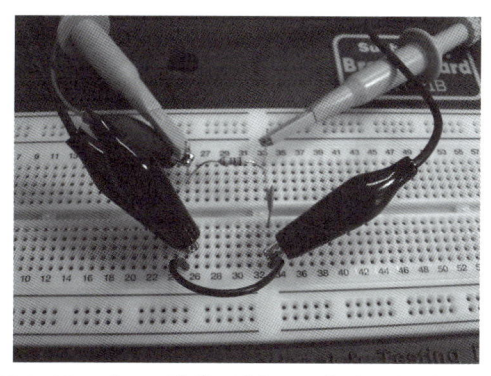

図 3-45　ブレッドボード上での実験回路の製作例

に，それぞれの入力周波数における入出力波形を示します．入力周波数 f が高くなるにつれて，徐々に積分波形に近づいていくことが確認できます．表 3-1 に示したように，入力周波数 f が高くなっていくということは，周期 T が小さくなっていくことと同じです．つまり，徐々に積分回路の条件である $\tau(50\ \mu s) \gg T$ に近づいていくのです．T が τ の値より小さくなる図 3-46(f)

(a) f=100〔Hz〕

(b) f=1〔kHz〕

(c) f=3〔kHz〕

(d) f=5〔kHz〕

(e) f=10〔kHz〕

出力電圧のレンジに注意！

(f) f=50〔kHz〕

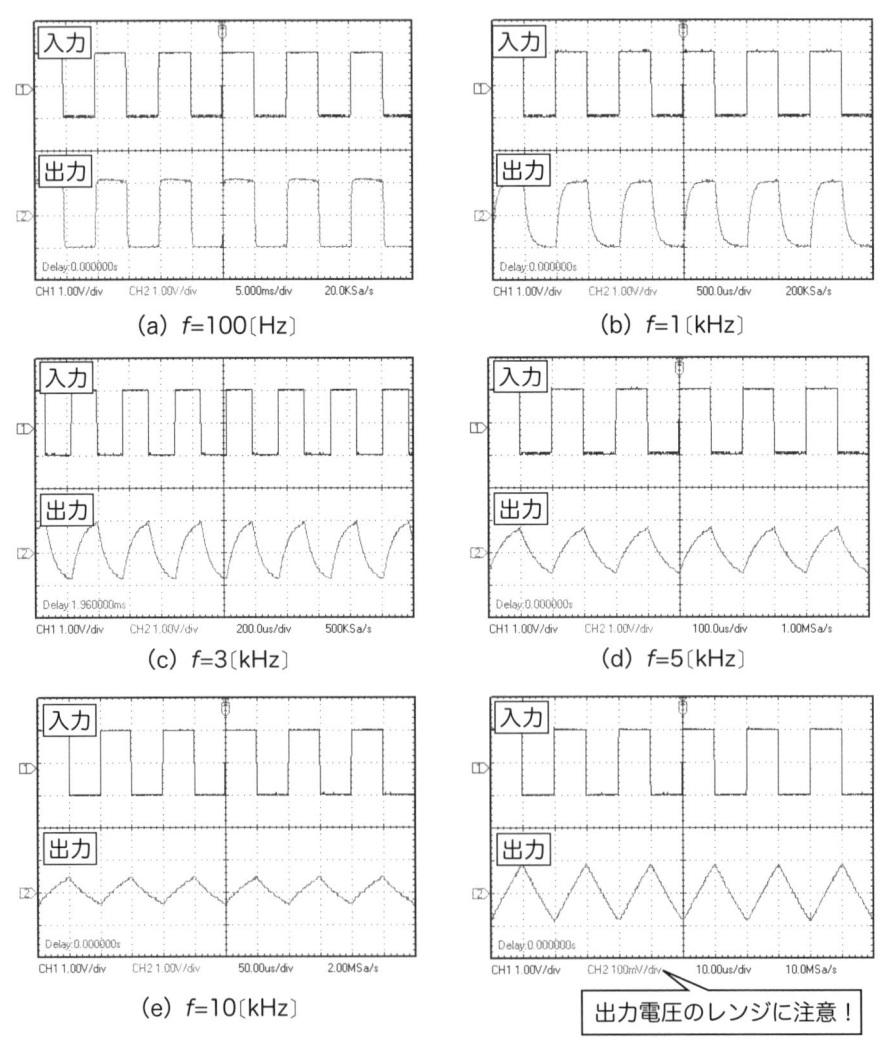

図 3-46 *RC* 積分実験回路の入出力波形

では，比較的良好な積分波形が観測できます．しかし，このときの出力電圧は，入力電圧のおよそ10分の1になってしまっています．オシロスコープ画面の電圧レンジに注意して波形を観測してください．

この他，各自で図3-44の抵抗RとコンデンサCの値を変えて，つまり時定数τを変化させて実験を行ってみてください．

(2) オペアンプ積分回路の実験

オペアンプを使用した積分回路について の実験を行いましょう．図3-47に回路図，図3-48に製作例を示します．この回路では，R_fを100 kΩ，R_sを10 kΩとしていますので，増幅度は次のように計算できます．

$$-\frac{100}{10} = -10$$

さて，RC積分回路の実験と同様に，入力する方形波の周波数を表3-1のように変化させていったときの入出力波形を観測しましょう．図3-49(a)から(f)に観測結果を示します．これらの

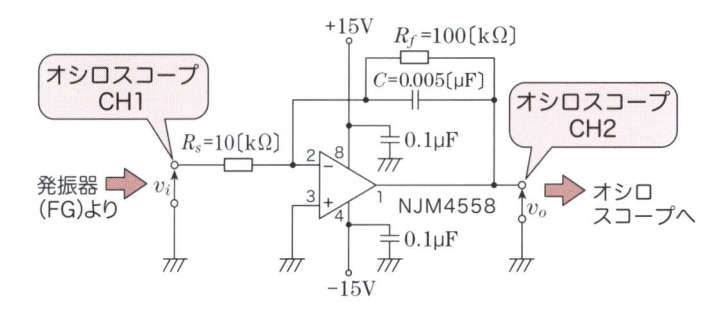

図3-47　オペアンプ積分実験回路

図3-48　実験回路の製作例

3-6　実験しよう

オシロスコープ画面でも，電圧レンジに注意して波形を観測してください．図3-46に示したRC積分回路の入出力波形と比較しながら見てみましょう．オペアンプ積分回路では，入力周波数$f=3$〔kHz〕（図3-49(c)）において，比較的きれいな積分波形が得られているのが確認できます．そのときの出力電圧は，およそ±1.5 Vです．以降，周波数を高くしていくと，増幅度が低

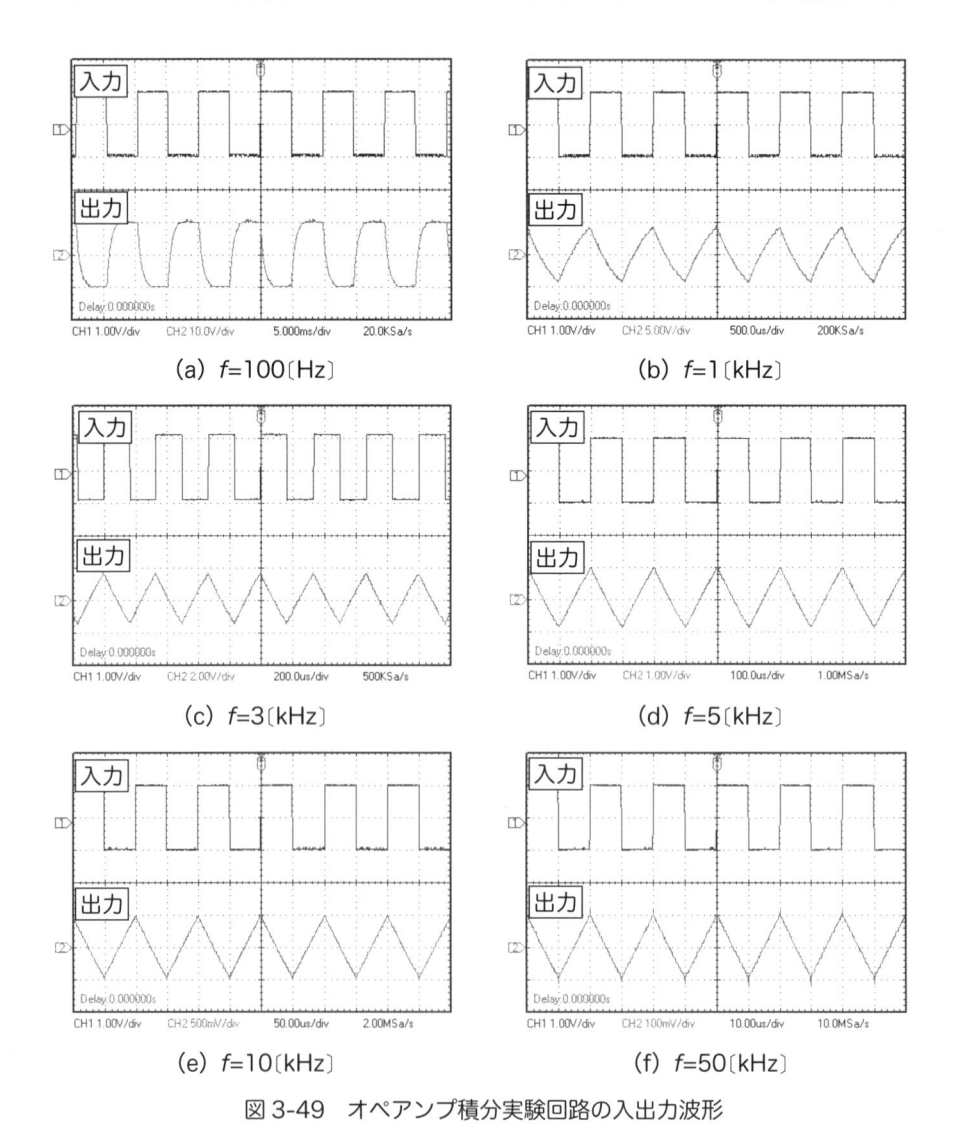

(a) $f=100$〔Hz〕

(b) $f=1$〔kHz〕

(c) $f=3$〔kHz〕

(d) $f=5$〔kHz〕

(e) $f=10$〔kHz〕

(f) $f=50$〔kHz〕

図3-49 オペアンプ積分実験回路の入出力波形

下していく様子が確認できます．また，反転増幅回路を基本にした積分回路ですので，入力波形と出力波形の位相が反転していることに注意してください．

比較しやすいように入力周波数 $f=5$ [kHz] のときの RC 積分回路の波形を**図 3-50** (a)に，オペアンプ積分回路の波形を(b)に示します．どちらの画面も，オシロスコープの電圧と周期のレンジは同じにしています．オペアンプ積分回路の方が，出力電圧の低下が少なく，かつ直線的な積分波形が得られていることが確認できます．

図 3-51 は，図 3-47 に示したオペアンプ積分回路に周波数 $f=5$ [kHz] の正弦波を入力した場合の入出力波形です．この図から確認できるように，正弦波を反転形の回路で積分すると，90 度位相が進むために余弦波となります．各自で，いろいろな波形を積分回路に入力したときの出力波形を観測する実験を行ってください．

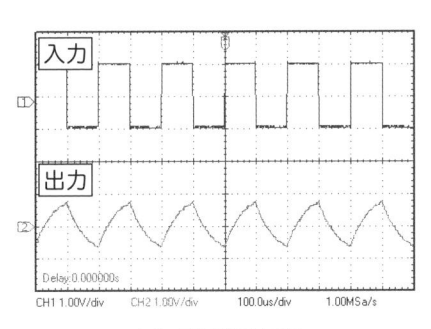

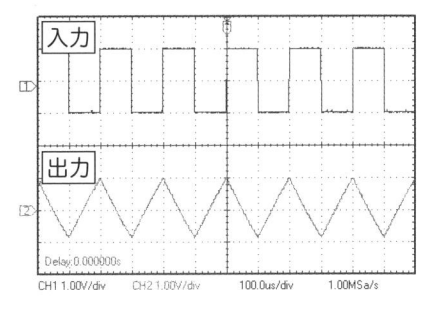

(a) RC 積分回路　　(b) オペアンプ積分回路

図 3-50　$f=5$kHz の入出力波形の比較

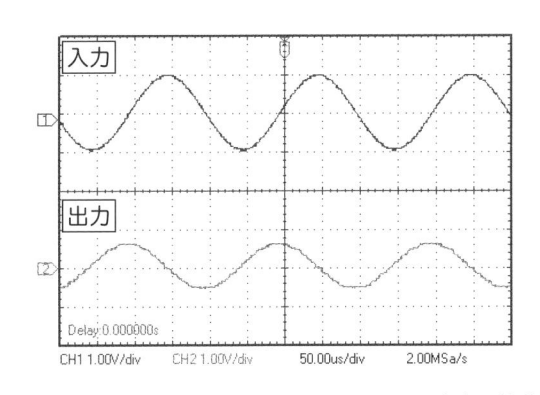

図 3-51　正弦波の積分波形

正弦波を反転形で積分すると90°進んで余弦波になる

章末問題

1 図 3-52 (a), (b)に示す回路の名称を答えなさい．また，出力電圧 v_o は，それぞれ何 V となるか．

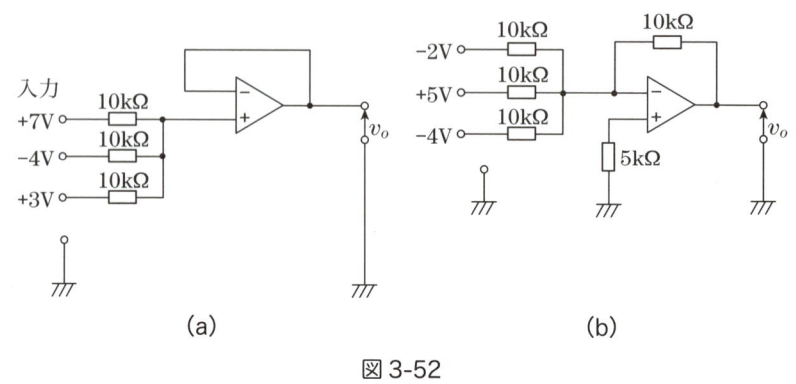

(a) (b)

図 3-52

2 減算回路を応用すると，入力端子の加わった雑音を除去することができることを説明しなさい．

3 図 3-53 は，オペアンプを使用して除算を行う場合の回路構成を示している．①から④に該当する回路名を答えなさい．

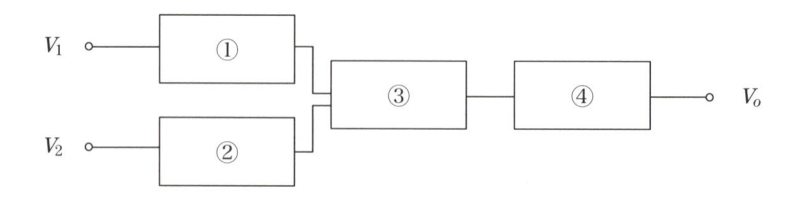

図 3-53

4 積分回路において，出力の積分波形が直線に近づくためには，時定数 τ（RC）の値は大小どちらの方がよいか答えなさい．

5 オペアンプの反転増幅回路を基本とした実用的な積分回路（95 ページ図 3-27）では，オペアンプの出力端子と反転入力端子間に接続したコンデンサと並列に抵抗 R_f を挿入している．この理由を説明しなさい．

6 オペアンプの反転増幅回路を基本とした微分回路において，帰還抵抗 R_f と並列にコンデンサを挿入する場合がある．この理由を説明しなさい．

第4章 発振回路の基礎

　一定の振幅をもつ信号が，一定の周波数で連続的に発生する現象を発振といいます．電子回路における予期せぬ発振はトラブルとして厄介ですが，発振回路によって作る出力信号は，無線通信器の高周波回路，コンピュータの動作クロックなど各種の電子機器に広く応用されています．発振回路には，正弦波を発振する正弦波発振回路と方形波などを発振する弛張(しちょう)発振回路に大別できます．この章では，オペアンプを用いた各種の正弦波発振回路と弛張発振回路の基礎を説明します．

4-1 発振回路の原理

(1) 正帰還増幅回路

ここでは，正弦波を発生する正弦波発振回路の基本動作について説明します．負帰還増幅回路が入力信号と位相を反転させた出力信号を入力側にフィードバック（帰還）する回路であることは 65 ページで説明しました．一方，正弦波発振回路に使用する正帰還増幅回路は，**図 4-1** に示すように，出力信号を入力信号と同じ位相にして入力側にフィードバック（帰還）する回路です．出力信号を入力信号と同相で帰還すると，出力信号はどんどんと増大していきます．このとき，回路がある条件を満たすと，**図 4-2** に示すように，振幅と周波数が一定の正弦波を得ることができます．身近な発振現象の例に，マイクロホンをスピーカに向けた場合に起こるハウリングがあります．**図 4-3** に示すように，スピーカからの出力をそのままマイクロホン

図 4-1　正帰還増幅回路

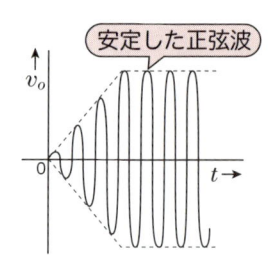

図 4-2　発振の様子

図 4-3　ハウリング

へ入力することは，正帰還をかけることと同じです．したがって，増幅回路の出力信号はどんどんと大きくなっていきます．しかし，増幅回路で増幅できる電圧には限界がありますから，やがて出力信号が飽和して発振状態となります．その結果，スピーカからは，「ピー」という耳障りな発振音が出力されます．

(2) 発振の条件

発振現象が起こる条件について考えてみましょう．図 4-1 において，入力電圧 v_1 は，増幅回路（非反転増幅回路）と帰還回路によって A_vF 倍に増幅された後，再び増幅回路に入力されます．したがって，発振を開始するために出力電圧 v_o を増大させていくには，増幅度 A_vF が 1 より大きい（$A_vF > 1$）ことが必要です．そして，増幅回路の出力電圧が飽和すると出力電圧 v_o の振幅が一定になります．出力電圧 v_o と入力電圧 v_1 には，式（4-1）に示す関係が成立しますので，発振回路全体の増幅度 A_v' は，式（4-2）のように表すことができます．

$$\left. \begin{array}{l} v_o = v_1 A_v \\ v_1 = v_o F + v_i \end{array} \right\} \qquad (4\text{-}1)$$

$$A_v' = \frac{v_o}{v_i} = \frac{A_v}{1 - A_v F} \qquad (4\text{-}2)$$

式（4-2）において，$A_vF = 1$ のときに増幅度 A_v' が無限大となることがわかります．つまり，このときに発振が継続します．したがって，発振を開始して，継続させるためには，式（4-3）を満たすことが必要となります．

$$A_vF \geqq 1 \qquad (4\text{-}3)$$

一般に，A_vF は複素数なので，振幅条件および，周波数条件と呼ばれる発振の条件は，**図 4-4** に示すようになります．ここで，A_vF を大きくすると，出力波形がひずんでしまいますので，できるだけ $A_vF = 1$ に近い状態にすることが必要です．目的の周波数成分だけを増幅して発振出力とするためには，帰還回路に周波数特性を持たせて特定の周波数のみに正帰還がかかるようにします．このためには，後で説明する RC 回路などを使用します．

図 4-4　発振の条件

4-2 移相発振回路

(1) RC移相発振回路とは

発振回路において，特定の周波数の発振出力を得るためには，帰還回路に周波数特性を持たせればよいことはすでに説明しました．帰還回路として，抵抗RとコンデンサCを用いる回路は，コイルを使用しないために数十Hz程度の低周波を発振することも可能です．一方，コイルは低周波成分に影響を及ぼしにくいために，およそ100 kHz以上の発振回路に用いられます．ところが，オペアンプは高周波増幅に向かないために，オペアンプとコイルを組み合わせた発振回路は，ほとんど使用されません．また，コンデンサはコイルよりも集積化しやすいことが利点です．ここでは，RC移相発振回路と呼ばれる回路について説明します．

図4-5に，RC移相発振回路の構成を示します．すでに学んだように，反転増幅回路の出力電圧は，入力電圧に対して位相が180度ずれます．したがって，移相回路によって，出力電圧の位相をさらに180度ずらして帰還をかければ正帰還を実現することができます．

移相回路は，**図4-6**に示すように抵抗RとコンデンサCを用いた回路を基本としています．この移相回路では，抵抗Rの影響のために入力電圧に対して，出力電圧が90度未満の進み位相となります．このため，180度の位相差を得るためには，最低でも3段の移相回路を構成する必要があります．**図4-7**に，$R=10$〔kΩ〕，$C=0.01$〔μF〕の1

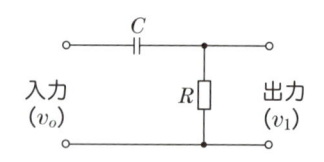

図4-6 移相回路（1段分）

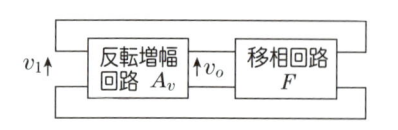

図4-5 RC移相発振回路の構成

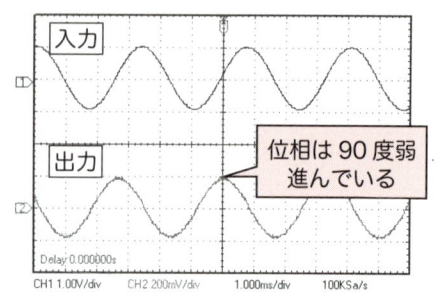

図4-7 1段の移相回路の入出力波形

(a) 進相形（微分形）　　(b) 遅相形（積分形）

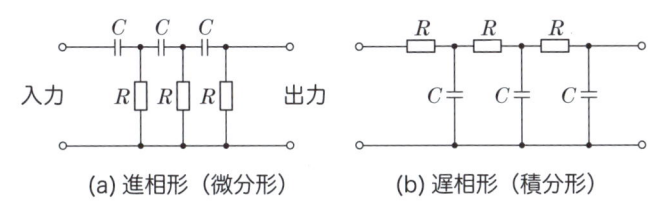

図4-8　3段の移相回路

段の移相回路に周波数300 Hzの正弦波を入力した場合の入出力波形を示します．出力波形の位相は，入力波形よりも90度弱進んでいることが確認できます．

図4-8(a)に進相形，図(b)に遅相形と呼ばれる3段の移相回路を示します．進相形はRC微分回路，遅相形はRC積分回路と同様の構成になっています．

(2) RC 移相発振回路の原理

図4-5のRC移相発振回路の構成において，移相回路を独立して考えると**図4-9**に示すようになります．図4-9では，移相回路の入力側には反転増幅回路の出力電圧v_oが加わり，出力側は反転増幅回路の入力電圧v_1に対応することに注意してください．

3段の移相回路から得られる方程式を式(4-4)に示します．この方程式

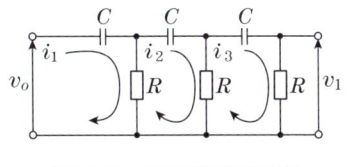

図4-9　進相形移相回路

を電流i_3について解くと，式(4-5)に示すようになります．ただし，XはコンデンサCのリアクタンス，jは虚数を表しています．

$$\left.\begin{array}{l}(R-jX)i_1 - Ri_2 = v_o \\ -Ri_1 + (2R-jX)i_2 - Ri_3 = 0 \\ -Ri_2 + (2R-jX)i_3 = 0\end{array}\right\} \quad (4\text{-}4)$$

$$i_3 = \frac{v_o R^2}{R(R^2 - 5X^2) - jX(6R^2 - X^2)} \quad (4\text{-}5)$$

反転増幅回路の入力電圧v_1は，式(4-6)に示すようになります．式(4-5)と式(4-6)から，反転増幅回路の増幅度$A_v F$は式(4-7)のようになります．

$$v_1 = i_3 R \quad (4\text{-}6)$$

$$A_v F = A_v \frac{v_1}{v_o}$$

$$= \frac{A_v}{\frac{1}{R^2}(R^2 - 5X^2) - j\frac{X}{R^3}(6R^2 - X^2)} \quad (4\text{-}7)$$

図4-4に示した発振の条件より，式(4-7)が実数であるときに，虚数部がゼロとなる周波数で発振することを考えると式(4-8)が成り立ちます．

$$6R^2 - X^2 = 0 \quad (4\text{-}8)$$

この式をXについて解いた式（4-9）にリアクタンス

$$X = \frac{1}{\omega C}$$

を代入すると式（4-10）のようになります．

$$X = \sqrt{6}R \qquad (4\text{-}9)$$

$$\omega = \frac{1}{\sqrt{6}CR} \qquad (4\text{-}10)$$

式（4-10）に，$\omega = 2\pi f$を代入して整理すると，進相形のRC移相発振回路の周波数fを計算する式（4-11）が得られます．

$$f = \frac{\omega}{2\pi} = \frac{1}{2\pi\sqrt{6}CR} \qquad (4\text{-}11)$$

また，式（4-7）に式（4-9）を代入すれば，発振を起こすために必要な反転増幅回路の増幅度A_vは式（4-12）の値となります．

$$A_v = -29 \qquad (4\text{-}12)$$

遅相形のRC移相発振回路についても同様の計算を行うと，発振周波数fと必要な増幅度A_vは式（4-13），式（4-14）に示すようになります．

$$f = \frac{\sqrt{6}}{2\pi CR} \qquad (4\text{-}13)$$

$$A_v = -29 \qquad (4\text{-}14)$$

(3) オペアンプを用いたRC移相発振回路

図4-10に，オペアンプを用いた進相形のRC移相発振回路の例を示します．式（4-11）を用いて発振周波数を計算すると，式（4-15）のようになります．

$$\begin{aligned}f &= \frac{1}{2\pi\sqrt{6}CR} \\ &= \frac{1}{2\pi\sqrt{6} \times 0.01 \times 10^{-6} \times 2.2 \times 10^3} \\ &\fallingdotseq 2954.89 \text{[Hz]} \qquad (4\text{-}15)\end{aligned}$$

この周波数は，図4-11に示す実際の出力波形の周波数2 634 Hzと概ね一致しています．周波数誤差の原因には，コンデンサや抵抗の表示値と実際値についての誤差などが考えられます．また，図4-11の出力波形の振幅は，オペアンプの最大出力電圧である±14

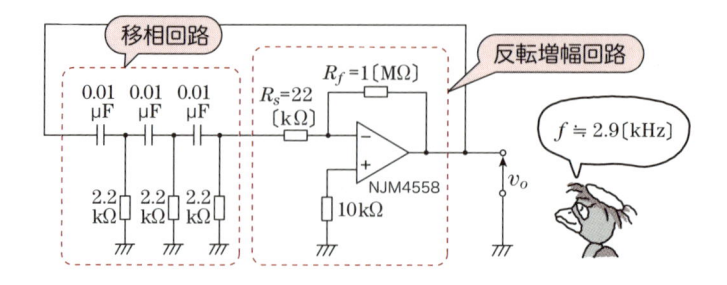

図4-10　オペアンプを用いた進相形RC移相発振回路の例

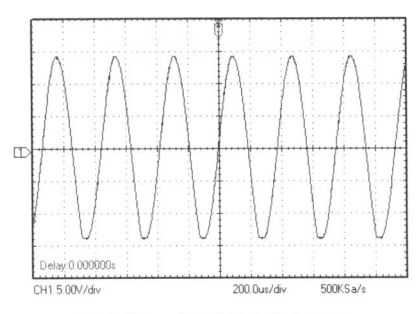

図 4-11 進相形の出力波形
(f=2.6〔kHz〕)

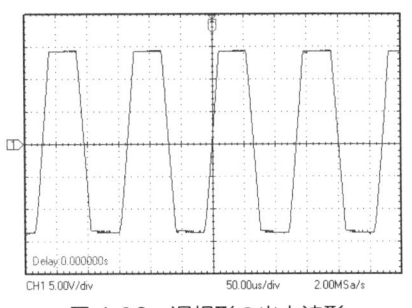

図 4-13 遅相形の出力波形
(f=7.4〔kHz〕)

V 付近になっていることが確認できます．

図 4-12 に，オペアンプを用いた遅相形の RC 移相発振回路の例を示します．式（4-13）を用いて発振周波数を計算すると，式（4-16）のようになります．

$$f = \frac{\sqrt{6}}{2\pi CR}$$

$$= \frac{\sqrt{6}}{2\pi \times 4700 \times 10^{-12} \times 10 \times 10^3}$$

$$\fallingdotseq 8\,298.85 \,〔\mathrm{Hz}〕 \qquad (4\text{-}16)$$

この値は，**図 4-13** に示す実際の出力波形の周波数 7407 Hz と 10％程度の誤差の範囲で概ね一致しています．この周波数では，オペアンプのスルーレートが不足するために（60 ページ図 2-28 参照）ひずんだ出力波形になります．また，図 4-11 と同様に，出力波形の振幅は，オペアンプの最大出力電圧である ±14 V 付近で頭打ちとなっています．

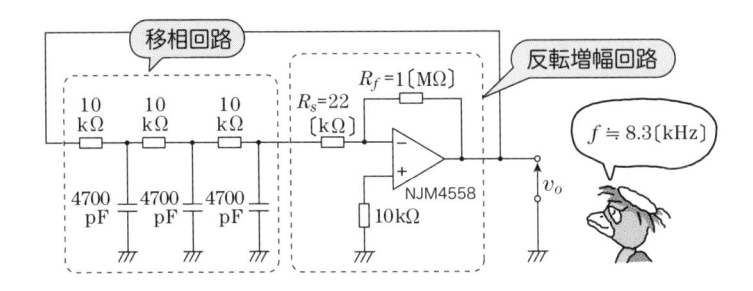

図 4-12 オペアンプを用いた遅相形 RC 移相発振回路の例

4-2 移相発振回路

4-3 ウィーンブリッジ発振回路

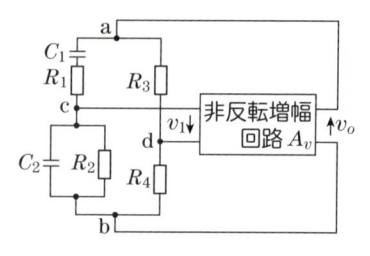

(1) ウィーンブリッジ発振回路の原理

ウィーンブリッジ回路は，未知のインピーダンスを求めるのに使用されます．**図4-14**に，ウィーンブリッジ回路を示します．この回路において，対面するインピーダンス同士の積が等しい場合，つまり式（4-17）が成立する場合には，端子c-d間に電流が流れません．

$$\left(R_1 + \frac{1}{j\omega C_1}\right)R_4 = R_3\left(\frac{1}{\frac{1}{R_2} + j\omega C_2}\right) \quad (4\text{-}17)$$

このとき，ブリッジは平衡しているといいます．言い換えれば，式（4-17）はブリッジの平衡条件となります．ブリッジを平衡させれば，式（4-17）を用いて，ブリッジの一辺に接続した未知のインピーダンスを計算することができます．

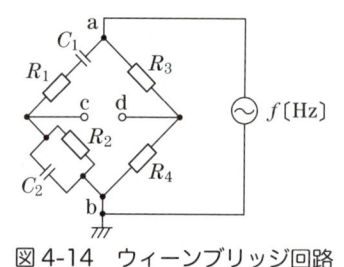

ウィーンブリッジ発振回路は，ウィーンブリッジ回路を移相回路に応用した発振回路です．この発振回路では，ウィーンブリッジ回路の平衡を少しだけずらします．そして，端子c-d間に生じるわずかな電位差を非反転増幅回路で増幅して，端子a-b間に正帰還することで発振を行います．**図4-15**に，ウィーンブリッジ発振回路を示します．

インピーダンスZ_1，Z_2を式（4-18）のように表すと，端子d-b間の電位差v_{db}と端子c-b間の電位差v_{cb}は式（4-19）のようになります．

$$\left.\begin{aligned}Z_1 &= R_1 + \frac{1}{j\omega C_1} \\ Z_2 &= \frac{1}{\frac{1}{R_2} + j\omega C_2}\end{aligned}\right\} \quad (4\text{-}18)$$

図4-14　ウィーンブリッジ回路

図4-15　ウィーンブリッジ発振回路

$$\left.\begin{array}{l}v_{db} = \dfrac{R_4}{R_3+R_4}v_o \\[6pt] v_{cb} = \dfrac{Z_2}{Z_1+Z_2}v_o\end{array}\right\} \quad (4\text{-}19)$$

端子 c - d 間の電位差 v_{cd} を表す式 (4-20) に，式 (4-19) を代入して非反転増幅回路の増幅度 A_v を逆数で表すと式 (4-21) のようになります．

$$v_{cd} = v_{cb} - v_{db} = v_1 \quad (4\text{-}20)$$

$$\begin{aligned}\dfrac{1}{A_v} &= \dfrac{v_1}{v_o} \\ &= \dfrac{Z_2}{Z_1+Z_2} - \dfrac{R_4}{R_3+R_4}\end{aligned} \quad (4\text{-}21)$$

式 (4-21) に，式 (4-18) を代入して整理すると，式 (4-22) が得られます．
発振回路の周波数条件より，式 (4-22) が実数となるのは，式 (4-23) が成立するときです．

$$1 - \omega^2 C_1 C_2 R_1 R_2 = 0 \quad (4\text{-}23)$$

式 (4-23) より，ウィーンブリッジ発振回路の発振周波数 f は，式 (4-24) で計算することができます（図 4-16 参照）．

$$\begin{aligned}f &= \dfrac{\omega}{2\pi} \\ &= \dfrac{1}{2\pi\sqrt{C_1 C_2 R_1 R_2}}\end{aligned} \quad (4\text{-}24)$$

また，ウィーンブリッジ回路では，$R_1 = R_2$，$C_1 = C_2$ とすることが一般的です．この条件を，式 (4-22) の実数部に代入すると，式 (4-25) が得られます．

式 (4-25) の右辺がゼロになると増幅度が無限大となってしまい，現実の増幅回路には合致しません．したがって，振幅条件としては，式 (4-26) を

$$\dfrac{1}{A_v} = \dfrac{j\omega C_1 R_2}{j\omega(C_1 R_1 + C_1 R_2 + C_2 R_2) + (1 - \omega^2 C_1 C_2 R_1 R_2)} - \dfrac{R_4}{R_3+R_4} \quad (4\text{-}22)$$

$$\begin{aligned}\dfrac{1}{A_v} &= \dfrac{j\omega C_1 R_2}{j\omega(C_1 R_1 + C_1 R_2 + C_2 R_2)} - \dfrac{R_4}{R_3+R_4} = \dfrac{C_1 R_1}{C_1 R_1 + C_1 R_1 + C_1 R_1} - \dfrac{R_4}{R_3+R_4} \\ &= \dfrac{1}{3} - \dfrac{R_4}{R_3+R_4}\end{aligned} \quad (4\text{-}25)$$

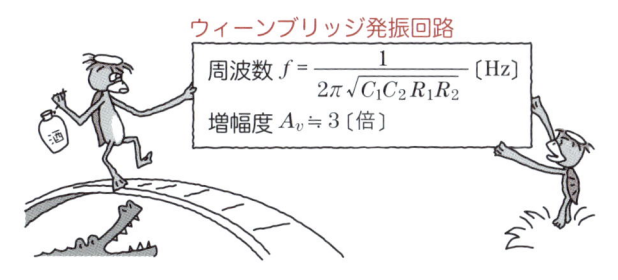

図 4-16　ウィーンブリッジ発振回路の条件

ウィーンブリッジ発振回路
周波数 $f = \dfrac{1}{2\pi\sqrt{C_1 C_2 R_1 R_2}}$ [Hz]
増幅度 $A_v ≒ 3$ [倍]

4-3　ウィーンブリッジ発振回路

満たすことが必要となります．

$$\frac{R_4}{R_3+R_4} \neq \frac{1}{3} \quad (4\text{-}26)$$

つまり，式（4-26）の左辺は，1/3より大きいか小さいことが条件になります．ここで，非反転増幅回路の増幅度は，正であることを考えて式（4-27）とします．

$$\frac{R_4}{R_3+R_4} < \frac{1}{3} \quad (4\text{-}27)$$

式（4-27）を変形すると，式（4-28）のようになります．

$$1+\frac{R_3}{R_4} > 3 \quad (4\text{-}28)$$

式（4-28）の左辺において，R_3を帰還抵抗R_f，R_4を抵抗R_sと置き換えると，左辺は非反転増幅回路の増幅度を表す式になっています（55ページ式（2-53）参照）．つまり，非反転増幅回路の増幅度A_vを3より大きくすることがウィーンブリッジ発振回路の振幅条件となります．

(2) オペアンプを用いたウィーンブリッジ発振回路

図4-17に，オペアンプを用いたウィーンブリッジ発振回路の例を示します．発振の振幅条件は，増幅度$A_v>3$でした．ただし，増幅度をあまり大きくすると，オペアンプの出力電圧が飽和して，正弦波になりませんので，可変抵抗器VRで，$A_v=3$付近になるように調整します．**図4-18**に，可変抵抗器の抵抗値$R_V=4.9$〔kΩ〕のときの出力波形を示します．このときの発振周波数を，式（4-24）によって計算すると，式（4-29）にようになります．この値は，図4-18の波形の実測周波数$f=1073$〔Hz〕と概ね一致します．

$$\begin{aligned} f &= \frac{1}{2\pi\sqrt{C_1 C_2 R_1 R_2}} \\ &= \frac{1}{2\pi\sqrt{(1500\times 10^{-12})^2 (100\times 10^3)^2}} \\ &= 1061.57 \text{〔Hz〕} \quad (4\text{-}29) \end{aligned}$$

増幅度A_vを計算すると，式（4-30）

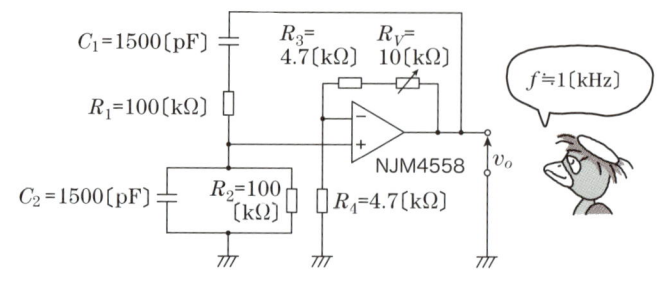

図4-17 オペアンプを用いたウィーンブリッジ発振回路

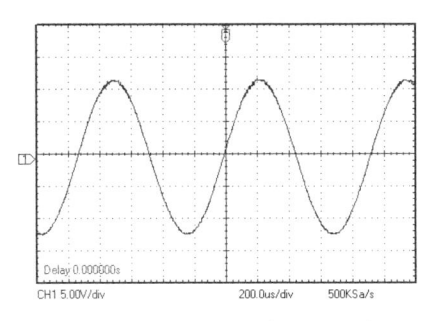

図 4-18　出力波形（A_V=3.04）

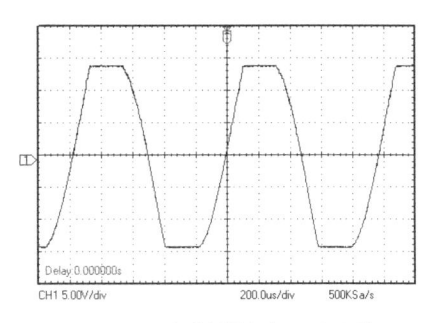

図 4-19　出力波形（A_V=3.38）

のようになります．

$$\frac{(R_3+R_V)+R_4}{R_4}=\frac{(4.7+4.9)+4.7}{4.7}$$
$$\fallingdotseq 3.04 \quad (4\text{-}30)$$

また，可変抵抗器 R_V=6.5〔kΩ〕のときの増幅度 A_v を計算すると，式（4-31）のようになります．

$$\frac{(R_3+R_V)+R_4}{R_4}=\frac{(4.7+6.5)+4.7}{4.7}$$
$$\fallingdotseq 3.38 \quad (4\text{-}31)$$

図 4-19 に，このときの出力波形を示します．増幅度が大きすぎて，発振

回路の出力はオペアンプの最大出力電圧で飽和しており，ひずんだ出力波形になっています．増幅度を抑えて，発振を安定にするためには，ツェナーダイオードを用いたリミッタ回路（197ページ参照）や，FET を用いた振幅安定回路を付加します．図 4-20 に，リミッタ回路を付加したウィーンブリッジ発振回路を示します．抵抗 R_5 は，ツェナーダイオードによって過大な出力電流が流れないようにオペアンプを保護するための抵抗です．

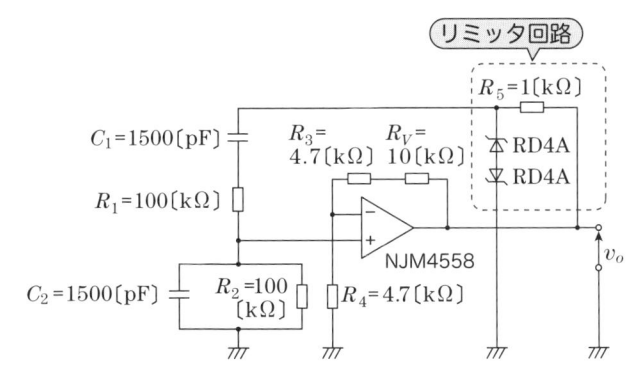

図 4-20　リミッタ回路を付加したウィーンブリッジ発振回路

4-3　ウィーンブリッジ発振回路

4-4 クォドラチュア発振回路

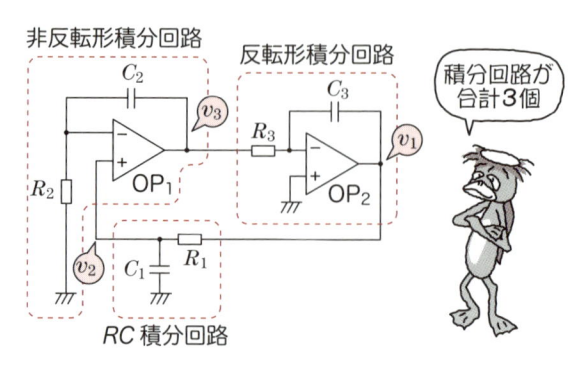

(1) クォドラチュア発振回路の原理

クォドラチュア (quadrature) とは, 90 度隔たったという意味を持つ言葉です. この意味のように, クォドラチュア発振回路は, 位相が 90 度ずれた波形, つまり正弦波 (sin) と余弦波 (cos) を同時に出力することのできる発振回路です. **図 4-21** に, クォドラチュア発振回路の基本形を示します. この回路は, オペアンプによる積分回路 2 個と RC 積分回路 1 個を組み合わせた構成をしています. 出力電圧 v_1 を起点にして, 位相の遅れを考えてみます.

v_1 は, RC 積分回路によって 90 度位相の遅れた v_2 になります. そして, v_2 はオペアンプ OP_1 によって構成された非反転形の積分回路によってさらに 90 度位相の遅れた v_3 になります. v_3 は, オペアンプ OP_2 によって構成された反転形の積分回路によってさらに 90 度(積分回路分) + 180 度(反転分) 位相の遅れた v_1' になります. この様子を **図 4-22** に示します. つまり, v_1 は回路を一巡することで, 最大 450 度の位相遅れとなりますから, 遅れが 360 度になるところで正帰還がかかり発振状態になります. また, v_1 と v_3 の位相は 90 度ずれることになり, v_1 から余弦波, v_3 から正弦波を出力することができます.

次に, クォドラチュア発振回路の発振周波数を示す式を導出しましょう.

電圧 v_1, v_2, v_3 および, v_1 が回路を一巡した後の電圧 v_1' について考え

図 4-21 クォドラチュア発振回路の基本形

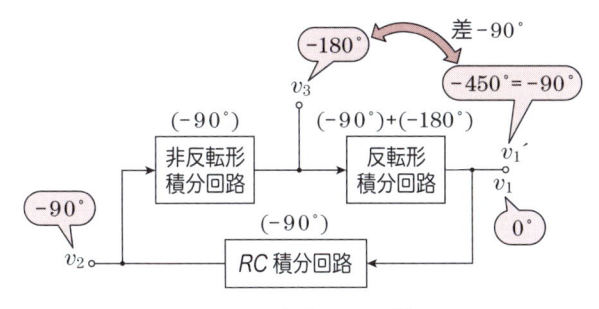

図 4-22 位相遅れの様子

ます.

　RC 積分回路の R_1, C_1 に流れる電流を i とすると，式（4-32）が成り立ちます.

$$\frac{v_2}{v_1} = \frac{i\dfrac{1}{j\omega C_1}}{i\left(R_1 + \dfrac{1}{j\omega C_1}\right)}$$

$$= \frac{1}{1+j\omega C_1 R_1} \quad (4\text{-}32)$$

　オペアンプ OP_1 について，非反転増幅回路の増幅度を計算する式(2-46)から，式（4-33）が成り立ちます.

$$\frac{v_2}{v_3} = 1 + \frac{\dfrac{1}{j\omega C_2}}{R_2} \quad (4\text{-}33)$$

　オペアンプ OP_2 について，反転増幅回路の増幅度を計算する式（2-13）から，式（4-34）が成り立ちます.

$$\frac{v_1'}{v_3} = -\frac{\dfrac{1}{j\omega C_3}}{R_3} \quad (4\text{-}34)$$

　以上の式（4-32）から式（4-34）より，回路の増幅度 $A_v\beta$ は，式（4-35）のようになります.

$$A_v\beta = \frac{v_2}{v_1} \times \frac{v_2}{v_3} \times \frac{v_1'}{v_3}$$

$$= \frac{1}{1+j\omega C_1 R_1} \times \frac{1+j\omega C_2 R_2}{j\omega C_2 R_2}$$

$$\times \frac{-1}{j\omega C_3 R_3} \quad (4\text{-}35)$$

　式（4-35）において，$C_1 R_1 = C_2 R_2 = C_3 R_3 = CR$ とおくと，式（4-36）が得られます.

$$A_v\beta = \frac{1}{j\omega CR} \times \frac{-1}{j\omega CR}$$

$$= \frac{1}{\omega^2 C^2 R^2} \quad (4\text{-}36)$$

　クォドラチュア発振回路の発振周波数 f は，式（4-36）で $A_v\beta = 1$ とおいて，式（4-37）のように計算できます．この式は，ウィーンブリッジ発振回路の発振周波数を計算する式（4-24）と同じ形をしています.

$$f = \frac{1}{2\pi CR} \quad (4\text{-}37)$$

　振幅条件は，$A_v\beta > 1$ ですから，例えば，式（4-35）における抵抗 R_1 を少

4-4　クォドラチュア発振回路

し可変することで発振を起こします．

(2) クォドラチュア発振回路の実例

図 4-23 に，クォドラチュア発振回路の例を示します．振幅条件を成立するために，可変抵抗器 VR を変化させます．オペアンプ OP_2 の出力に接続してあるツェナーダイオードは，振幅制限用です（197 ページ参照）．この回路例の発振周波数は，式 (4-37) を用いて，式 (4-38) のように計算できます．

$$f = \frac{1}{2\pi CR}$$

$$= \frac{1}{2\pi \times 0.01 \times 10^{-6} \times 10 \times 10^3}$$

$$= 1592.36 \text{[Hz]} \qquad (4\text{-}38)$$

図 4-24 に出力 v_1（cos 波）と出力 v_2（sin 波）の波形を示します．発振周波数の実測値は，1608 Hz となり，式 (4-38) とほぼ一致します．

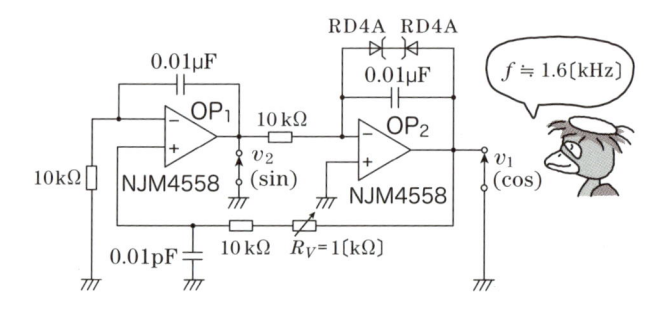

図 4-23 クォドラチュア回路の例

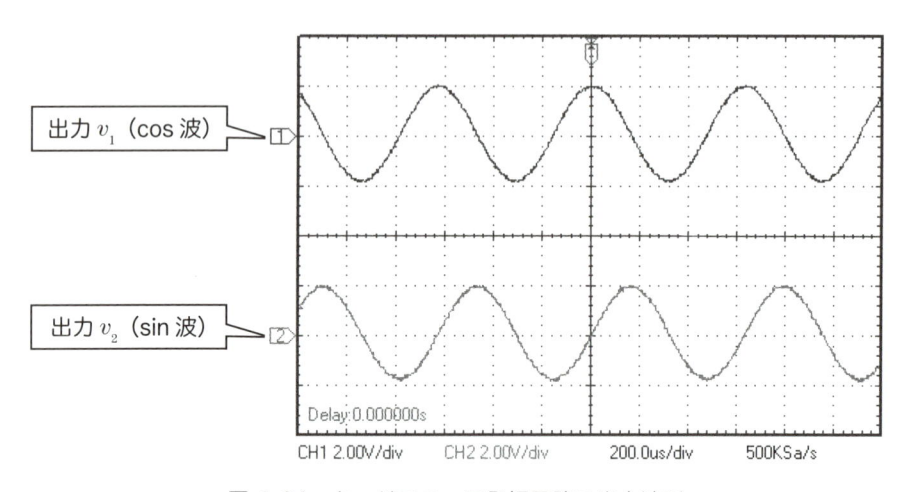

図 4-24 クォドラチュア発振回路の出力波形

4-5 非安定型マルチバイブレータ

(1) マルチバイブレータの種類

マルチバイブレータ(multivibrator)は，方形波を出力する回路です．この回路の出力信号は，論理的な信号の0か1のどちらかですが，どちらを出力するかは，回路内部の状態によって決まります．マルチバイブレータの出力が0または1で安定しているときは，回路内部が安定状態になっていると考えます．論理的な信号の0か1とは，例えば，0は－15 V，1は＋15 Vなどのように考えます．マルチバイブレータは，回路内部の安定状態の数によって，次の3種類に分類することができます．

(a) 非安定型マルチバイブレータ

非安定型マルチバイブレータは，図4-25(a)に示すように，内部の安定状態の数が0である回路です．このため，出力信号は，論理的な信号の0か

(a) 非安定型マルチバイブレータ

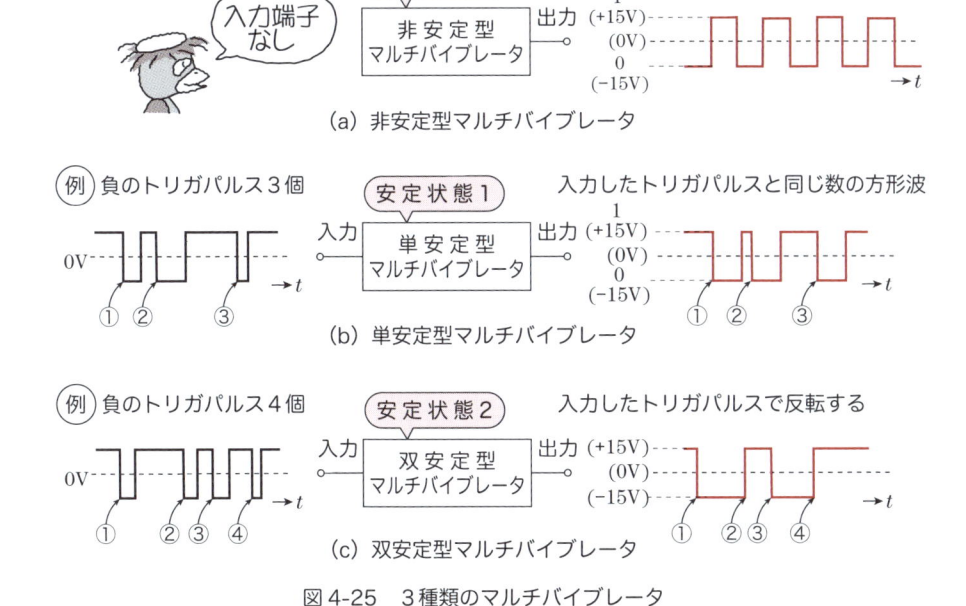

(b) 単安定型マルチバイブレータ

(c) 双安定型マルチバイブレータ

図4-25 3種類のマルチバイブレータ

1の一方では安定しません．この結果，一定の周期で0と1の出力を繰り返すため，出力波形は連続する方形波となります．つまり，方形波を自動的に出力し続ける発振回路として動作します．また，入力端子を持たないことも非安定型マルチバイブレータの特徴です．

(b) **単安定型マルチバイブレータ**

単安定型マルチバイブレータは，図4-25(b)に示すように，回路内部で1つの安定状態を持ちます．この安定状態では，論理的な信号の1を出力します．入力端子に，動作のきっかけとなるトリガパルスと呼ばれる信号が入力されると，内部状態が信号0を出力するように変化します．そして，一定時間後に信号1を出力する安定状態に戻ります．この結果，単安定型マルチバイブレータは，入力されたトリガパルスと同じ数の方形波を出力します．

(c) **双安定型マルチバイブレータ**

双安定型マルチバイブレータは，図4-25(c)に示すように，回路内部で2つの安定状態を持ちます．そして，入力端子にトリガパルスが入力されるたびに，もう一方の安定状態に遷移して安定します．双安定型マルチバイブレータのような動作をする回路は，フリップフロップとも呼ばれます．双安定型マルチバイブレータをオペアンプによって構成することはほとんどありません．

(2) 非安定型マルチバイブレータの原理

前に説明した RC 移相発振回路などは，正弦波を出力する正弦波発振回路でした．一方，非安定型マルチバイブレータのように，方形波を出力する発振回路を弛張発振回路と呼びます．非安定型マルチバイブレータは，**図4-26** に示すようにトランジスタや汎用ロジック IC を用いて構成することができます．動作原理の説明は省略しますが，いずれの回路も，図中に示した周期 T 秒の方形波を連続的に出力

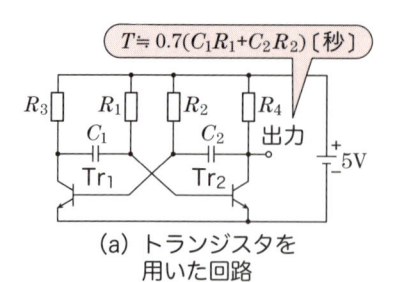

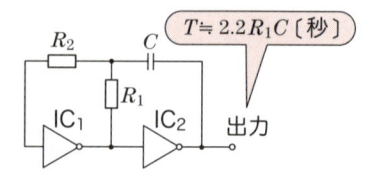

(a) トランジスタを用いた回路　$T ≒ 0.7(C_1R_1 + C_2R_2)$〔秒〕

(b) 汎用ロジック IC を用いた回路　$T ≒ 2.2R_1C$〔秒〕

図4-26　非安定型マルチバイブレータの構成例

します．

ここでは，オペアンプを用いた非安定型マルチバイブレータの動作について説明します．**図4-27**に，オペアンプを用いた非安定型マルチバイブレータの回路を示します．

はじめは，コンデンサ C の電荷は 0 であり，オペアンプの出力電圧 v_o は，$+V_O$ で飽和しているとします．時間の経過とともに抵抗 R_f を通じてコンデンサ C に充電電流が流れます．これにより，反転入力端子の電圧 v_A の電位は $+V_O$ に向けて増加します（**図4-28参照**）．ここで，非反転入力端子の電圧 v_B の電位は，式（4-39）で表す大きさになっています．

$$v_B = \frac{R_2}{R_1 + R_2} V_O \qquad (4\text{-}39)$$

増加している電圧 v_A が，式（4-39）の大きさを超える瞬間に，出力 v_o は $-V_O$ に反転します．これと同時に，v_B は式（4-40）のように反転します．

$$v_B = -\frac{R_2}{R_1 + R_2} V_O \qquad (4\text{-}40)$$

すると，コンデンサ C に蓄えられていた電荷によって，図4-27に示す放電電流が流れ始めます．これにより，電圧 v_A の電位は $-V_O$ に向けて減少します．減少している電圧 v_A が，式（4-40）の大きさを超える瞬間に，出力 v_o は $+V_O$ に反転します．これらの動作は，繰り返されますので，結果として電圧 v_A は三角波状の波形となり，出力 v_o は，$\pm V_O$ の振幅をもった方形波となります．$\pm V_O$ は，オペアンプの出力の最大値です．

(3) 非安定型マルチバイブレータの発振周波数

図4-27に示した非安定型マルチバイブレータの発振周波数を求める式を導きましょう．図4-28に示した各端子電圧の波形から，出力される方形波

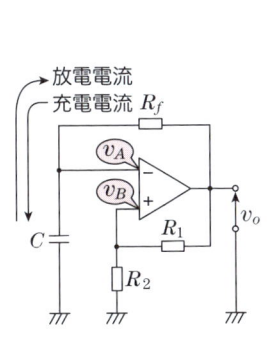

図4-27 オペアンプを用いた非安定型マルチバイブレータ回路

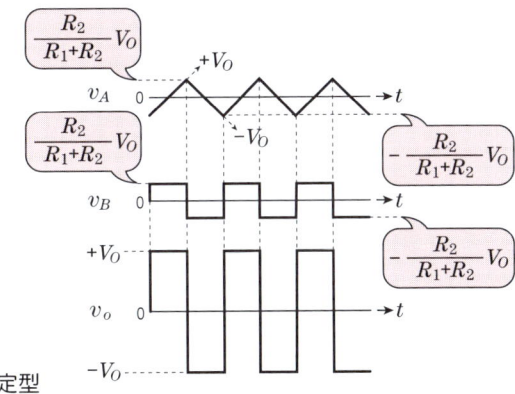

図4-28 各端子電圧の波形

の周期 T を考えます．周期 T は，反転入力端子の電圧 v_A が図 4-29 に示すように，点 A →点 B →点 C へと変化する時間として表すことができます．ここで，点 A →点 B に増加する時間（充電時間）と，点 B から点 C に減少する時間（放電時間）は同じです．つまり，周期 T は v_A が点 A の電圧

$$-\frac{R_2}{R_1+R_2}V_O$$

から，点 B の電圧

$$\frac{R_2}{R_1+R_2}V_O$$

まで変化する時間の 2 倍となります．

　一方，電気回路では，コンデンサの充放電などによって生じる電流を過渡電流といい，過渡電流の流れるようすを過渡現象といいます．過渡現象は，回路の微分方程式を解くことで解析できます．これについては説明を割愛しますが，過渡電流によって生じる電圧は式（4-41）のように表せます．

$$v_A = 最終値 + (初期値 - 最終値)e^{-\frac{t}{R_fC}}$$
(4-41)

　つまり，初期値から t 秒後の電圧 v_A を計算できるのです．式（4-41）において，初期値は点 A の電圧であり，最終値は v_A が点 A から点 B に変化する際に向かう電圧 V_O です．式（4-41）に，これらの値を代入すると式（4-42）のようになります．

$$v_A = V_O + \left(-\frac{R_2}{R_1+R_2}V_O - V_O\right)e^{-\frac{t}{R_fC}}$$
(4-42)

　また，v_A が点 A（初期値）から，点 B の電圧になるまでの時間を考えることから，式（4-43）が得られます．

$$\frac{R_2}{R_1+R_2}V_O$$
$$= V_O + \left(-\frac{R_2}{R_1+R_2}V_O - V_O\right)e^{-\frac{t}{R_fC}}$$
(4-43)

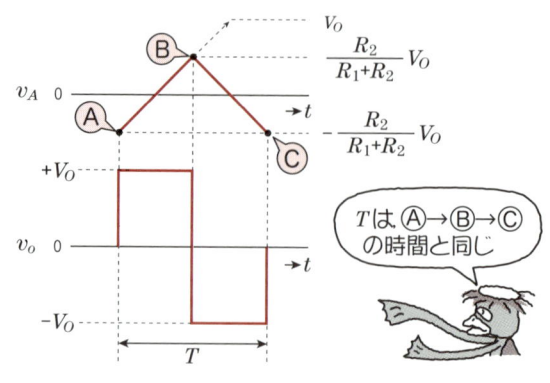

図 4-29　v_A の変化と周期 T の関係

式（4-43）の両辺を V_O で割り，整理すると式（4-44），式（4-45）のようになります．

$$\frac{R_1}{R_1+R_2} = \left(\frac{R_1+2R_2}{R_1+R_2}\right)e^{-\frac{t}{R_fC}} \quad (4\text{-}44)$$

$$\frac{R_1}{R_1+2R_2} = e^{-\frac{t}{R_fC}} \quad (4\text{-}45)$$

両辺の自然対数をとると，式（4-46）のようになります．

$$\ln\frac{R_1}{R_1+2R_2} = -\frac{t}{R_fC} \quad (4\text{-}46)$$

両辺に -1 を掛けて，式（4-47）とします．

$$\ln\frac{R_1+2R_2}{R_1} = \frac{t}{R_fC} \quad (4\text{-}47)$$

時間 t についての式に変形して，式（4-48）とします．

$$t = R_fC\ln\frac{R_1+2R_2}{R_1} \quad (4\text{-}48)$$

周期 T は v_A が点 A から点 B に変化する 2 倍の時間であることから，周期 T を表す式（4-49）が得られます．

$$T = 2t = 2R_fC\ln\frac{R_1+2R_2}{R_1} \quad (4\text{-}49)$$

式（4-49）において，周期 T の逆数を計算すれば，発振周波数 f を得ることができます．

図 4-30 に，オペアンプを用いた非安定型マルチバイブレータ回路の例を示します．この回路で発振する方形波の周期 T と周波数 f は，それぞれ式（4-50）と式（4-51）のように計算することができます．

$$\begin{aligned}
T &= 2R_fC\ln\frac{R_1+2R_2}{R_1} \\
&= 2\times33\times10^3\times0.1\times10^{-6} \\
&\quad \times\ln\frac{100+(2\times10)}{100} \\
&\fallingdotseq 1.2\,[\text{ms}] \quad (4\text{-}50)
\end{aligned}$$

$$\begin{aligned}
f &= \frac{1}{T} = \frac{1}{1.2\times10^{-3}} \\
&\fallingdotseq 833\,[\text{Hz}] \quad (4\text{-}51)
\end{aligned}$$

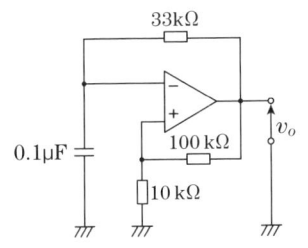

図 4-30　非安定型マルチバイブレータ回路の例

4-5　非安定型マルチバイブレータ

4-6 単安定型マルチバイブレータ

(1) 単安定形マルチバイブレータの原理

単安定型マルチバイブレータは，入力されたトリガパルスと同じ数の方形波を出力する回路です．出力する方形波の時間幅（パルス幅）T_1 は，回路の時定数 RC で決まるので，タイマなどに利用することができます．単安定型マルチバイブレータは，**図4-31** に示すようにトランジスタや汎用ロジック IC を用いて構成することができます．ここでは，オペアンプを用いた単安定型マルチバイブレータの動作について説明します．**図4-32** に，オペアンプを用いた単安定型マルチバイブレータの回路を示します．

入力端子に負のトリガパルスが入力されていない場合，つまり入力端子の電圧が + のとき，出力電圧 v_o はオペアンプの飽和出力電圧 $+V_O$ になります．仮に出力電圧 v_o が $-V_O$ であるとすれば，コンデンサ C には抵抗 R_f を通じて充電電流が流れます．このため，反転入力端子の電圧 v_A は v_B よりも低くなります．非反転入力端子の電圧 v_B が高くなれば，出力電圧 v_o は $+V_O$ になります．

v_o が $+V_O$ であれば，ダイオード D_2 には順方向電流が流れるため，v_A は 0 V に近い値（D_2 の順方向電圧 V_D）になります．このとき，非反転入力端子の電圧 v_B は，式(4-52)のようになっています．

$$v_B = \frac{R_2}{R_1 + R_2} V_O \quad (4\text{-}52)$$

したがって，$v_A < v_B$ ですから，出力

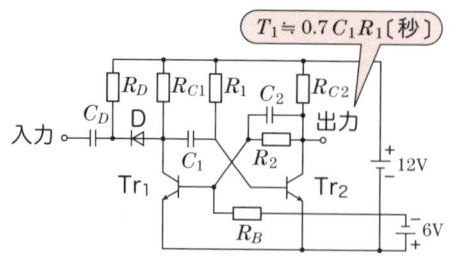

(a) トランジスタを用いた回路 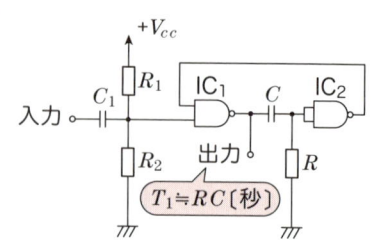　　(b) 汎用ロジック IC を用いた回路

図4-31　単安定型マルチバイブレータの構成例

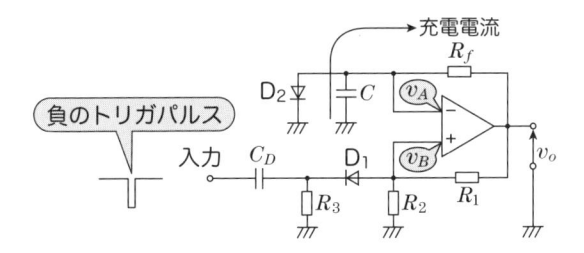

図4-32 オペアンプを用いた単安定型マルチバイブレータ回路

$v_o = +V_O$ で安定します．これが，単安定型マルチバイブレータの安定状態です．次に，入力端子から負のトリガパルスが入力された場合を考えます．このときは，ダイオード D_1 に順方向電流が流れ，トリガパルスの振幅が大きければ $v_A > v_B$ となります．この結果，図 4-33 に示すように，出力電圧 v_o は $-V_O$ に反転します．出力が反転した瞬間から，コンデンサ C に充電電流が流れますので v_A は $-V_O$ に向けて減少していきます．そして，そのときの電圧 v_B である式(4-53)を下回ると，$v_A < v_B$ となり，出力電圧 v_o は再び反転して $+V_O$ へ戻ります．

$$v_B = -\frac{R_2}{R_1 + R_2} V_O \qquad (4\text{-}53)$$

この後，v_A は $+V_O$ に向けて増加し

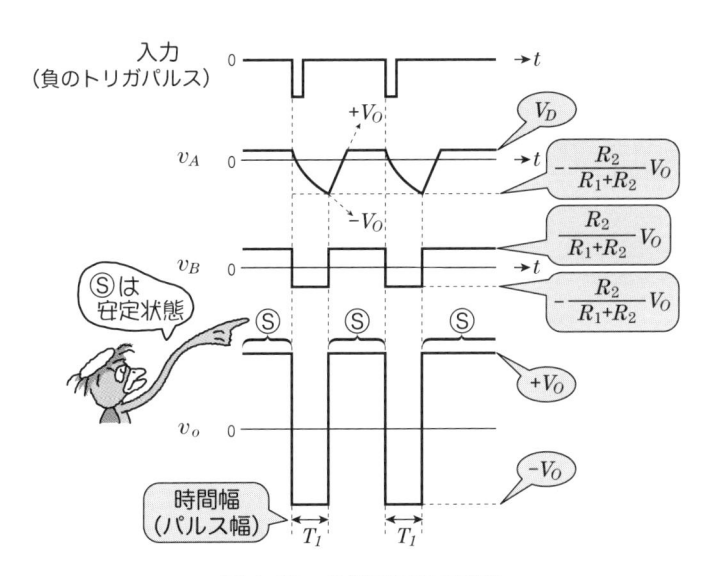

図4-33 各端子電圧の波形

4-6 単安定型マルチバイブレータ

ます．しかし，$v_A > 0$ になったときにダイオード D_2 に順方向電流が流れますので，D_2 の順方向電圧 V_D と同じ大きさで安定します．つまり，負のトリガパルスが入力されると，一定時間だけ安定状態を抜けた後，再び安定状態に戻ります．安定状態を抜けている間は，出力電圧 v_o は $-V_O$ となりますので，この時間が出力方形波の時間幅（パルス幅）T_1 となります．

(2) 出力方形波の時間幅

図 4-34 に示す単安定型マルチバイブレータの出力方形波の時間幅（パルス幅）T_1 を求める式を導きましょう．図 4-33 に示した反転入力端子の電圧 v_A と出力電圧 v_o の波形から，方形波の時間幅 T_1 を考えます．T_1 は，v_A が初期値 V_D から最終値 $-V_O$ に向けて減少して，式（4-54）の値になるまでの時間です．

$$v_A = -\frac{R_2}{R_1 + R_2} V_O \quad (4\text{-}54)$$

コンデンサ C と抵抗 R_f に流れる過渡電流によって生じる電圧を式（4-41）のように表せることは既に説明しました．式（4-41）に，初期値 V_D と最終値 $-V_O$ を代入すると，式（4-55）のようになります．

$$v_A = -V_O + (V_D + V_O) e^{-\frac{T_1}{R_f C}} \quad (4\text{-}55)$$

式（4-54）を式（4-55）に代入して，式（4-56）とします．

$$-\frac{R_2}{R_1 + R_2} V_O = -V_O + (V_D + V_O) e^{-\frac{T_1}{R_f C}}$$
$$(4\text{-}56)$$

式（4-56）を式（4-57）のように整理して，両辺の自然対数をとって式（4-58）とします．

$$\frac{R_1}{R_1 + R_2} \cdot \frac{V_O}{V_D + V_O} = e^{-\frac{T_1}{R_f C}} \quad (4\text{-}57)$$

$$-\frac{T_1}{R_f C} = \ln\left(\frac{R_1}{R_1 + R_2} \cdot \frac{V_O}{V_D + V_O}\right)$$
$$(4\text{-}58)$$

式（4-58）を時間幅 T_1 の式に変形すると，式（4-59）が得られます．

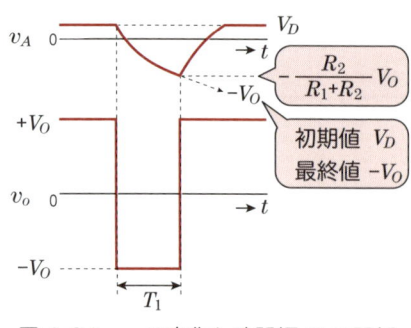

図 4-34　v_A の変化と時間幅 T_1 の関係

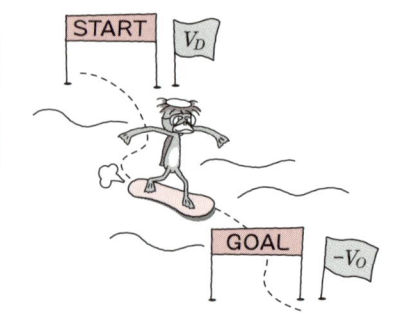

$$T_1 = R_f C \ln\left(\frac{R_1 + R_2}{R_1} \cdot \frac{V_D + V_O}{V_O}\right)$$

(4-59)

ダイオードの順方向電圧 V_D は，およそ 0.5 V の小さな値です．したがって，式 (4-59) は，近似的な式 (4-60) として表すことができます．

$$T_1 \fallingdotseq R_f C \ln\left(\frac{R_1 + R_2}{R_1}\right) \quad (4\text{-}60)$$

図 4-35 に，オペアンプを用いた単安定型マルチバイブレータ回路の例を示します．この回路では，出力を安定化させるために，出力側にツェナーダイオードを用いた振幅制限回路を挿入しています．出力端子に付けてある 1 kΩ の抵抗は，過大な出力電流からオペアンプを保護する役割を持ちます．また，この回路で出力される方形波の時間幅 T_1 は，式 (4-61) のように計算することができます．

$$T_1 \fallingdotseq R_f C \ln\left(\frac{R_1 + R_2}{R_1}\right)$$

$$= 33 \times 10^3 \times 0.1 \times 10^{-6} \times \ln\left(\frac{100 + 10}{100}\right)$$

$$\fallingdotseq 0.00031 \,[\text{s}] = 0.31 \,[\text{ms}] \quad (4\text{-}61)$$

単安定型マルチバイブレータは，一発のトリガパルスの入力によって，1 個の方形波を出力しますので，ワンショットマルチバイブレータとも呼ばれます．

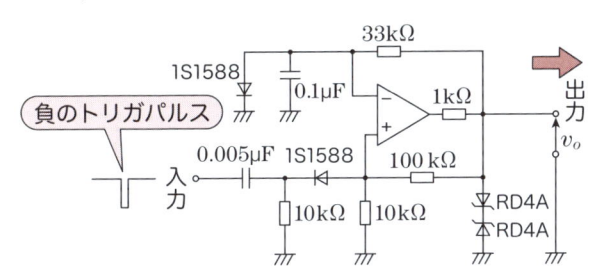

図 4-35　単安定型マルチバイブレータ回路の例

―＜双安定型マルチバイブレータ＞―

双安定型マルチバイブレータは，一般にはフリップフロップ (flip-flop, 略して FF) と呼ばれ，JK-FF, RS-FF, D-FF, T-FF などの種類があります．例えば，JK-FF は，J 端子と K 端子の入力信号によって，内部状態を 0 または 1 にして安定します（右図）．実際のフリップフロップ回路は，汎用ロジック IC などとして市販されています．

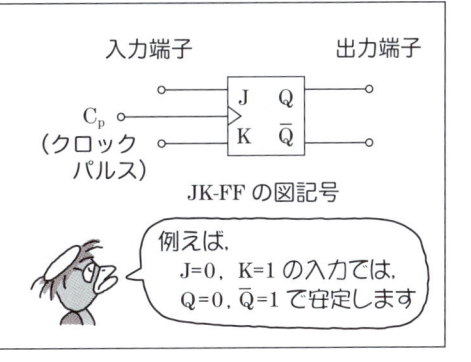

JK-FF の図記号

例えば，J=0, K=1 の入力では，Q=0, $\bar{Q}$=1 で安定します．

4-7 実験しよう

(1) 非安定型マルチバイブレータの発振周波数

ここでは，オペアンプを用いた非安定型マルチバイブレータを製作して発振周波数を調べてみましょう．**図 4-36** に回路図，**図 4-37** に実験回路の製作例を示します．実験回路に電源を投入した後，点Cの端子電圧 v_o をオシロスコープに入力して方形波を発振していることを確認しましょう．

次に，実験回路の発振周波数を測定してみましょう．ディジタルオシロスコープか周波数カウンタを使用すれば，発振周波数を直読できます．アナログオシロスコープを使用している場合には，波形1周期の時間 T を読み

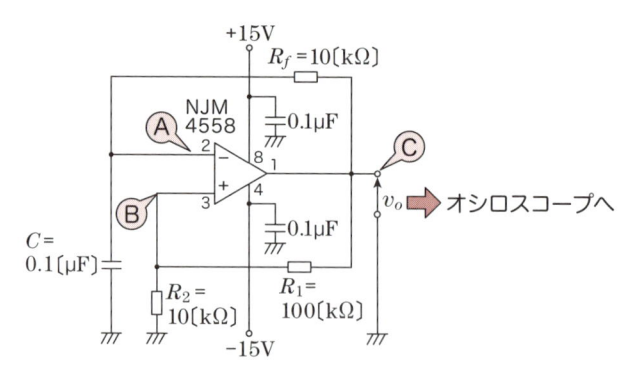

図 4-36　非安定型マルチバイブレータ実験回路

図 4-37　実験回路の製作例

取って $f=1/T$ を計算しましょう．筆者の製作した実験回路の発振周波数の実測値は，2558 Hz（約 2.6 kHz）でした．一方，式（4-49）によって理論的な周期 T を計算すると，式（4-62）のようになります．

$$T = 2R_f C \ln\left(\frac{R_1 + 2R_2}{R_1}\right)$$

$$= 2 \times 10 \times 10^3 \times 0.1 \times 10^{-6}$$

$$\times \ln\left(\frac{100 + 2 \times 10}{100}\right)$$

$$\fallingdotseq 0.36 \,[\mathrm{ms}] \qquad (4\text{-}62)$$

これより，理論的な発振周波数は，式（4-63）のように計算できます．

$$f = \frac{1}{T} = \frac{1}{0.36 \times 10^{-3}}$$

$$\fallingdotseq 2778 \,[\mathrm{Hz}] \qquad (4\text{-}63)$$

式（4-63）の周波数は，実測値の 2558 Hz と概ね一致します．

(2) 非安定型マルチバイブレータの各端子の波形

製作した非安定型マルチバイブレータの各端子の波形をオシロスコープによって観測しましょう．波形を観測する端子は，図 4-36 における点 A，点 B，点 C です．筆者の使用している 2 現象オシロスコープは，同時に 2 つの波形までしか表示できません．したがって，観測波形を 2 画面にして，**図 4-38**(a)，(b)に示します．

これらの波形は，125 ページの図 4-28 の v_A，v_B，v_o の各波形に該当します．非安定型マルチバイブレータの動作を考えながら，波形を確認してください．図 4-38(b)では，v_B と v_o の波形が同じように見えますが，v_B の波形は 1 V/div であるのに対して，v_o の波形は 10 V/div になっていることに注意してください．また，出力電圧 v_o は，オペアンプの飽和出力電圧 $\pm V_O$ となっていることを確認してください．

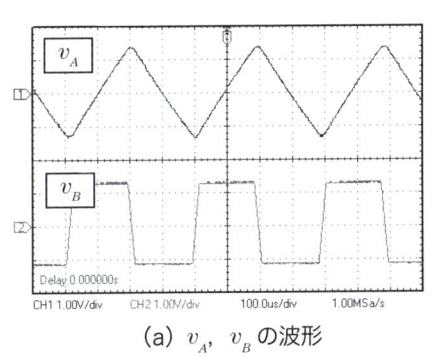

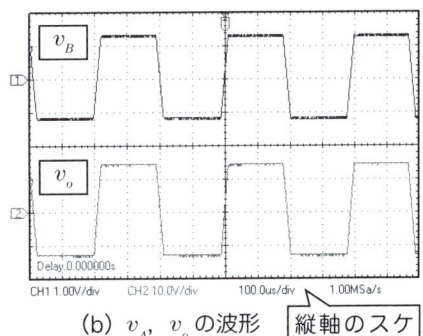

(a) v_A，v_B の波形

(b) v_A，v_o の波形　縦軸のスケールに注意

図 4-38　各端子の出力波形

章末問題

1. 発振回路は，帰還を応用した回路と考えることができる．応用するのは，正帰還，負帰還のどちらか答えなさい．
2. 発振回路の振幅条件と周波数条件を答えなさい．
3. 図4-39に示す回路について，次の①から⑤に答えなさい．
   ① 回路の名称
   ② 発振周波数
   ③ 発振する波形の名称
   ④ 発振するために必要な増幅度
   ⑤ 移相回路が3段ある理由

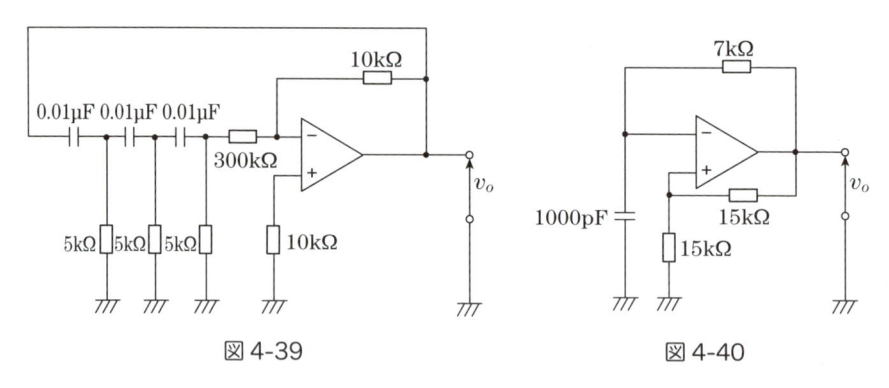

図 4-39

図 4-40

4. 図4-40に示す回路について，次の①から④に答えなさい．
   ① 回路の名称
   ② 出力信号の周期
   ③ 発振周波数
   ④ 発振する波形の名称
5. クォドラチュア発振回路について，次の①②に答えなさい．
   ① 発振周波数を計算する式を示しなさい．
   ② 回路の特徴を2つあげなさい．
6. マルチバイブレータの代表的な型名を3種類あげなさい．
7. ワンショットマルチバイブレータとも呼ばれるのは，何型のマルチバイブレータであるか答えなさい．

第5章 フィルタ回路の基礎

　フィルタ回路とは，ある周波数をもった信号だけを通過させる回路です．つまり，不要な信号を排除して，必要な信号だけを取り出すことができる回路です．フィルタ回路には，コイルとコンデンサ，抵抗を使用するパッシブフィルタ回路があります．一方，オペアンプを使用すれば，コイルを使用しない小型で高性能なアクティブフィルタ回路と呼ばれる回路を構成することができます．この章では，フィルタ回路の分類について説明した後に，各種のアクティブフィルタ回路の基本原理などを解説します．

5-1 フィルタ回路の分類

(1) フィルタ回路とは

　フィルタ回路は，必要な信号だけを通過させる機能を持った回路です．例えば，高周波雑音を含んだ信号を低周波信号だけを通過させるフィルタ回路に通せば，雑音の除去を行うことができます．

　図5-1に示すように，フィルタ回路は，トランジスタやオペアンプなどの能動素子を使用しないパッシブフィルタ回路と，これらの能動素子を使用するアクティブフィルタ回路に分けることができます．

(a) パッシブフィルタ回路

　パッシブフィルタ回路は，受動素子であるコイル，コンデンサ，抵抗によって構成するフィルタ回路です．トランジスタやオペアンプは使用しません．しかし，コイルは周囲に磁束を放出し，集積化が困難で，入手も容易ではありません．また，低周波用のコイルは，外形や重量が大きくなります．したがって，パッシブフィルタ回路は，おもに高周波用途で使用されています．

(b) アクティブフィルタ回路

　アクティブフィルタ回路は，コイルを使用せずに構成するフィルタ回路です．コイルを使用しないために生じる短所をトランジスタやオペアンプを用いて補います．しかし，トランジスタなどを使用する場合には，フィルタ回路の周波数範囲が能動素子の周波数特性によって決まってしまいます．特にオペアンプは，高周波用途には向きません．したがって，アクティブフィルタ回路は，おもに低周波用途で使用されています．また，パッシブフィルタ回路に比べると，回路が複雑になるこ

図5-1　2種類のフィルタ回路

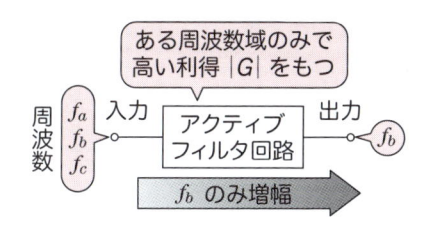

図5-2 アクティブフィルタ回路の動作

とや，能動素子用の電源が必要になるのが欠点です．**図5-2**に示すように，アクティブフィルタ回路は，ある周波数域のみの利得が大きい特性を持った回路です．したがって，その周波数域に入る周波数の信号のみを増幅して出力とします．

フィルタは，アナログフィルタとディジタルフィルタに大別することもできます．ディジタルフィルタは，コンピュータを用いた演算処理によってフィルタ機能を実現します．本書で扱うのは，アナログ電子回路によって構成するアナログフィルタであり，単にフィルタ回路と呼んでいます．

(2) 各種のフィルタ回路

フィルタ回路は，通過させる信号の周波数域によって，いくつかの種類に分類することができます．**図5-3**に，フィルタ回路の分類を示します．

ⓐ ローパスフィルタ回路（LPF）

ある周波数以下の信号を通過させるフィルタ回路です．LPF（low pass filter）とも呼ばれます．

ⓑ ハイパスフィルタ回路（HPF）

ある周波数以上の信号を通過させるフィルタ回路です．HPF（high pass filter）とも呼ばれます．

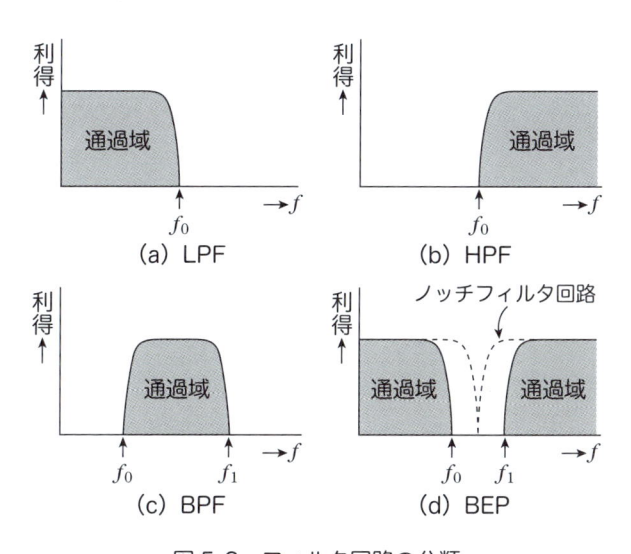

図5-3 フィルタ回路の分類

5-1 フィルタ回路の分類

(c) バンドパスフィルタ回路（BPF）

ある周波数域の信号を通過させるフィルタ回路です．BPF（band pass filter）とも呼ばれます．

(d) バンドエリミネートフィルタ回路（BEF）

ある周波数域以外の信号を通過させるフィルタ回路です．BEF（band eliminate filter）とも呼ばれます．また，特に除去する周波数域の狭い特性を持ったBPFをノッチフィルタ回路と呼びます．ノッチ（notch）とは，V字形の切り込みを意味する英語です．

(3) パッシブフィルタ回路の例

ここでは，パッシブフィルタ回路の例をあげて基本的な考え方を説明します．**図5-4**(a)に，LCR直列回路を示します．この回路は，直列共振回路とも呼ばれ，その合成インピーダンス$\dot{Z}$は式（5-1）のようになります．

$$\dot{Z} = R + j\left(\omega L - \frac{1}{\omega C}\right) \quad (5\text{-}1)$$

式（5-1）は，式（5-2）が成立する場合に最小となり，そのときの$\dot{Z}$は抵抗Rの値と等しくなります．

$$\omega L - \frac{1}{\omega C} \quad (5\text{-}2)$$

式（5-2）に，$\omega = 2\pi f_0$を代入して，周波数f_0の式に変形すると，式（5-3）のようになります．

$$f_0 = \frac{1}{2\pi\sqrt{LC}} \quad (5\text{-}3)$$

この周波数f_0は，共振周波数と呼ばれます．そして，電源v_1の周波数が共振周波数f_0のとき，回路に流れる電流は最大となります．したがって，図5-4(b)に示すように，共振周波数f_0のときに，電圧v_2も最大となります．

つまり，図5-4(a)に示した回路は，周波数f_0のみの信号を通過させるフィルタ回路であると考えることができます．通過させる信号の周波数は，コイルLとコンデンサCの値によって自由に設定することができます．この回路は，トランジスタやオペアンプなどの能動素子を使用していませんので，パッシブフィルタ回路に分類されます．また，この回路をLCRフィルタ回路と呼ぶこともあります．

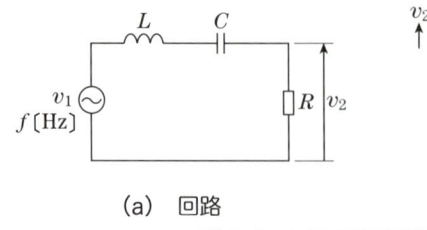

(a) 回路　　(b) 周波数特性

図5-4　LCR直列回路

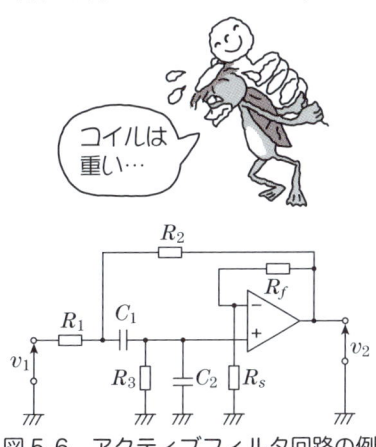

(4) アクティブフィルタ回路の例

次に，アクティブフィルタ回路の基本的な考え方を説明します．

図 5-4(a)に示した LCR 直列回路（LCR フィルタ回路）には，コイルが使用されていました．しかし，コイルは，サイズが大きく，集積化が困難な部品です．さらに，低周波域で良好な性能を持つコイルを作ることは難しいのです．このような理由から，コイルを使用しないフィルタ回路が望まれます．抵抗とコンデンサだけを用いて構成したフィルタ回路は，RC フィルタ回路と呼ばれます．**図 5-5**(a)に，RC フィルタ回路の例を示します．この回路は，LCR フィルタ回路と異なり，コイルとコンデンサの共振がありません．このために，抵抗で失われる損失分が大きくなり，図 5-5(b)に示すように鋭い周波数特性を得ることはできません．

アクティブフィルタ回路は，RC フィルタ回路の抵抗で失われる損失分を増幅回路によって補い，鋭い周波数特性を得る回路です．**図 5-6** に，オペアンプを用いたアクティブフィルタ回路の例を示します．この回路は，RC フィルタ回路と非反転増幅回路を組み合わせたフィルタ回路であり，コイルを使用せずに LCR 回路と同等の鋭い周波数特性を得ることができます．ただし，使用できる周波数は，オペアンプの周波数特性に依存します．オペアンプは，すぐれた増幅用 IC ではありますが，高周波増幅は苦手です．したがって，高性能な高周波用アクティブフィルタ回路を実現する場合などは，トランジスタを使用した専用回路の方が良い特性を得ることができます．

図 5-6 アクティブフィルタ回路の例

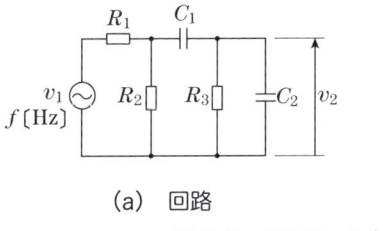

(a) 回路   (b) 周波数特性

図 5-5 RC フィルタ回路

5-2 ローパスフィルタ回路

(1) ローパスフィルタ回路の基本

ローパスフィルタ（LPF）回路は，ある周波数以下の信号を通過させるフィルタ回路です．ところで，図5-7(a)に3章で説明したRC積分回路，図(b)にその周波数特性を示します．この図(b)からわかるように，積分回路はローパスフィルタ回路として動作します．つまり，図(a)に示したRC積分回路は，ローパスフィルタ回路の基本形と考えることができます．しかし，RC積分回路をそのままフィルタ回路として使用する場合には，回路の出力を他の回路に接続した場合に特性が変化してしまう欠点があります．これを避けるためには，図5-8に示すように，RC積分回路の出力段にオペアンプを用いた電圧フォロア回路を接続する方法があります．電圧フォロア回路は，増幅度が1の非反転増幅回路です（68ページ参照）．

図5-8に示した，電圧フォロア回路を用いたローパスフィルタ回路の特性を考えてみましょう．フィルタ回路

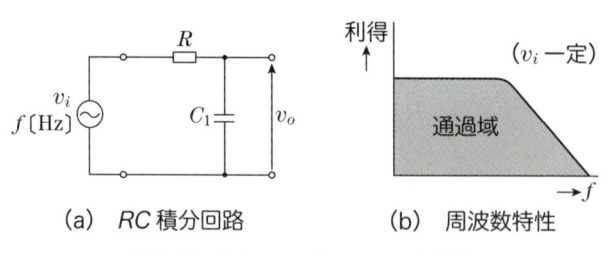

(a) RC積分回路 　　(b) 周波数特性

図5-7　RCローパスフィルタ回路

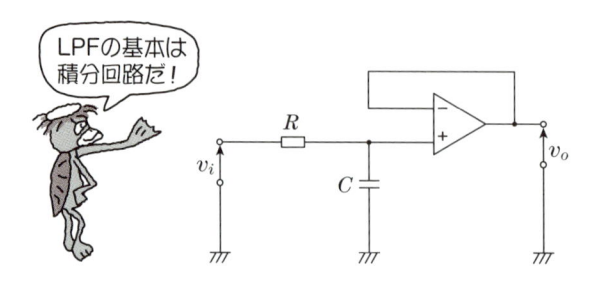

LPFの基本は積分回路だ！

図5-8　電圧フォロア回路を用いたローパスフィルタ回路

の特性を考える場合には，伝達関数 G を使用します．伝達関数とは，入力信号と出力信号の関係を表す関数です．図 5-8 の出力電圧 v_o は，式（5-4）で表すことができます．

$$v_o = \frac{\frac{1}{j\omega C}}{R + \frac{1}{j\omega C}} v_i \quad (5\text{-}4)$$

入力電圧 v_i と出力電圧 v_o の関係を $j\omega$ の伝達関数 $G(j\omega)$ で表すと，式(5-5)のようになります．

$$G(j\omega) = \frac{v_o}{v_i} = \frac{1}{j\omega CR + 1} \quad (5\text{-}5)$$

また，伝達関数は，$s = j\omega$ とおいた s の関数 $G(s)$ として，式（5-6）のように表すことも多いです．

$$G(s) = \frac{v_o}{v_i} = \frac{1}{sCR + 1} \quad (5\text{-}6)$$

さて，式（5-5）の分母を有理化して伝達関数 $G(j\omega)$ の大きさを計算すると，式（5-7）のようになります．

$$|G(j\omega)| = \frac{1}{\sqrt{1 + (\omega CR)^2}} \quad (5\text{-}7)$$

ここで，**図 5-9** に示すように，ローパスフィルタ回路の遮断周波数 f_c を利得が 3 dB ダウンした周波数と定めます．利得が 3 dB ダウンすることは，26 ページに示した利得を計算する式 (1-12) を用いて，式 (5-8) のように表すことができます．

$$20 \log \frac{1}{\sqrt{2}} = -3 \text{〔dB〕} \quad (5\text{-}8)$$

つまり，式 (5-8) から，増幅度が

$$\frac{1}{\sqrt{2}}$$

になる周波数が f_c であることがわかります．これは，式 (5-7) の分母が $\sqrt{2}$ になることを意味しています．したがって，式 (5-9) が成り立ちます．

$$\omega CR = 1 \quad (5\text{-}9)$$

式 (5-9) に，$\omega = 2\pi f_c$ を代入して整理すると，遮断周波数 f_c を計算する式 (5-10) を得ることができます．

$$f_c = \frac{1}{2\pi CR} \quad (5\text{-}10)$$

f_c を超える周波数域では，利得が -20 dB/dec で減少します．これは，周波数が 10 倍になるごとに利得が

図 5-9 周波数特性

5-2 ローパスフィルタ回路

−20 dB になることを意味しています．

(2) オペアンプ積分回路によるローパスフィルタ回路

図 5-8 の電圧フォロア回路を用いたローパスフィルタ回路は，RC 積分回路の出力段にオペアンプを接続していました．一方，オペアンプ自身を積分回路として動作させる方法は，既に第 3 章で説明しました（95 ページ図 3-27 参照）．オペアンプ積分回路では，電圧フォロア回路とは異なり，増幅度を任意に設定できるので，フィルタ動作と同時に大きな出力電圧を得ることが可能になります．図 5-10 に，オペアンプを用いたローパスフィルタ回路を示します．この回路は，図 3-27 に示したオペアンプ積分回路と同じ構成をしています．回路が反転増幅回路であることから 40 ページの式（2-13）を用いて，伝達関数 $G(j\omega)$ は式（5-11）のように表すことができます．

$$G(j\omega) = \frac{v_o}{v_i} = -\frac{1}{R_1} \times \frac{R_2 \frac{1}{j\omega C}}{R_2 + \frac{1}{j\omega C}}$$

$$= -\frac{R_2}{R_1} \times \frac{1}{j\omega CR_2 + 1} \quad (5\text{-}11)$$

式（5-11）は，式（5-5）に式（5-12）の増幅度 A_0 が掛かっている式であると考えることができます．

$$A_0 = -\frac{R_2}{R_1} \quad (5\text{-}12)$$

したがって，図 5-11 に示す遮断周波数 f_c は，式（5-10）と同様の式（5-13）で計算することができます．

$$f_c = \frac{1}{2\pi CR_2} \quad (5\text{-}13)$$

次に，増幅度の大きさが 1（利得は 0）となるゼロクロス周波数を考えましょう．f_c を大きく超える周波数域におい

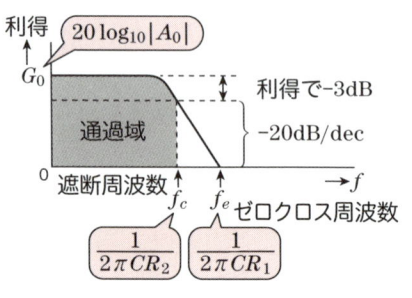

図 5-11 周波数特性

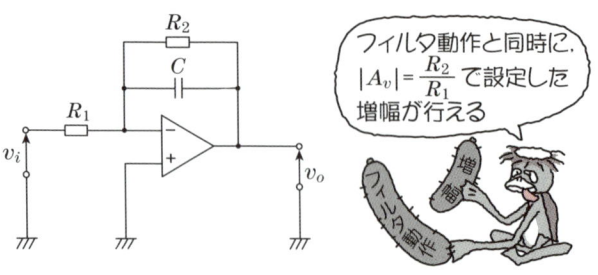

図 5-10 オペアンプを用いたローパスフィルタ回路

フィルタ動作と同時に，$|A_v| = \frac{R_2}{R_1}$ で設定した増幅が行える

ては，図5-10の帰還回路はコンデンサCのみの影響を考えればよいことから，式（5-14）が成立します．

$$A_v = -\frac{\frac{1}{j\omega C}}{R_1} = j\frac{1}{\omega CR_1} \quad (5\text{-}14)$$

式（5-14）において，増幅度$|A_v|=1$とすると式（5-15）となります．

$$\omega CR_1 = 1 \quad (5\text{-}15)$$

式（5-15）を変形すると，図5-11に示すゼロクロス周波数f_eは，式（5-16）のように計算できます．

$$f_e = \frac{1}{2\pi CR_1} \quad (5\text{-}16)$$

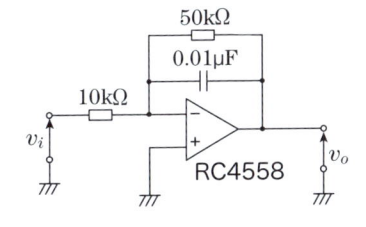

図5-12にオペアンプを用いたローパスフィルタ回路の実例，図5-13にその周波数特性を示します．

(3) フィルタの次数

図5-7のRCローパスフィルタ回路や，図5-8，図5-10のオペアンプを用いたローパスフィルタ回路は，どれも一段の積分回路を使用しています．このような回路を，一次のローパスフィルタ回路といいます．

ローパスフィルタ回路では，**図5-14**に示すように，通過させるべき周波数の上限と遮断すべき周波数の下限が近いほど，周波数特性に鋭い傾きが要求されます．このような場合には，積分回路を二段にした二次のローパスフィルタ回路を構成します．ローパスフィルタ回路は，次数が増えるほど遮断周波数付近の特性が鋭くなります．このことは，ハイパスフィルタ回路などについても同様です．具体的には，一次増えるごとに，10倍の除去特性が得られます．つまり，一次のローパスフィルタ回路の高域特性は-20

図5-12 オペアンプを用いたローパスフィルタ回路の実例

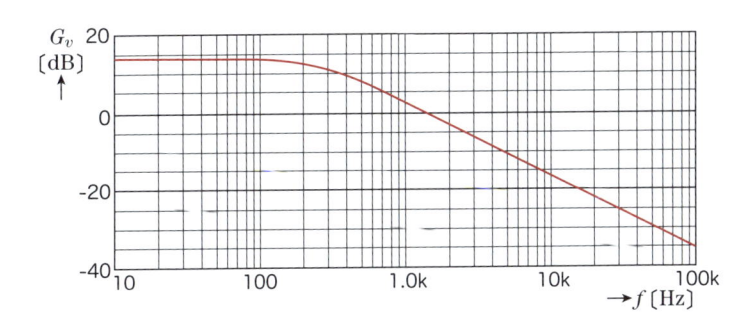

図5-13 オペアンプを用いたローパスフィルタ回路の周波数特性

図5-14 周波数特性の傾き

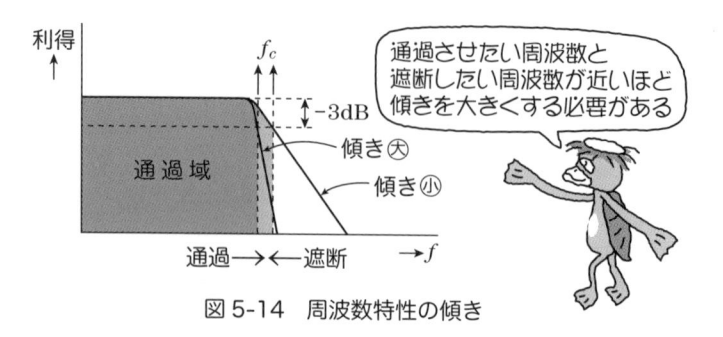

dB/dec でしたが，二次では −40 dB/dec の特性となります（図5-9参照）．

一次と二次のローパスフィルタ回路の伝達関数は，それぞれ式（5-17），式（5-18）で表すことができます．ただし，K は増幅度，Q はクオリティファクタと呼ばれる係数，$s=j\omega$ とします．

① 一次のローパスフィルタ回路

$$G(s) = \frac{K\omega_0}{s+\omega_0} \quad (5\text{-}17)$$

② 二次のローパスフィルタ回路

$$G(s) = \frac{K\omega_0^2}{s^2+\dfrac{\omega_0}{Q}s+\omega_0^2} \quad (5\text{-}18)$$

例えば，図5-8に示した電圧フォロア回路を用いた一次のローパスフィルタ回路の伝達関数は，式（5-6）で表せることを説明しました．式（5-6）は，K と ω_0 を式（5-19）と式（5-20）のようにおいて式（5-17）に代入すれば得ることができます．

$$K = 1 \quad (5\text{-}19)$$

$$\omega_0 = \frac{1}{CR} \quad (5\text{-}20)$$

つまり，電圧フォロア回路を用いた一次のローパスフィルタ回路は，増幅度が1であり，式（5-20）を変形して得られる遮断周波数 f_c を持った回路であることを示しています．式（5-20）を変形して得られる f_c の式は，式（5-10）と一致します．

また，図5-15に一次のローパスフィルタ回路の位相特性を示します．この図からわかるように，遮断周波数 f_c のときに出力の位相 ϕ_{L1} が入力よりも −45°遅れます．ある周波数 f_1 と位相 ϕ_{L1} の関係は，式（5-21）で計算することができます．

$$\phi_{L1} = -\tan^{-1}\frac{f_1}{f_c} \quad (5\text{-}21)$$

例えば，周波数 f_1 が f_c の10倍である場合に位相 ϕ_{L1} は約84°遅れ，f_c の0.1倍である場合には約6°遅れます．二次のローパスフィルタ回路では，一次の2倍の遅れ位相となるため，遮断周波数 f_c のときに出力の位相が入力よりも −90°遅れます．

また，ハイパスフィルタ回路の出力

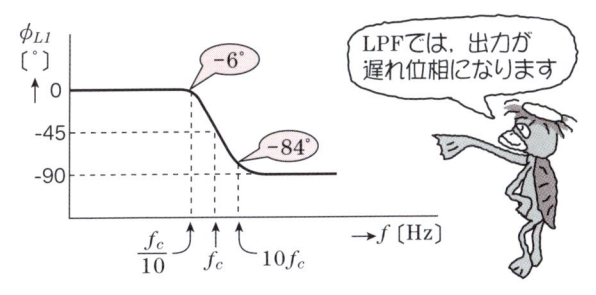

図 5-15 一次のローパスフィルタ回路の位相特性

は，進み位相となります．

(4) 二次のローパスフィルタ回路

より傾きの大きい周波数特性を得るためには，二次以上のローパスフィルタ回路が用いられます．ここでは，二次のローパスフィルタ回路について説明します．

一次のローパスフィルタ回路をそのまま2段接続とすれば，容易に二次の回路を作ることができます．しかし，こうして作った回路は，遮断周波数における利得が -3〔dB〕×2段 $= -6$〔dB〕となります．また，オペアンプを2個使用する必要があります．ここでは，オペアンプを1個使用した典型的な二次のローパスフィルタ回路として知られている Sallen-Kay 回路（Sallen 氏と Kay 氏が提案した回路）を取り上げます．

図 5-16 に，Sallen-Kay 回路を示します．この回路の入力と出力の関係を表す伝達関数 $G(s)$ を導出しましょう．オペアンプの増幅度 A_0 は，式（5-22）で表されます．

$$A_0 = \frac{v_o}{v_b} \tag{5-22}$$

電流 i_1, i_2, i_3 には，式（5-23）の関係があることから，式（5-24）が得られます．

$$i_1 = i_2 + i_3 \tag{5-23}$$

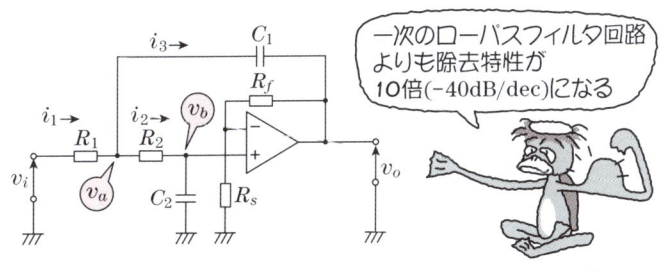

図 5-16 二次のローパスフィルタ回路（Sallen-Kay 回路）

$$\frac{v_i - v_a}{R_1} = \frac{v_a - v_b}{R_2} + (v_a - v_o)sC_1$$

(5-24)

式 (5-24) を変形して，式 (5-25) とします．

$$v_a\left(\frac{1}{R_1} + \frac{1}{R_2} + sC_1\right) = \frac{v_i}{R_1} + \frac{v_b}{R_2} + sC_1 v_o$$

(5-25)

一方，オペアンプの入力インピーダンスは高いために，電流 i_2 はすべてコンデンサ C_2 に流れます．これより，式 (5-26) が得られます．

$$\frac{v_a - v_b}{R_2} = sC_2 v_b \qquad (5\text{-}26)$$

式 (5-26) を変形して，式 (5-27) とします．

$$v_a = R_2 v_b \left(\frac{1}{R_2} + sC_2\right) \qquad (5\text{-}27)$$

式 (5-27) に式 (5-22) を代入すると，式 (5-28) のようになります．

$$v_a = R_2 \frac{v_o}{A_0}\left(\frac{1}{R_2} + sC_2\right)$$

$$= \frac{v_o}{A_0}(1 + sC_2 R_2) \qquad (5\text{-}28)$$

式 (5-25) に，式 (5-22) と式 (5-28) を代入すると，式 (5-29) のようになります．

式 (5-29) を整理すると，伝達関数 $G(s)$ の式 (5-30) を得ることができます．

式 (5-30) において，式 (5-31) の条件を仮定すると，式 (5-32) になります．

$$\left.\begin{array}{l} R = R_1 = R_2 \\ C = C_1 = C_2 \end{array}\right\} \qquad (5\text{-}31)$$

$$G(s) = \frac{A_0}{s^2 C^2 R^2 + s(3 - A_0)CR + 1}$$

(5-32)

式 (5-32) において，式 (5-33) に示す置き換えを行うと，式 (5-34) が得られます．

$$\left.\begin{array}{l} A_0 = K \\ \dfrac{1}{CR} = \omega_0 \\ \dfrac{1}{3 - A_0} = Q \end{array}\right\} \qquad (5\text{-}33)$$

$$G(s) = \frac{K\omega_0^2}{s^2 + \dfrac{\omega_0}{Q}s + \omega_0^2} \qquad (5\text{-}34)$$

式 (5-34) は，前に説明した二次のローパスフィルタ回路の伝達関数を表

$$\frac{v_o}{A_0}(1 + sC_2 R_2)\left(\frac{1}{R_1} + \frac{1}{R_2} + sC_1\right) = \frac{v_i}{R_1} + \frac{v_o}{A_0 R_2} + sC_1 v_o$$

$$= \frac{v_i}{R_1} + v_o \frac{1 + sC_1 R_2 A_0}{A_0 R_2} \qquad (5\text{-}29)$$

$$G(s) = \frac{v_o}{v_i} = \frac{A_0}{s^2 R_1 R_2 C_1 C_2 + s\{(R_1 + R_2)C_2 + (1 - A_0)R_1 C_1\} + 1} \qquad (5\text{-}30)$$

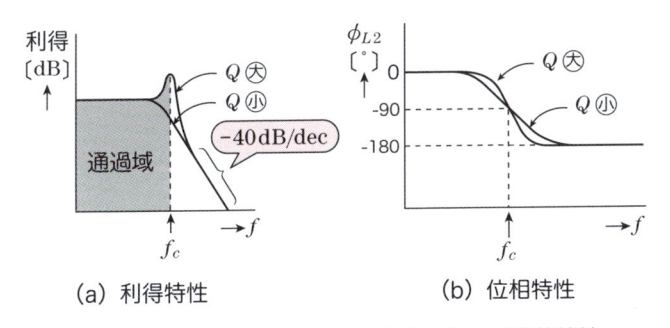

(a) 利得特性　　　　　　　　(b) 位相特性

図 5-17　二次のローパスフィルタ回路の周波数特性

す式(5-18)と一致します．**図 5-17** に，二次のローパスフィルタ回路の周波数特性を示します．

また，**図 5-18** に二次のローパスフィルタ回路の実例，**図 5-19** にその周波数特性を示します．図 5-19 と，一次のローパスフィルタ回路の特性を示す図 5-13 を比較してみましょう．周波数が 10 倍を変化する例として，10 kHz と 100 kHz のときの利得の減少を比べてみるとよいでしょう．

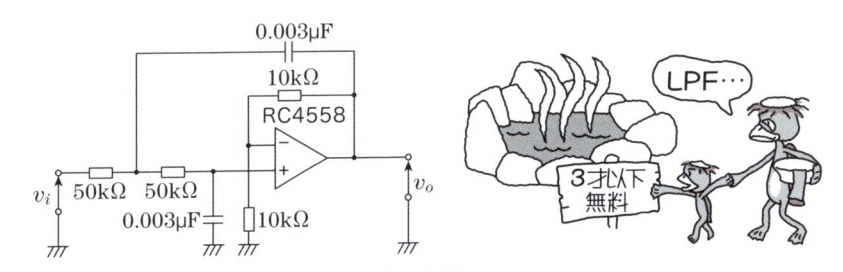

図 5-18　二次のローパスフィルタ回路の実例

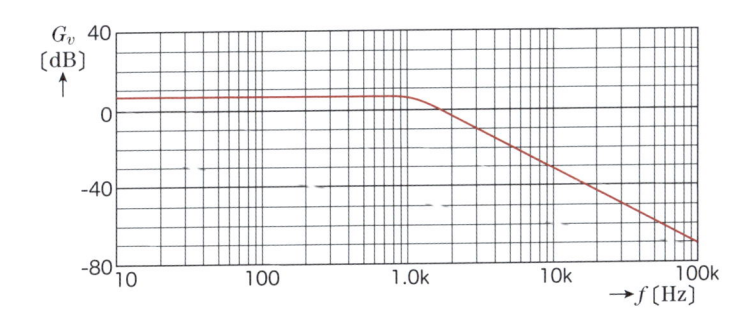

図 5-19　二次のローパスフィルタ回路の周波数特性

5-2　ローパスフィルタ回路

5-3 ハイパスフィルタ回路

(1) ハイパスフィルタ回路の基本

ハイパスフィルタ (HPF) 回路は，ある周波数以上の信号を通過させるフィルタ回路です．ところで，**図 5-20**(a)に 3 章で説明した RC 微分回路，(b)にその周波数特性を示します．この図(b)からわかるように，微分回路はハイパスフィルタ回路として動作します．つまり，図(a)に示した RC 微分回路は，ハイパスフィルタ回路の基本形と考えることができます．ハイパスフィルタ回路の伝達関数は，式 (5-35)，式 (5-36) のように表されます．

① 一次のハイパスフィルタ回路

$$G(s) = \frac{Ks}{s + \omega_0} \qquad (5\text{-}35)$$

② 二次のハイパスフィルタ回路

$$G(s) = \frac{Ks^2}{s^2 + \dfrac{\omega_0}{Q}s + \omega_0^2} \qquad (5\text{-}36)$$

図 5-21 は，RC 微分回路の出力段にオペアンプを用いた電圧フォロア回路を接続した一次のハイパスフィルタ回路です．この回路の伝達関数 $G(s)$ を求めてみましょう．出力電圧 v_o と入力電圧 v_i は，式 (5-37) に示す関

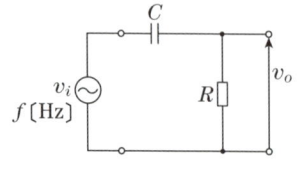

(a) RC 微分回路 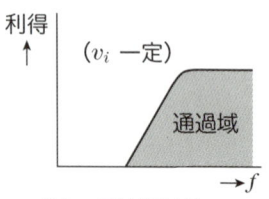　　(b) 周波数特性

図 5-20　RC ハイパスフィルタ回路

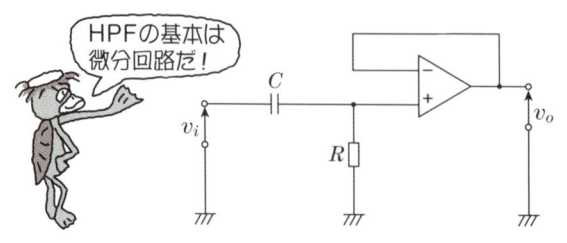

図 5-21　電圧フォロア回路を用いたハイパスフィルタ回路

係があります.

$$v_o = \frac{R}{R + \frac{1}{sC}} v_i \qquad (5\text{-}37)$$

式 (5-37) から，伝達関数 $G(s)$ を表す式 (5-38) が得られます．

$$G(s) = \frac{v_o}{v_i} = \frac{R}{R + \frac{1}{sC}}$$

$$= \frac{1}{1 + \frac{1}{sCR}} = \frac{s}{s + \frac{1}{CR}} \qquad (5\text{-}38)$$

式 (5-35) において，式 (5-39) のように考えた場合の式は，式 (5-38) と一致します．

$$\left. \begin{array}{l} \omega_0 = \dfrac{1}{CR} \\ K = 1 \end{array} \right\} \qquad (5\text{-}39)$$

次に，一次のハイパスフィルタ回路の遮断周波数 f_c を導出します．式 (5-38) において，$s = j\omega$ として式 (5-40) を得ます．

$$G(j\omega) = \frac{j\omega}{j\omega + \frac{1}{CR}} \qquad (5\text{-}40)$$

式 (5-40) の分母を有理化すると，式 (5-41) になります．

$$G(j\omega) = \frac{(\omega CR)^2 + j\omega CR}{1 + (\omega CR)^2} \qquad (5\text{-}41)$$

式 (5-41) から，伝達関数 $G(j\omega)$ の大きさを表す式 (5-42) を得ます．

$$|G(j\omega)| = \frac{\omega CR}{\sqrt{1 + (\omega CR)^2}} \qquad (5\text{-}42)$$

ハイパスフィルタ回路の遮断周波数 f_c を利得が 3 dB ダウンした周波数と定めます．つまり，式 (5-43) のように考えると，増幅度が $\frac{1}{\sqrt{2}}$ になる周波数が f_c となることがわかります（26 ページの式 (1-12) 参照）．

$$20 \log \frac{1}{\sqrt{2}} = -3 \text{〔dB〕} \qquad (5\text{-}43)$$

これより，式 (5-42) から，式 (5-44) が成り立ちます．

$$\omega CR = 1 \qquad (5\text{-}44)$$

式 (5-44) に，$\omega = 2\pi f_c$ を代入して整理すると，ハイパスフィルタ回路の遮断周波数 f_c を計算する式 (5-45) を得ることができます．

$$f_c = \frac{1}{2\pi CR} \qquad (5\text{-}45)$$

式 (5-45) は，ローパスフィルタ回路の f_c を計算する式 (5-10) と同じになっています．**図 5-22** に，一次のハイパスフィルタ回路の周波数特性を示します．ハイパスフィルタ回路では，f_c より低い周波数では，利得が 20 dB/dec で減少します．また，出力は入力に比べて進み位相になります．ある周波数 f_1 と位相 ϕ_{H1} の関係は，式 (5-46) のようになります．

$$\phi_{H1} = \frac{\pi}{2} - \tan^{-1} \frac{f_1}{f_c}$$

$$= \frac{\pi}{2} + \phi_{L1} \qquad (5\text{-}46)$$

(a) 利得特性　　(b) 位相特性

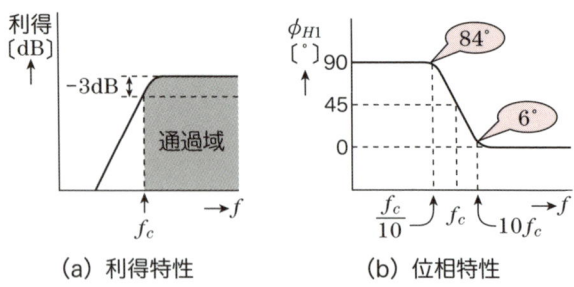

図5-22　一次のハイパスフィルタ回路の周波数特性

式（5-46）を式（5-21）と対応させて確認してください．また，オペアンプを用いてハイパスフィルタ回路を構成する場合に注意すべきことがあります．それは，**図5-23**に示すように，オペアンプの周波数特性によって高域周波数において増幅度が低下することです．例えば，汎用オペアンプNJM4558では，周波数が10 kHzを超えると増幅度が急激に低下しはじめ，さらに3 MHzを超えると増幅の効果はなくなります（27ページ図1-34参照）．したがって，より高い周波数を通過させるハイパスフィルタ回路を構成する場合には，利得帯域積（GB積，27ページ参照）の大きなオペアンプを選択す

る必要があります．しかし，基本的にオペアンプは，高周波での使用に向かないICです．したがって，高周波用のハイパスフィルタ回路を実現する場合には，トランジスタ回路を用いたアクティブフィルタ回路，またはパッシブフィルタ回路を設計する必要が生じ

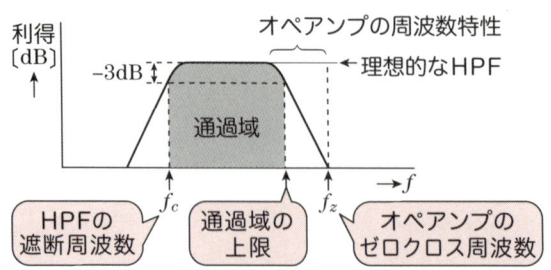

図5-23　オペアンプの周波数特性による通過域の上限

(2) オペアンプ微分回路によるハイパスフィルタ回路

オペアンプ自身に微分回路の働きをさせてハイパスフィルタ回路を構成すれば、増幅作用を兼ね備えることができます。図 5-24 に、オペアンプ微分回路による一次のハイパスフィルタ回路を示します。この回路の遮断周波数 f_c とゼロクロス周波数 f_s を導出しましょう。回路が反転増幅回路であることから、40 ページの式 (2-13) を用いて、伝達関数 $G(j\omega)$ は、式 (5-47) のように表すことができます。

$$\begin{aligned}G(s) = \frac{v_o}{v_i} &= -\frac{R_2}{R_1 + \dfrac{1}{sC}} \\ &= -\frac{R_2}{R_1} \cdot \frac{1}{1 + \dfrac{1}{sCR_1}} \\ &= -\frac{R_2}{R_1} \cdot \frac{s}{s + \dfrac{1}{CR_1}}\end{aligned} \quad (5\text{-}47)$$

式 (5-47) は、式 (5-35) において式 (5-48) と式 (5-49) を考えた場合と一致します。

$$K = -\frac{R_2}{R_1} \quad (5\text{-}48)$$

$$\omega_0 = \frac{1}{CR_1} \quad (5\text{-}49)$$

式 (5-49) から、$\omega_0 = 2\pi f_c$ として、遮断周波数 f_c を表す式 (5-50) を得ることができます。

$$f_c = \frac{1}{2\pi CR_1} \quad (5\text{-}50)$$

次に、f_c から周波数を低くしていった場合に、増幅度の大きさが 1 (利得 0) となるゼロクロス周波数 f_s を導出します。f_c よりも相当低い周波数 f_s においては、コンデンサ C のインピーダンスが非常に大きくなりますので、抵抗 R_1 は無視できます。したがって、増幅度 A_v は、式 (5-51) のように表すことができます。

$$A_v = \frac{R_2}{\dfrac{1}{j\omega C}} = j\omega C R_2 \quad (5\text{-}51)$$

式 (5-51) において、増幅度 $|A_v| = 1$ とすると式 (5-52) となります。

$$\omega C R_2 = 1 \quad (5\text{-}52)$$

式 (5-52) を変形すると、ゼロクロ

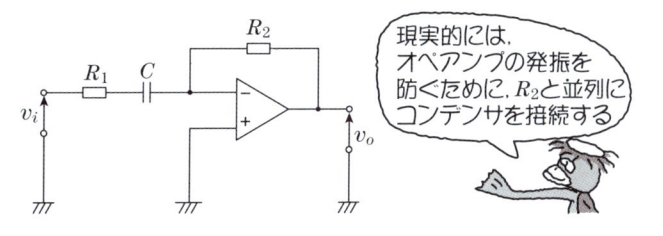

図 5-24 オペアンプを用いた一次のハイパスフィルタ回路

（現実的には、オペアンプの発振を防ぐために、R_2 と並列にコンデンサを接続する）

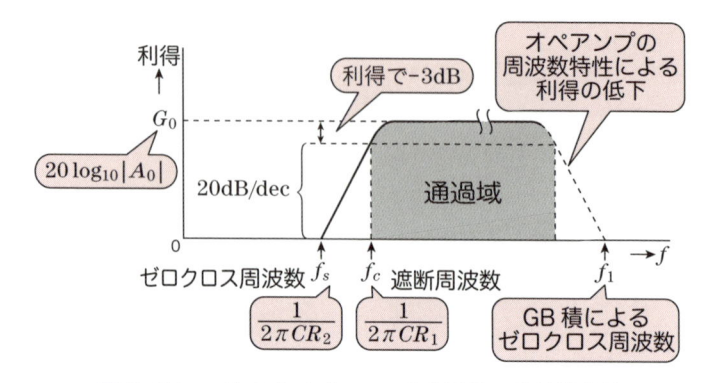

図5-25　一次のハイパスフィルタ回路の周波数特性

ス周波数 f_s を計算する式（5-53）が得られます．

$$f_s = \frac{1}{2\pi CR_2} \quad (5-53)$$

図5-25において，一次のハイパスフィルタ回路の遮断周波数 f_c とゼロクロス周波数 f_s の位置関係などを確認してください．

図5-26に一次のハイパスフィルタ回路の実例，図5-27にその周波数特性を示します．

(3) 二次のハイパスフィルタ回路

より傾きの大きい周波数特性を得るためには，二次以上のハイパスフィルタ回路が用いられます．図5-28に，典型的な二次のハイパスフィルタ回路の例を示します．この回路は，C_1 と R_1，C_2 と R_2 をそれぞれ入れ替えると，図5-16に示した二次のローパスフィ

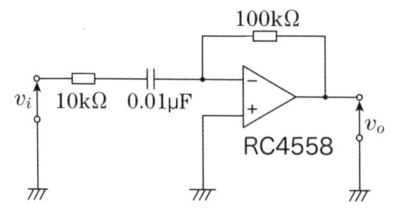

図5-26　オペアンプを用いた一次のハイパスフィルタ回路の実例

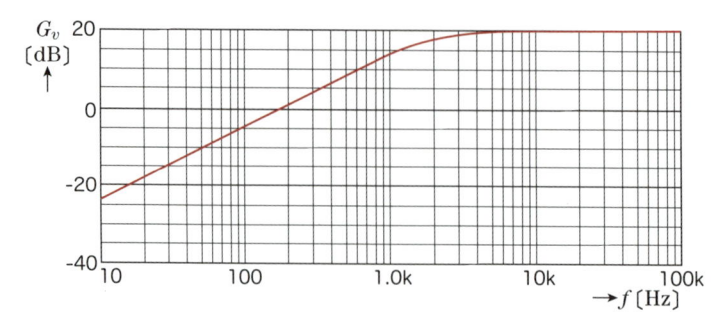

図5-27　オペアンプを用いた一次のハイパスフィルタ回路の周波数特性

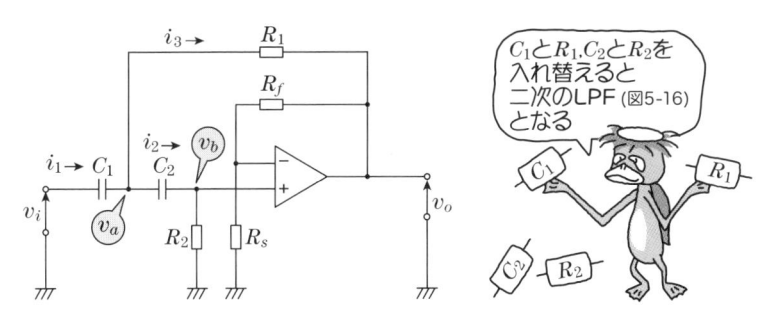

図 5-28　二次のハイパスフィルタ回路

ルタ回路になります．

それでは，図 5-28 に示した二次のハイパスフィルタ回路の伝達関数 $G(s)$ を導出しましょう．オペアンプは，非反転増幅回路として動作しており，その増幅度 A_0 は，式（5-54）で表されます．

$$A_0 = \frac{v_o}{v_b} \quad (5\text{-}54)$$

電流 i_1，i_2，i_3 には，式（5-55）の関係があることから，式（5-56）が得られます．

$$i_1 = i_2 + i_3 \quad (5\text{-}55)$$

$$(v_i - v_a)sC_1 = (v_a - v_b)sC_2 + \frac{v_a - v_o}{R_1} \quad (5\text{-}56)$$

式（5-56）を変形して，式（5-57）とします．

$$v_a\left(\frac{1}{R_1} + sC_1 + sC_2\right)$$

$$= \frac{v_o}{R_1} + v_i sC_1 + v_b sC_2 \quad (5\text{-}57)$$

一方，オペアンプの入力インピーダンスは高いために，電流 i_2 はすべて抵抗 R_2 に流れます．これより，式（5-58）が得られます．

$$(v_a - v_b)sC_2 = \frac{v_b}{R_2} \quad (5\text{-}58)$$

式（5-58）を変形して，式（5-59）とします．

$$v_a = \frac{\frac{v_b}{R_2} + v_b sC_2}{sC_2}$$

$$= v_b\left(\frac{1 + sR_2C_2}{sR_2C_2}\right) \quad (5\text{-}59)$$

式（5-59）に式（5-54）を代入すると，式（5-60）のようになります．

$$v_a = \frac{v_o}{A_0}\left(\frac{1}{sR_2C_2} + 1\right) \quad (5\text{-}60)$$

式（5-57）に，式（5-54）と式（5-60）を代入すると，式（5-61）のようになります．

式（5-61）を整理すると，伝達関数 $G(s)$ の式（5-62）を得ることができます．

式（5-62）において，式（5-63）の条件

$$\frac{v_o}{A_0}\left(\frac{1}{sR_2C_2}+1\right)\left(\frac{1}{R_1}sC_1+sC_2\right) = \frac{v_o}{R_1} + v_i sC_1 + \frac{v_o}{A_0}sC_2$$

$$= v_i sC_1 + v_o\left(\frac{A_0 + sR_1C_2}{A_0 R_1}\right) \quad (5\text{-}61)$$

$$G(s) = \frac{v_o}{v_i} = \frac{A_0 s^2}{s^2 + s\left(\dfrac{1}{R_1C_1} + \dfrac{1}{R_2C_1} + \dfrac{1}{R_2C_2} - \dfrac{A_0}{R_1C_1}\right) + \dfrac{1}{R_1R_2C_1C_2}} \quad (5\text{-}62)$$

を仮定すると，式(5-64)になります．

$$\left.\begin{array}{l} R = R_1 = R_2 \\ C = C_1 = C_2 \end{array}\right\} \quad (5\text{-}63)$$

$$G(s) = \frac{A_0 s^2}{s^2 + \dfrac{s(3-A_0)}{RC} + \dfrac{1}{R_2C_2}} \quad (5\text{-}64)$$

式(5-64)において，式(5-65)に示す置き換えを行うと，式(5-66)が得られます．

$$\left.\begin{array}{l} A_0 = K \\ \dfrac{1}{CR} = \omega_0 \\ \dfrac{1}{3-A_0} = Q \end{array}\right\} \quad (5\text{-}65)$$

$$G(s) = \frac{Ks^2}{s^2 + \dfrac{\omega_0}{Q}s + \omega_0^2} \quad (5\text{-}66)$$

また，式（5-65）の回路の鋭さ Q の式において，Q は正であることを考えると，二次のハイパスフィルタ回路の条件は，$A_0 < 3$ であることがわかります．

式（5-66）は，前に説明した二次のハイパスフィルタ回路の伝達関数を表す式(5-36)と一致します．**図5-29**に，二次のハイパスフィルタ回路の周波数特性を示します．

より鋭い遮断特性を持ったフィルタ回路を構成する必要がある場合には，

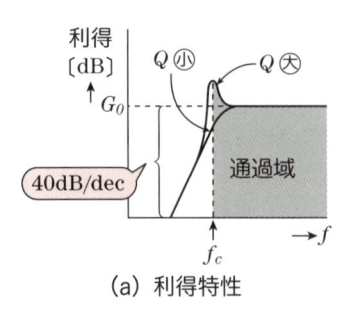

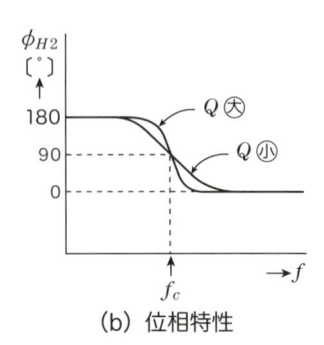

(a) 利得特性

(b) 位相特性

図 5-29　二次のハイパスフィルタ回路の周波数特性

一次や二次のフィルタ回路を直列に接続した三次以上のフィルタ回路を構成します．

図 5-30 に二次のハイパスフィルタ回路の実例，**図 5-31** にその周波数特性と示します．図 5-31 と，一次のハイパスフィルタ回路の周波数特性を示す図 5-27 を比較してみましょう．例えば，周波数が 10 倍異なる 100 Hz と 10 Hz のときの利得の変化を読み取ります．図 5-31 では，−30 dB から −72 dB に変化していますので 42 dB 減少しています．また，図 5-27 では，−5 dB から −24 dB に変化していますので 19 dB 減少しています．これらの変化は，前に説明した −40 dB/dec と −20 dB/dec に，ほぼ合致します．

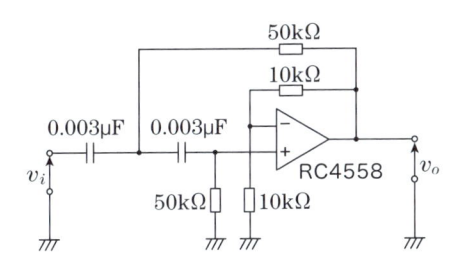

図 5-30　二次のハイパスフィルタ回路の実例

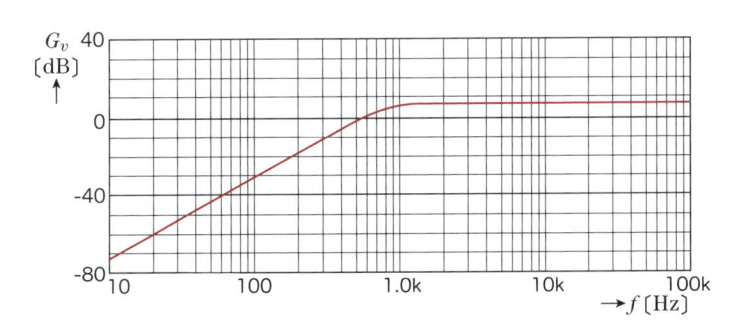

図 5-31　二次のハイパスフィルタ回路の周波数特性

5-3　ハイパスフィルタ回路

5-4 バンドパスフィルタ回路

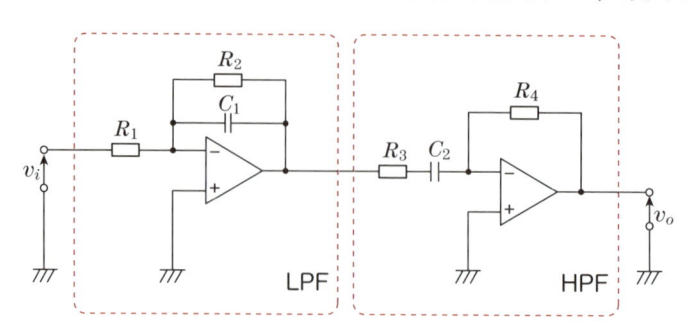

(1) 直列接続型バンドパスフィルタ回路

バンドパスフィルタ回路は，ある周波数域の信号のみを通過させる回路です．これまでに説明した，ローパスフィルタ回路とハイパスフィルタ回路を直列に接続すれば，任意の特性を持ったバンドパスフィルタ回路を構成することができます．**図 5-32** に，一次のローパスフィルタ回路とハイパスフィルタ回路を組み合わせた直列接続型バンドパスフィルタ回路の例を示します．この回路では，ハイパスフィルタ回路とローパスフィルタ回路の位置を入れ替えても同じ動作をします．また，このバンドパスフィルタ回路の周波数特性は，**図 5-33** に示すように考えることができます．

(2) 1個のオペアンプで構成するバンドパスフィルタ回路

図 5-34(a)は，1個のオペアンプで構成した簡単なバンドパスフィルタ回路です．この回路は，101 ページの図 3-40 で説明した微分回路と同じ形をしています．図 3-40 は，コンデンサ C_2 を追加して高周波ノイズを除去する微分回路として紹介しました．一方で，図 3-41 に示した周波数特性を見ると，この回路は，バンドパスフィルタ回路として動作することがわかります．図 5-34(a)のバンドパスフィルタ回路は，抵抗 $R_1 = R_2 = R$ としていますので，利得は 0（増幅度は 1）となります．したがって，その周波数特性は，図 5-34(b)のようになります．つまり，通過域の周波数では，最大 0 dB の利

図 5-32　直列接続型バンドパスフィルタ回路の例

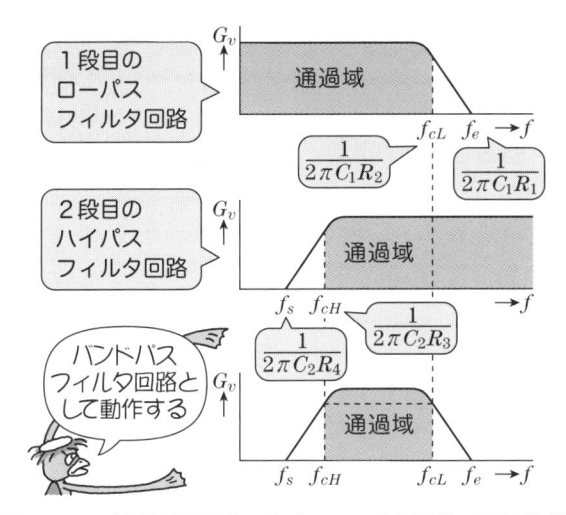

図 5-33 直列接続型バンドパスフィルタ回路の周波数特性

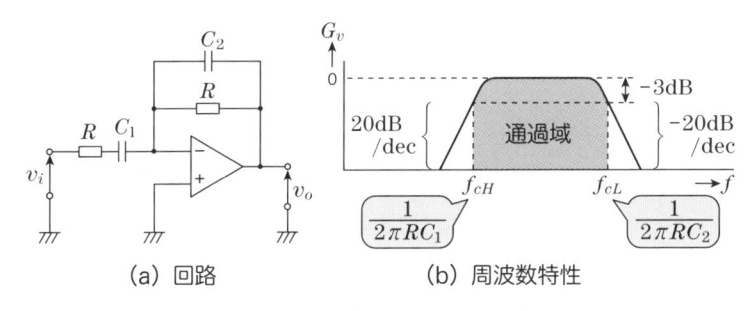

(a) 回路　(b) 周波数特性

図 5-34 簡単なバンドパスフィルタ回路

得を有しますが，f_{cH} 以下の低域や f_{cL} 以上の高域では利得が 20 dB/dec で増減します．2 つの遮断周波数 f_{cH} と f_{cL} は，それぞれ式 (5-67) と式 (5-68) で計算することができます．

$$f_{cH} = \frac{1}{2\pi RC_1} \tag{5-67}$$

■ 5-4　バンドパスフィルタ回路 ■

$$f_{cL} = \frac{1}{2\pi RC_2} \quad (5\text{-}68)$$

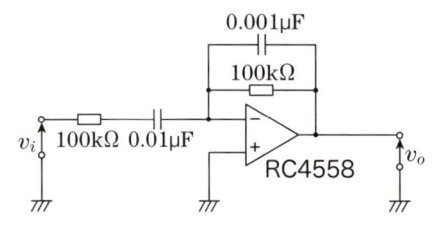

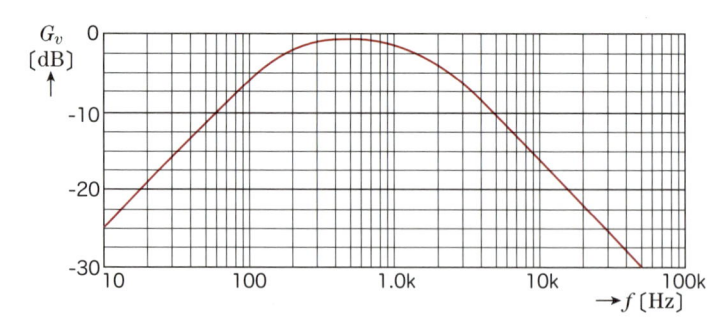

図 5-35 に簡単なバンドパスフィルタ回路の実例，図 5-36 にその周波数特性を示します．

また，二次のバンドパスフィルタ回路の伝達関数 $G(s)$ は，式（5-69）で表すことができます．

$$G(s) = \frac{K\left(\dfrac{\omega_0}{Q}\right)s}{s^2 + \left(\dfrac{\omega_0}{Q}\right)s + \omega_0^2} \quad (5\text{-}69)$$

式（5-69）は二次式となっていますが，バンドパスフィルタ回路の最低次数は二次になります．回路が一次のように見える場合であっても，ローパスフィルタ回路とハイパスフィルタ回路の動作を組み合わせた二次式となるのです．

図 5-37 に，典型的な非反転増幅型のバンドパスフィルタ回路の例を示します．この回路の伝達関数 $G(s)$ を導出してみましょう．

オペアンプの増幅度 A_0 は，式（5-70）

図 5-35 簡単なバンドパスフィルタ回路の実例

図 5-36 簡単なバンドパスフィルタ回路の周波数特性

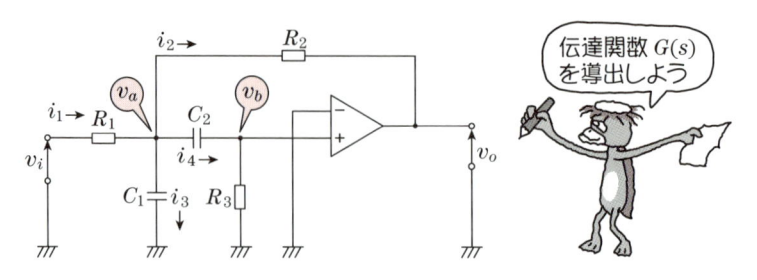

図 5-37 非反転増幅型バンドパスフィルタ回路

第 5 章 フィルタ回路の基礎

で表されます．

$$A_0 = \frac{v_o}{v_b} \qquad (5\text{-}70)$$

また，回路を流れる電流については，式（5-71）が成立します．

$$i_1 = i_2 + i_3 + i_3 \qquad (5\text{-}71)$$

したがって，式（5-72）を式（5-71）に代入すると，式（5-73）のようになります．

$$\left.\begin{array}{l} i_1 = \dfrac{v_i - v_a}{R_1} \\[4pt] i_2 = \dfrac{v_a - v_o}{R_2} \\[4pt] i_3 = v_a s C_1 \\[4pt] i_4 = (v_a - v_b) s C_2 \end{array}\right\} \qquad (5\text{-}72)$$

$$\frac{v_i - v_a}{R_1}$$
$$= \frac{v_a - v_o}{R_2} + v_a s C_1 + (v_a - v_b) s C_2$$
$$(5\text{-}73)$$

式（5-73）を変形して，式（5-74）とします．

$$v_a \left(\frac{1}{R_1} + \frac{1}{R_2} + sC_1 + sC_2 \right)$$
$$= \frac{v_i}{R_1} + \frac{v_o}{R_2} + v_b s C_2 \qquad (5\text{-}74)$$

オペアンプの入力インピーダンスは非常に大きいので，コンデンサ C_2 を流れる電流 i_4 は，すべて抵抗 R_3 に流れるとして式（5-75）を得ます．

$$(v_a - v_b) s C_2 = \frac{v_b}{R_3} \qquad (5\text{-}75)$$

式（5-75）を変形して，式（5-76）とします．

$$v_a = \left(\frac{1}{sR_3C_2} + 1 \right) \qquad (5\text{-}76)$$

式（5-74）に，式（5-76）を代入すると，式（5-77）になります．

$$v_b = \left(\frac{1}{sR_3C_2} + 1 \right)\left(\frac{1}{R_1} + \frac{1}{R_2} + sC_1 + sC_2 \right)$$
$$= \frac{v_i}{R_1} + \frac{v_o}{R_2} + v_b s C_2 \qquad (5\text{-}77)$$

式（5-77）に式（5-70）を代入すると，式（5-78）になります．

$$\frac{v_o}{A_0} = \left(\frac{1}{sR_3C_2} + 1 \right)\left(\frac{1}{R_1} + \frac{1}{R_2} + sC_1 + sC_2 \right)$$
$$= \frac{v_i}{R_1} + \frac{v_o}{R_2} + \frac{v_o}{A_0} s C_2 \qquad (5\text{-}78)$$

式（5-78）より，伝達関数 $G(s)$ を表す式（5-79）を得ます．

式（5-79）において，式（5-81）が

$$G(s) = \frac{v_o}{v_i} = \frac{1}{\dfrac{1}{A_0}\left(\dfrac{1}{sR_3C_2}+1\right)\left(1+\dfrac{R_1}{R_2}+sR_1C_1+sR_1C_2\right)-\dfrac{sR_1C_2}{A_0}-\dfrac{R_1}{R_2}}$$

$$= \frac{A_0 s \dfrac{1}{R_1C_1}}{s^2 + s\left(\dfrac{1}{R_3C_2}+\dfrac{1}{R_3C_1}+\dfrac{1}{R_2C_1}+\dfrac{1}{R_1C_1}-\dfrac{A_0}{R_2C_1}\right)+\dfrac{1}{R_3C_1C_2}\left(\dfrac{1}{R_1}+\dfrac{1}{R_2}\right)} \qquad (5\text{-}79)$$

5-4 バンドパスフィルタ回路

成立すると考えると，式（5-81）のようになります．

$$R = R_1 = R_2 = R_3 \atop C = C_1 = C_2 \Biggr\} \quad (5\text{-}80)$$

$$G(s) = \frac{A_0 s \dfrac{1}{RC}}{s^2 + \dfrac{s(4-A_0)}{RC} + 2\left(\dfrac{1}{RC}\right)^2} \quad (5\text{-}81)$$

式（5-81）は，二次のバンドパスフィルタ回路の伝達関数 $G(s)$ を表す式（5-69）において，式（5-82）のように置き換えた場合に相当します．

$$\left. \begin{array}{l} K\left(\dfrac{\omega_0}{Q}\right) = \dfrac{A_0}{RC} \\[6pt] \dfrac{\omega_0}{Q} = \dfrac{4-A_0}{RC} \\[6pt] \omega_0^2 = 2\left(\dfrac{1}{RC}\right)^2 \end{array} \right\} \quad (5\text{-}82)$$

式（5-82）を変形すると，式（5-83）から式（5-85）のようになります．

$$K = \frac{A_0}{4 - A_0} \quad (5\text{-}83)$$

$$\omega_0 = \frac{\sqrt{2}}{RC} \quad (5\text{-}84)$$

$$Q = \frac{\sqrt{2}}{4 - A_0} \quad (5\text{-}85)$$

さらに，式（5-84）を変形すると，バンドパスフィルタ回路の中心周波数 f_0 を示す式（5-86）が得られます．

$$f_0 = \frac{\sqrt{2}}{2\pi RC} \quad (5\text{-}86)$$

図 5-38 (a)に，二次のバンドパスフィルタ回路の周波数に対する利得特性を示します．式（5-86）で表される周波数 f_0 を中心として，そこから利得で 3 dB ダウンした周波数 f_{cH} と f_{cL} が遮断周波数になります．これらの遮断周波数間の幅 BW（f_{cL}-f_{cH}）は，式（5-87）で表すことができます．

$$\mathrm{BW} = \frac{f_0}{Q} \quad (5\text{-}87)$$

回路の Q の値が大きくなると，通過帯域幅 BW は狭くなります．つまりバンドパスフィルタ回路としての選択度は向上します．

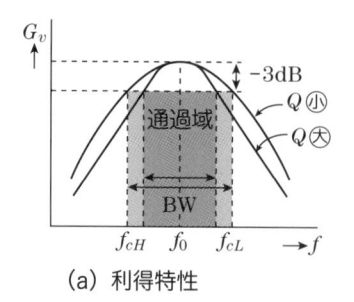

(a) 利得特性

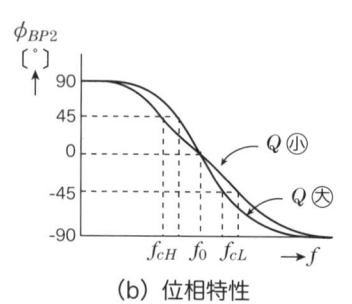

(b) 位相特性

図 5-38 二次のバンドパスフィルタ回路の周波数特性

また，図5-38(b)に，位相特性を示します．中心周波数f_0より低い周波数域では進み位相，高い周波数域では遅れ位相になります．

図5-39に非反転増幅型バンドパスフィルタ回路の実例，図5-40にその周波数特性を示します．

実際のフィルタ回路設計では，設計用の数値表を参照しながら，回路定数を決めていきます．また，コンピュータシミュレーションを行いながら設計を行い，性能を評価することも一般的です．

図5-41は，反転増幅型のバンド

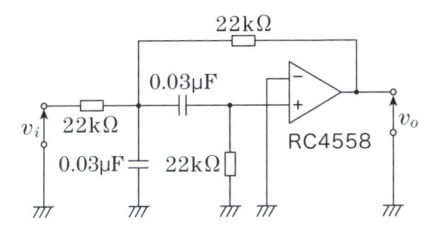

図5-39　非反転増幅型
　　　　バンドパスフィルタ回路の実例

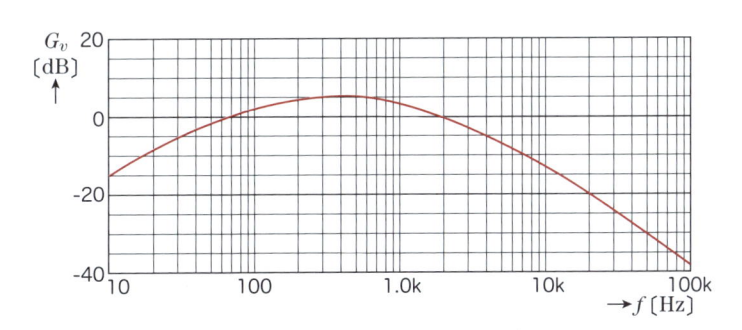

図5-40　非反転増幅型バンドパスフィルタ回路の周波数特性

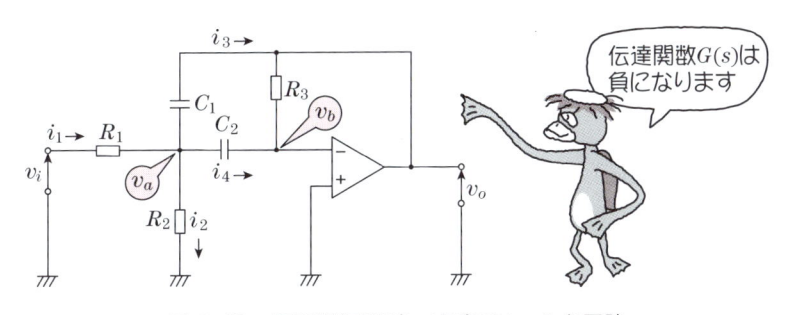

図5-41　反転増幅型バンドパスフィルタ回路

5-4　バンドパスフィルタ回路

パスフィルタ回路の例です．この回路の伝達関数 $G(s)$ を導出してみましょう．図5-41において，回路を流れる電流には，式(5-88)が成立します．

$$i_1 = i_2 + i_3 + i_4 \quad (5\text{-}88)$$

したがって，式(5-89)を式(5-88)に代入すると，式(5-90)のようになります．

$$\left.\begin{aligned} i_1 &= \frac{v_i - v_a}{R_1} \\ i_2 &= \frac{v_a}{R_2} \\ i_3 &= (v_a - v_o)sC_1 \\ i_4 &= v_a sC_2 \end{aligned}\right\} \quad (5\text{-}89)$$

$$\frac{v_i - v_a}{R_1} = \frac{v_a}{R_2} + (v_a - v_o)sC_1 + v_a sC_2 \quad (5\text{-}90)$$

式(5-90)を変形して，式(5-91)とします．

$$v_a \left(\frac{1}{R_1} + \frac{1}{R_2} + sC_1 + sC_2\right) = \frac{v_i}{R_1} + v_o sC_1 \quad (5\text{-}91)$$

オペアンプの入力インピーダンスは非常に大きいので，コンデンサ C_2 を流れる電流 i_4 は，すべて抵抗 R_3 に流れるとして式(5-92)を得ます．

$$v_a sC_2 = -\frac{v_o}{R_3} \quad (5\text{-}92)$$

式(5-92)を変形して，式(5-93)とします．

$$v_a = -\frac{v_o}{sR_3 C_2} \quad (5\text{-}93)$$

式(5-91)に，式(5-93)を代入すると，式(5-94)になります．

$$-\frac{v_o}{sR_3 C_2}\left(\frac{1}{R_1} + \frac{1}{R_2} + sC_1 + sC_2\right)$$
$$= \frac{v_i}{R_1} + v_o sC_1 \quad (5\text{-}94)$$

式(5-94)より，伝達関数 $G(s)$ を表す式(5-95)を得ます．

式(5-95)は，二次のバンドパスフィルタ回路の伝達関数 $G(s)$ を表す式(5-69)において，式(5-96)から式(5-98)のように置き換えた場合に相当します．

$$K\left(\frac{\omega_0}{Q}\right) = \frac{1}{C_1 R_1} \quad (5\text{-}96)$$

$$\frac{\omega_0}{Q} = \frac{1}{R_3 C_1} + \frac{1}{R_3 C_2} \quad (5\text{-}97)$$

$$\omega_0^2 = \frac{1}{R_3 C_1 C_2}\left(\frac{1}{R_1} + \frac{1}{R_2}\right) \quad (5\text{-}98)$$

式(5-98)から式(5-99)，式(5-97)から式(5-100)，式(5-96)から式(5-101)が得られます．

$$\omega_0 = \sqrt{\frac{1}{R_1 R_3 C_1 C_2}\left(1 + \frac{R_1}{R_2}\right)} \quad (5\text{-}99)$$

$$G(s) = \frac{v_o}{v_i} = -\frac{\dfrac{s}{C_1 R_1}}{s^2 + s\left(\dfrac{1}{R_3 C_1} + \dfrac{1}{R_3 C_2}\right) + \dfrac{1}{R_3 C_1 C_2}\left(\dfrac{1}{R_1} + \dfrac{1}{R_2}\right)} \quad (5\text{-}95)$$

$$Q = \frac{\sqrt{\frac{1}{R_1 R_3 C_1 C_2}\left(1+\frac{R_1}{R_2}\right)}}{\frac{1}{R_3 C_1}+\frac{1}{R_3 C_2}}$$

$$= \frac{\sqrt{1+\frac{1}{R_2}}}{\sqrt{\frac{R_1 C_2}{R_3 C_1}}+\sqrt{\frac{R_1 C_1}{R_3 C_2}}} \quad (5\text{-}100)$$

$$K = \frac{\frac{1}{R_1 C_1}}{\frac{1}{R_3}\left(\frac{1}{C_1}+\frac{1}{C_2}\right)}$$

$$= \frac{\frac{R_3}{R_1}}{1+\frac{C_1}{C_2}} \quad (5\text{-}101)$$

さらに，式 (5-99) を変形すると，バンドパスフィルタ回路の中心周波数 f_0 を示す式 (5-102) が得られます．

$$f_0 = \frac{1}{2\pi}\sqrt{\frac{1}{R_1 R_3 C_1 C_2}\left(1+\frac{R_1}{R_2}\right)} \quad (5\text{-}102)$$

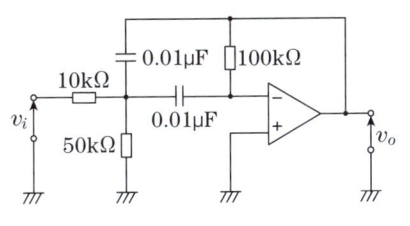

図 5-42 反転増幅型バンドパスフィルタ回路の実例

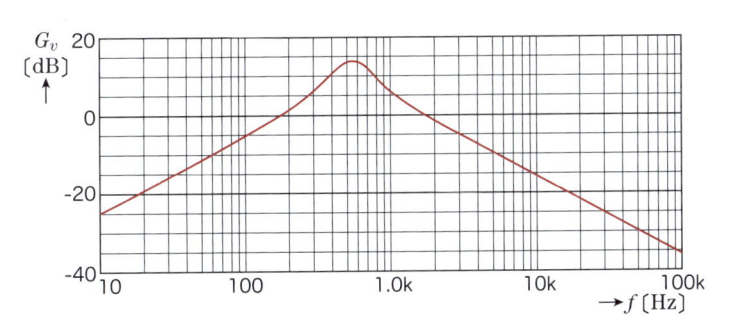

図 **5-42** に反転増幅型バンドパスフィルタ回路の実例，図 **5-43** にその周波数特性を示します．この反転増幅型バンドパスフィルタ回路の中心周波数 f_0 を計算してみましょう．式 (5-102) に，数値を代入して計算すると式 (5-103) のようになります．

この f_0 は，図 5-43 に示した周波数特性における，最大値利得時の周波数とほぼ合致します．

$$f_0 = \frac{1}{2\pi}\sqrt{\frac{1}{10\times 10^3 \times 100\times 10^3 \times (0.01\times 10^{-6})^2}\left(1+\frac{10}{50}\right)} \fallingdotseq 551.6\,[\text{Hz}] \quad (5\text{-}103)$$

図 5-43 反転増幅型バンドパスフィルタ回路の周波数特性

5-4 バンドパスフィルタ回路

5-5 バンドエリミネートフィルタ回路

(1) バンドエリミネートフィルタ回路の伝達関数

バンドエリミネートフィルタ回路は，ある周波数域の信号のみを除去する回路です．前に説明したバンドパスフィルタ回路とは逆の働きをします．バンドエリミネートフィルタ回路を用いれば，特定の領域に発生する雑音を除去することなどが可能になります．バンドエリミネートフィルタ回路の伝達関数の最低次数は，二次になります．このことは，バンドパスフィルタ回路と同じです．二次のバンドエリミネートフィルタ回路の伝達関数 $G(s)$ は，式（5-104）のようになります．

$$G(s) = \frac{K(s^2 + \omega_0^2)}{s^2 + \left(\dfrac{\omega_0}{Q}\right)s + \omega_0^2} \quad (5\text{-}104)$$

式（5-69）に示した二次のバンドパスフィルタ回路の伝達関数を新たに $G'(s)$ とすれば，式（5-105）の関係が成立します．

$$G(s) = 1 - G'(s) \quad (5\text{-}105)$$

(2) ツインT型バンドエリミネートフィルタ回路

図5-44 に，ツインT型と呼ばれるバンドエリミネートフィルタ回路の例を示します．この回路は，R_1，R_2，C_3 から成るローパスフィルタ回路部と C_1，C_2，R_3 から成るハイパスフィルタ回路部の組み合わせで構成されています．この回路では，式（5-106）の条件を満たした場合に遮断周波数 f_0 が式（5-107）のように計算できます．

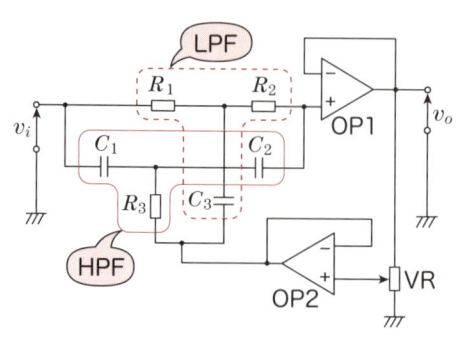

図5-44　ツインT型バンドエリミネートフィルタ回路

$$\left.\begin{array}{l}R = R_1 = R_2 \\ R_3 = \dfrac{R}{2} \\ C = C_1 = C_2 \\ C_3 = 2C\end{array}\right\} \quad (5\text{-}106)$$

$$f_0 = \frac{1}{2\pi RC} \quad (5\text{-}107)$$

このときの伝達関数 $G(s)$ と回路のクオリティファクタ Q は，それぞれ式（5-108），式（1-109）のようになります．

$$G(s) = \frac{s^2 + \omega_0^2}{s^2 + 4s\omega_0(1-K) + \omega_0^2} \quad (5\text{-}108)$$

$$Q = \frac{1}{4(1-K)} \quad (5\text{-}109)$$

図 5-44 の回路では，可変抵抗器 VR によって，Q の大きさを変化することができます．

図 5-45 に，二次のバンドエリミネートフィルタ回路の周波数特性を示します．また，**図 5-46** にバンドエリミネート回路の実例，**図 5-47** にその回路の周波数特性を示します．周波数特性を見ると，鋭い V 字特性になっていますので，ノッチフィルタ回路と呼んでもよいでしょう（138 ページ参照）．式(5-107)を用いて遮断周波数 f_0 を計算すると，式(5-110)のようになります．

$$\begin{aligned} f_0 &= \frac{1}{2\pi RC} \\ &= \frac{1}{2 \times 3.14 \times 3 \times 10^3 \times 0.02 \times 10^{-6}} \\ &\fallingdotseq 2654\,[\text{Hz}] \quad (5\text{-}110) \end{aligned}$$

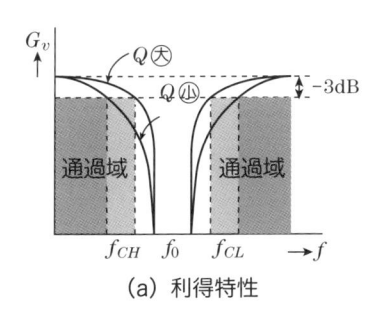

(a) 利得特性

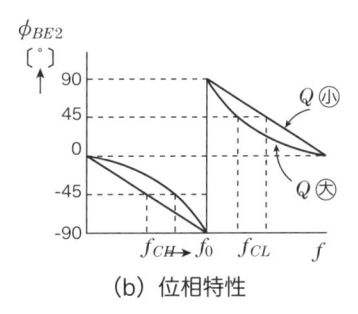

(b) 位相特性

図 5-45　二次のバンドエリミネートフィルタ回路の周波数特性

■ 5-5　バンドエリミネートフィルタ回路 ■

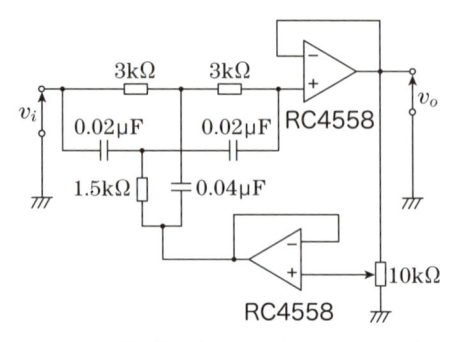

図 5-46　ツイン T 型バンドエリミネートフィルタ回路の実例

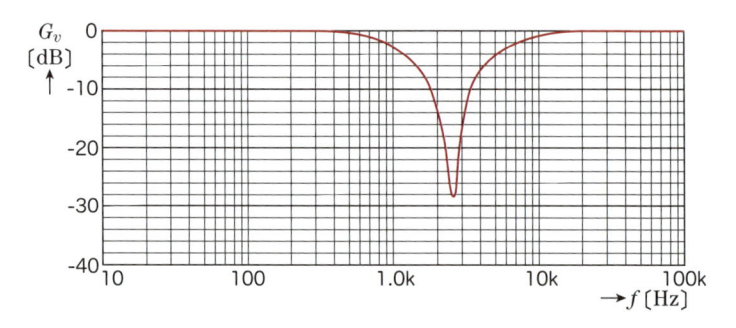

図 5-47　ツイン T 型バンドエリミネートフィルタ回路の周波数特性

　計算した f_0 は，図 5-47 に示した周波数特性における最小利得時の周波数とほぼ合致します．

　この他，フィルタ回路には，オールパスフィルタ（APF：all pass filter）と呼ばれる回路があります．この回路は，すべての周波数の信号を通過させ，位相のみを変化させます．

Q が大きい程，周波数の谷幅は狭くなる！

5-6 実験しよう

(1) 一次のローパスフィルタ回路の周波数特性

ここでは，オペアンプを用いた一次のローパスフィルタ回路を製作して周波数特性を測定します．**図 5-48** に回路図，**図 5-49** に実験回路の製作例を示します．この回路では，精度の良い 16 kΩ（±1%）の金属皮膜抵抗と高周波特性の良いメタライズドポリプロピレンフィルムコンデンサ（0.01 μF）を使用しました（193 ページ図 6-28(a)参照）．電源回路のパスコン(0.1 μF) は積層セラミックコンデンサです．入力 v_i としては，発振器（ファ

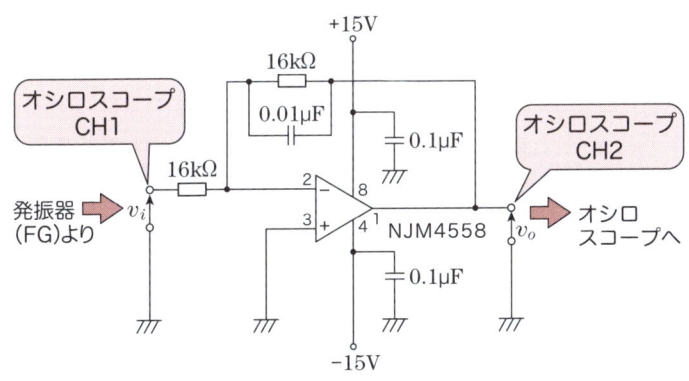

図 5-48 一次のローパスフィルタ実験回路

図 5-49 実験回路の製作例

ンクションジェネレータ）から±1 V の正弦波交流を入力します．v_i の周波数を 100 Hz 付近から始めて，徐々に高くしていきます．そして，出力電圧 v_o を測定して**表 5-1** を作成しましょう．v_o は最大値を測定し，利得 G_v は式（5-111）で計算します．筆者の使用したディジタルオシロスコープには，測定値を数値で表示する機能がありました．このため，v_o の値を直読することができました．

$$G_v = 20 \log \left| \frac{v_o}{v_i} \right| \quad (5\text{-}111)$$

表 5-1 では省略していますが，周波数 f が 1 kHz の付近では少し細かい範囲で v_0 を測定するとよいでしょう．また，片対数グラフに周波数特性を書

表 5-1 周波数-出力電圧（v_i =±1（V）一定）

周波数 f〔Hz〕	出力電圧 v_o〔V〕	G_v〔dB〕= 20 log $\left\|\frac{v_o}{v_i}\right\|$
100	1	0
200	1	0
〜	〜	〜
900	760 m	−2.4
1 k	720 m	−2.9
2 k	440 m	−7.1
〜	〜	〜
5 k	190 m	−14.4
〜	〜	〜
10 k	80 m	−27.9
〜	〜	〜
50 k	16 m	−35.9
〜	〜	〜
100 k	12 m	−38.4

き込みながら測定を行うと，測定ミスなどを減らすことができます．測定結果から描いた周波数特性のグラフを**図 5-50** に示します．

式（5-13）を用いて遮断周波数 f_c を計算すると，式（5-112）のように約 1 kHz となります．

$$\begin{aligned} f_c &= \frac{1}{2\pi C R_2} \\ &= \frac{1}{2 \times 3.14 \times 0.01 \times 10^{-6} \times 16 \times 10^3} \\ &\fallingdotseq 995 \text{〔Hz〕} \quad (5\text{-}112) \end{aligned}$$

この f_c は，図 5-50 から読み取れる 3 dB ダウンの周波数と一致します．また，増幅度の大きさが 1（利得は 0 dB）となるゼロクロス周波数 f_e は，式（5-16）で計算できることは既に説明しました（143 ページ参照）．しかし，これはゼロクロス周波数 f_e が遮断周波数 f_c を大きく超える周波数域において，図 5-48 の帰還回路としてコンデンサ C のみの影響を考えた場合です．図 5-48 の回路では，抵抗 $R_1 = R_2 = 16$〔kΩ〕，つまり利得は 0 dB ですから，$f_e \fallingdotseq f_c$ となり式（5-16）は使用できませんので注意してくださ

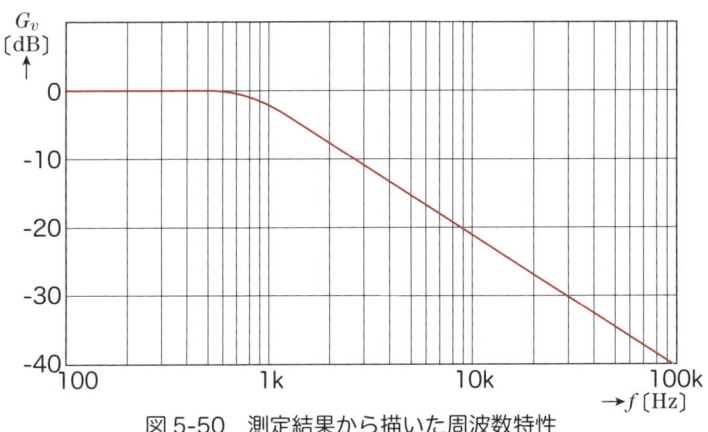

図 5-50 測定結果から描いた周波数特性

い．

遮断周波数 f_c は，増幅度が $\frac{1}{\sqrt{2}}$ になる周波数でした．図 5-48 の回路では，最大増幅度は 1 ですから，f_c における理論的な増幅度 A_v は式（5-113）のように計算できます．

$$A_v = \frac{1}{\sqrt{2}} \fallingdotseq 0.71 \quad (5\text{-}113)$$

一方，表 5-1 から f_c（1 kHz）における出力電圧 v_0 は 720 mV であることがわかります．つまり，測定から計算した f_c における増幅度 $A_v{}'$ は式（5-114）のように計算できます．

$$A_v{}' = \frac{v_o}{v_i} = \frac{0.72}{1} = 0.72 \quad (5\text{-}114)$$

これらの値は概ね一致していることが確認できました．

(2) **周波数による信号の通過特性**

次に，図 5-48 のローパスフィルタ回路にいくつかの異なる周波数の電圧 v_i を入力した場合の入出力波形をオシロスコープで観測します．この回路の遮断周波数 f_c は，約 1 kHz であることを考えながら波形の変化を調べましょう．**図 5-51 から図 5-55** に入力電圧 v_i の周波数を 100 Hz から 100 kHz まで変化させた場合の入力波形（画面上部）と出力波形（画面下部）を示します．

遮断周波数 f_c までは，あまり減衰することなくローパスフィルタ回路を通過しています（図 5-51，図 5-52）．しかし，5 kHz（図 5-53）では大きく減衰し 50 kHz 以上（図 5-54，図 5-55）では，出力電圧 v_o の振幅はほとんど確認できない大きさになっています．

余力のある人は，二次のローパスフィルタ回路や，その他の種類のフィルタ回路についての実験を行って理解を深めてください．

5-6 実験しよう

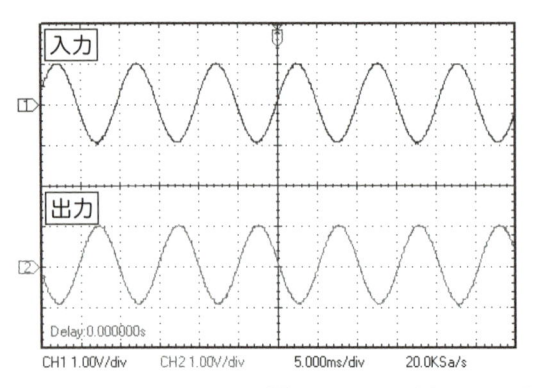

図 5-51　$f=100$〔Hz〕の入出力波形

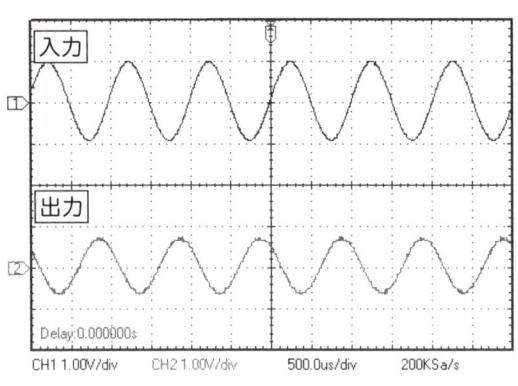

図 5-52　$f=1$〔kHz〕の入出力波形

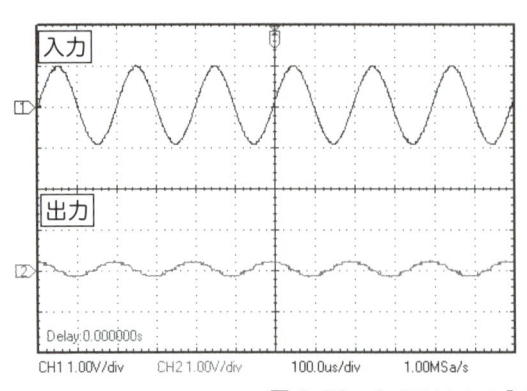

図 5-53　$f=5$〔kHz〕の入出力波形

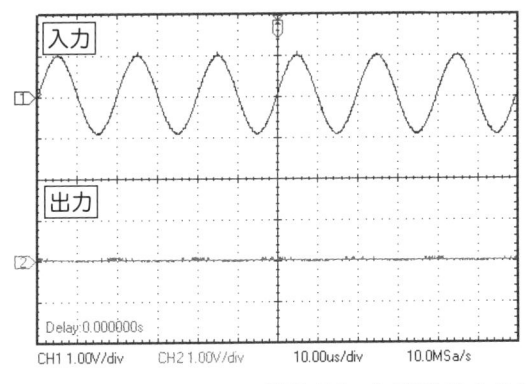

図 5-54　$f=50$〔kHz〕の入出力波形

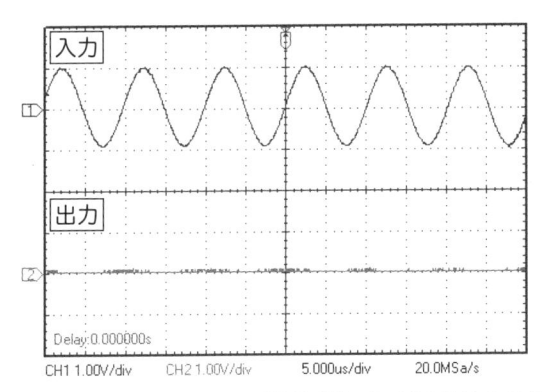

図 5-55　$f=100$〔kHz〕の入出力波形

5-6　実験しよう

章末問題

1 パッシブフィルタ回路，アクティブフィルタ回路のそれぞれの利点を説明しなさい．

2 次の回路をフィルタ回路として使用する場合に対応するフィルタ回路名をあげなさい．
① RC 微分回路
② RC 積分回路

3 フィルタ回路のクオリティファクタ Q と遮断特性はどのような関係にあるのか説明しなさい．

4 図 5-56 に示すフィルタ回路 A について，次の①から④に答えなさい．

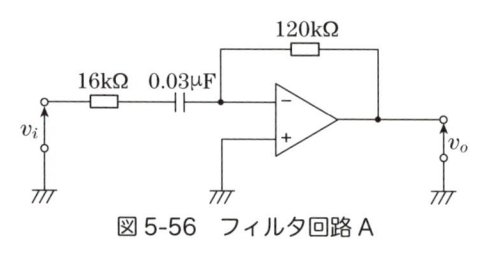

図 5-56　フィルタ回路 A

① フィルタ回路の名称
② 遮断周波数 f_c
③ ゼロクロス周波数 f_s
④ 入力信号の周波数を高周波まで高くするとどのようになるか

5 図 5-57 に示すフィルタ回路 B について，次の①から③に答えなさい．

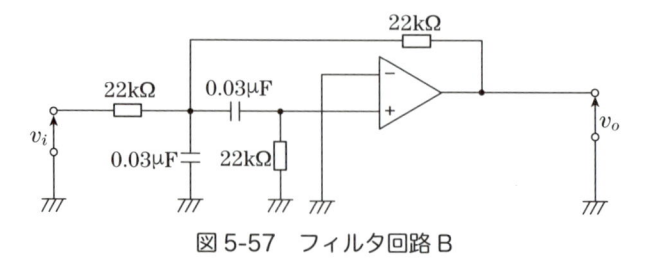

図 5-57　フィルタ回路 B

① フィルタ回路の名称
② フィルタ回路の中心周波数 f_0
③ $Q=2$ としたときの通過周波数幅 BW

第6章 オペアンプの応用

　これまでに，オペアンプを用いた演算回路，発振回路，フィルタ回路などについて説明しました．オペアンプは，これらの他にも多くの回路に応用されています．この章では，オペアンプを用いて理想的なダイオードに近い特性を実現するダイオード回路，信号の比較を行うコンパレータ回路，ヒステリシス特性を実現する回路について説明します．また，オペアンプを用いた2つのホールド回路などについても説明します．

6-1 ダイオード回路

(1) ダイオードの性質

ダイオードは，順方向に電圧を加えたときに電流を流しますが，逆方向に電圧を加えたときには電流を流さない半導体素子です．この性質は，整流回路や検波回路，波形整形回路などに応用されています．

図 6-1 (a)に，ダイオードの直流特性測定回路を示します．この回路を用いて，直流入力電圧 V_1 を -2 V から $+5$ V まで変化させた場合に流れる電流 I を測定します．図 6-1 (b)は，電圧-電流特性を表したグラフです．このグラフから，次の事項が確認できます．

① 逆方向に電圧を加えた場合には，電流が流れない．

ただし，グラフからは観測できませんが，実際には μA オーダの微小な逆方向電流が流れます．

② 順方向に電圧を加えた場合でも，その電圧が，+0.5 V 付近になるまでは，順方向電流は流れな

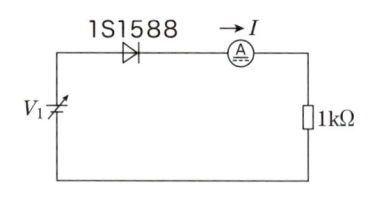

(a) 測定回路

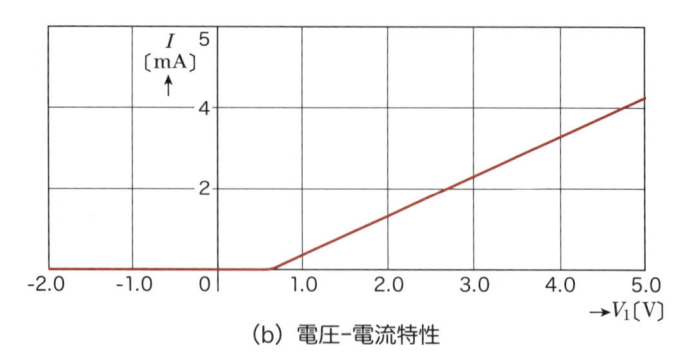

(b) 電圧-電流特性

図 6-1　ダイオードの直流特性

い．

②の性質をより詳細に観測するため，入力電圧 V_1 の範囲を 300〜500 mV について表したグラフを**図 6-2** に示します．図 6-2 を見ると，順方向の電圧が，およそ 360 mV を超えるまでは順方向電流が流れておらず，その後徐々に流れる電流が大きくなっていることが確認できます．ダイオードが順方向電流を流さない領域を不感領域といいます．さらに，流れ始める電流の増え方は直線的ではなく非線形（曲線的）になっています．このことを，③の事項として追加します．

③ 順方向電流の立上りは直線的ではない．

例えば，ダイオードを整流回路に使用する場合を考えましょう．上記②にあげた性質から，不感領域（およそ 360 mV 以下）の電圧は整流できないことになります．また，不感領域を抜けた動作領域においても，およそ 360 mV の電圧降下を生じます．このことは，図 6-1 において，$V_1=4$〔V〕のときに $I=4$〔mA〕となっていないことからも確認できます（式（6-1）が成立していません）．

$$I = \frac{V_1}{R} = \frac{4}{1\times 10^3} = 4〔\mathrm{mA}〕 \quad (6\text{-}1)$$

不感領域を抜ける入力電圧の大きさ（順方向電圧と呼びます）は，ダイオードによって異なりますが，0.1 V から 0.7 V 程度の大きさになります．さらに，上記③にあげた性質から，順方向電流の立上り付近では，入力電圧と出力電流の関係が非線形になってしまいます．

整流回路に使用する理想的なダイオードには，次の性質が望まれます．

① 不感領域がないこと．
② 順方向電流の立上りは直線的であること．

(2) オペアンプを用いたダイオード回路

実際のダイオードは，前にあげた理想的な性質を持っていません．ここで

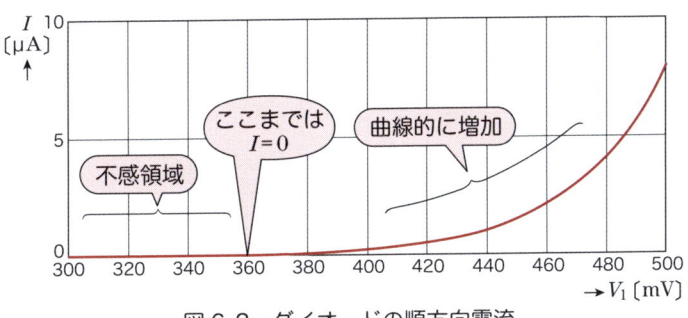

図 6-2 ダイオードの順方向電流

は，オペアンプを使用して理想的なダイオードに近い性質を実現する回路について説明します．

図 6-3 に，オペアンプを用いたダイオード回路を示します．この回路に正弦波の入力電圧 v_i を加えた場合を考えます．ただし，ダイオード D の順方向電圧（不感領域を抜ける電圧）を V_f とします．

① $v_i \geqq V_f$ のとき

ダイオード D に順方向電流が流れるため D が導通状態となり，オペアンプは電圧フォロア回路として動作します．

② $0 \leqq v_i < V_f$ のとき

ダイオード D が非導通となり帰還回路がなくなります．このため，オペアンプはオープンループの増幅回路として動作します．このときには，式 (6-2) と式 (6-3) が成立します．

$$v_1 A_v = V_f \qquad (6\text{-}2)$$
$$v_o = v_i - v_1 \qquad (6\text{-}3)$$

式 (6-2) を v_1 の式に変形して，式 (6-3) に代入すると，式 (6-4) が得られます．

$$v_o = v_i - \frac{V_f}{A_v} \qquad (6\text{-}4)$$

つまり，オペアンプのオープンループの増幅度 A_v は，非常に大きいため，ダイオード D の順方向電圧 V_f は無視できるようになります．

③ $v_i < 0$ のとき

入力電圧 v_i が負の場合には，ダイオード D が非導通となり帰還回路がなくなります．これにより，オペアンプはオープンループの増幅回路として動作します．出力（点 A）は，オペアンプが飽和した負の出力電圧と等しくなります．したがって，ダイオード D は非導通のままであり，電圧 v_o はほぼ 0 V となります．ここで，"ほぼ" を付けた理由は，D にわずかな逆方向電流が流れるために，完全に 0 V とはならないからです．

図 6-4 (a) にオペアンプを用いたダイオード回路の直流特性測定回路，図 (b) にその電圧-電流特性を表したグラフを示します．ダイオードを単独で

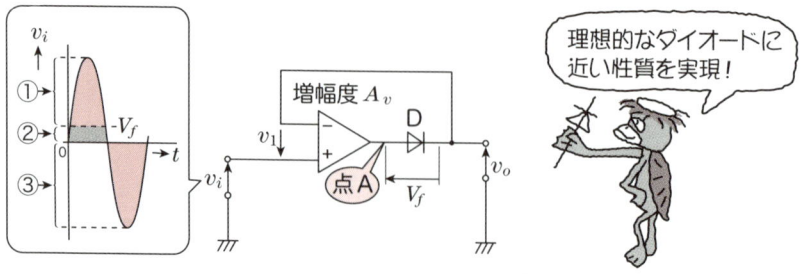

図 6-3 オペアンプを用いたダイオード回路

用いた回路の特性である図6-1(b)と比較してください．図6-4(a)では，入力電圧V_1が0を超えると，直ちに電流Iが流れていることが観測できます．つまり，不感領域が存在しないため，360 mVの電圧に対しても順方向の電流を流すことができます．また，ダイオードによる電圧降下を生じないため，$V_1=4$〔V〕のときに$I=4$〔mA〕となっていることが確認できます．つまり，式(6-1)が成立しています．

図6-4(b)の直流特性をより詳細に観測するため，入力電圧V_1の範囲を-200～500 mVについて表したグラフを**図6-5**に示します．図6-2のダイオードを単独で用いた回路の特性と比較してください．図6-5を見ると，順方向の電圧が0 Vを超えるとすぐに順方向電流が流れ始め，その後は直線的に電流が増加していることが確認できます．つまり，理想的なダイオードの性質が実現できています．

ただし，176ページで説明したように，図6-3のダイオード回路では，入力電圧v_iが負のときに出力(点A)は，オペアンプが飽和した負の出力電圧と等しくなります．このため，入力電圧v_iが正になった際にオペアンプが飽和状態から抜けるのに時間を要します．つまり，高周波用途には適しません．

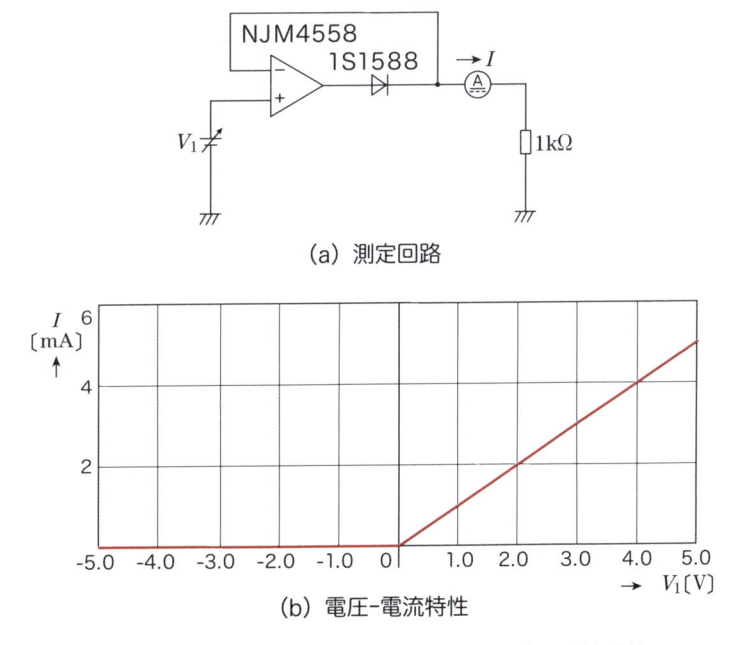

(a) 測定回路

(b) 電圧-電流特性

図6-4　オペアンプを用いたダイオード回路の直流特性

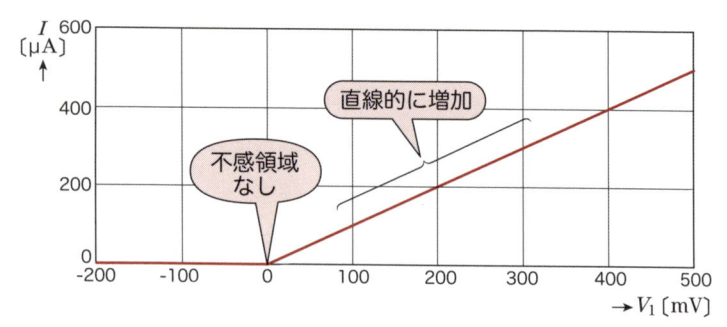

図6-5 オペアンプを用いたダイオード回路の順方向電流

入力電圧 v_i が負のときにオペアンプの飽和を防ぐには，図6-6 に示すようにダイオード D_2 を接続します．これにより，ダイオード D_1 に逆電圧が加わっている際に D_2 を導通させ，点Aの電位を0にします．

図6-7 は，2個のダイオードを図6-6 とは逆向きに接続した回路です．

このように回路を構成すると，出力電圧には負の半周期が現れます．

(3) ダイオード回路による整流

オペアンプを用いたダイオード回路を使用して整流動作を確認します．図6-8(a)に示すダイオードを単独で用いた回路に，周波数 50 Hz，振幅±300 mV の正弦波交流 v_i を入力したときの

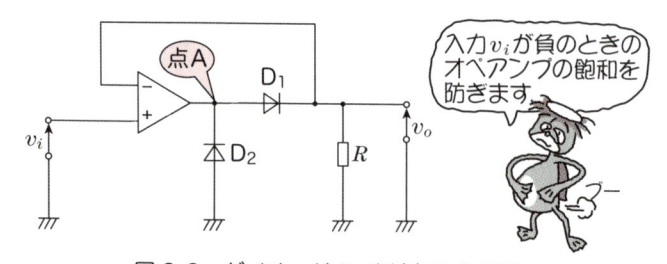

図6-6 ダイオード D_2 を追加した回路

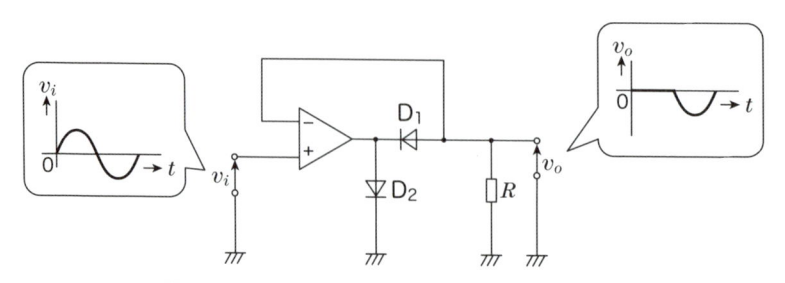

図6-7 負の半周期を出力するダイオード回路

第6章 オペアンプの応用

入出力波形を図6-8(b)に示します．入力電圧は，ダイオードの不感領域内の大きさであるために，出力波形の振幅は0Vになっています．

一方，図6-9(a)に示すオペアンプを用いたダイオード回路の入出力波形を図6-9(b)に示します．オペアンプを用いたダイオード回路では，振幅±300 mVの低電圧であっても整流した出力が得られていることが観測できます．また，正の領域では，出力波形は入力波形と同じ大きさの振幅電圧が現れています．つまり，電圧降下はありません．負の領域にも出力電圧v_oが現れているのは，ダイオードDに逆方向電流が流れているからです．176ページで説明したように，$v_i<0$のときは，オペアンプがオープンループの増幅回路として動作します．このため，ダイオードにはオペアンプが飽和した負の出力電圧が加わります．一方，図6-8(b)のダイオードを単独で使用した場合の出力波形に負の領域が現れていないのは，入力電圧が低いからです．入力電圧を高くすると，図6-9(b)と同様に負の出力電圧が現れ

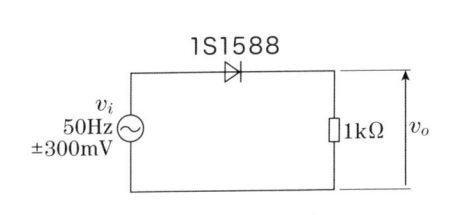

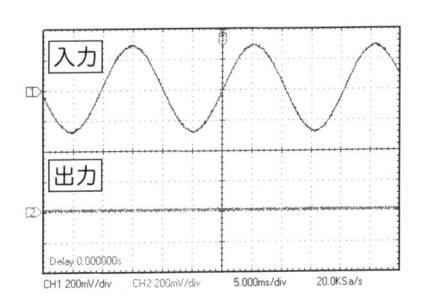

(a) 整流回路　　　　　　　(b) 入出力波形

図6-8　ダイオードによる低電圧の整流

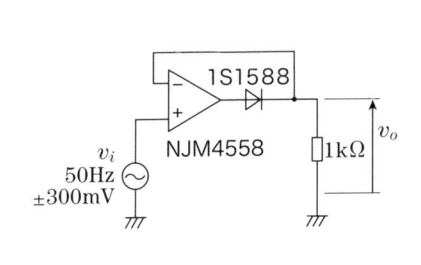

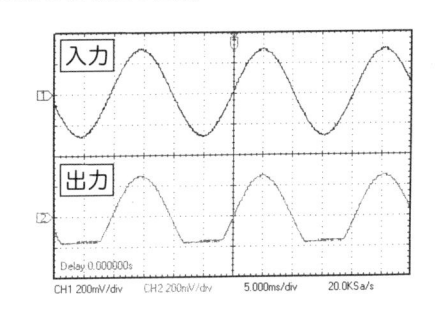

(a) 整流回路　　　　　　　(b) 入出力波形

図6-9　オペアンプを用いたダイオード回路による低電圧の整流

ます．**図6-10**に，図6-8(a)に示したダイオードを単独で用いた回路に周波数 50 Hz，振幅±1.5 V の正弦波交流 v_i を入力したときの入出力波形を示します．この場合には，入力電圧の最大値が，ダイオードの順方向電圧（不感領域を抜ける電圧）よりも大きいために，出力電圧の振幅を確認することができます．図 6-10 において，負の出力電圧とともに，正の出力電圧における電圧降下も確認してください．

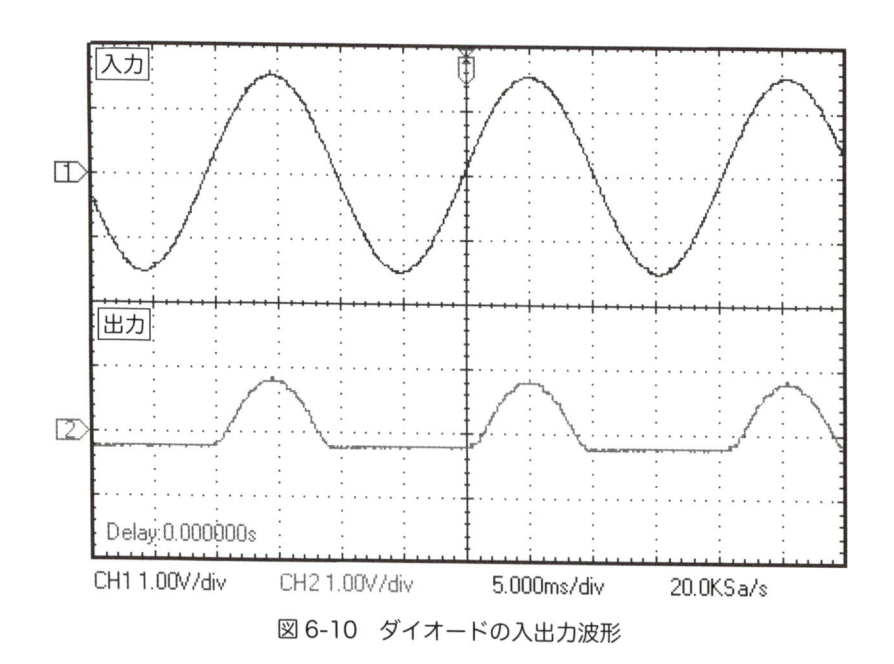

図 6-10 ダイオードの入出力波形

6-2 コンパレータ

(1) コンパレータとは

コンパレータは，入力電圧をある基準電圧と大小比較して，出力を決める働きをします．オペアンプは，コンパレータとして動作させることが可能です．**図 6-11**(a)にオペアンプをコンパレータとして動作させる測定回路，(b)にその入出力特性を示します．基準電圧を 5 V 一定とし，入力電圧 V_1 を -10 V から $+10$ V まで変化させたときの出力電圧 V_2 を測定しています．入力電圧 V_1 が基準電圧以下のときには出力電圧 V_2 は正の飽和電圧（約 $+13$ V），V_1 が基準電圧以上のときには V_2 は負の飽和電圧（約 -13 V）になっています．オペアンプをコンパレータとして動作させる場合には，図 6-11(a)に示したように，負帰還をかけずにオープンループで使用します．つまり，増幅度が非常に大きい状態で使用しますので，オペアンプの出力電圧は正か負に飽和した値となります．

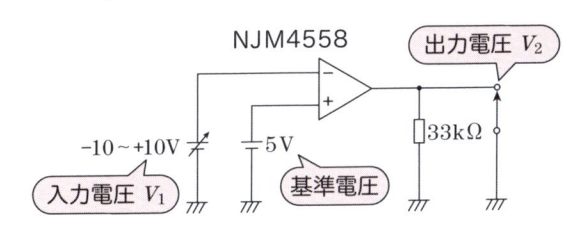

(a) 測定回路

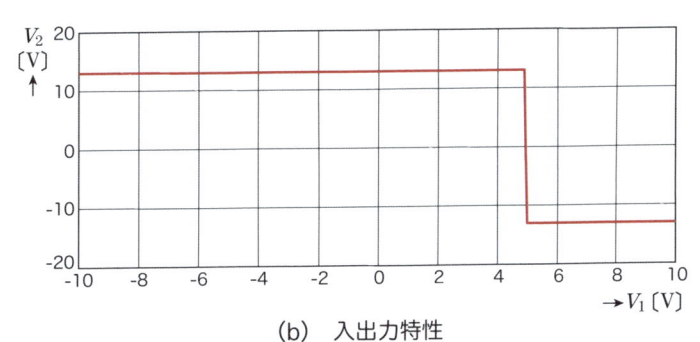

(b) 入出力特性

図 6-11 コンパレータの動作

図6-11(a)は，反転増幅型のコンパレータですが，入力端子を逆に使用すれば非反転増幅型のコンパレータとして動作します．

(2) コンパレータICの例

前に説明したように，オペアンプICを用いると，コンパレータ機能を実現することができます．しかし，オペアンプICを用いたコンパレータは，次の欠点があります．

① 応答速度が遅い
② ディジタル回路に使用する場合においては，出力電圧のインタフェースを調整する必要がある

したがって，コンパレータ機能が必要な場合には，専用に開発されたコンパレータICを使用するのが一般的です．**図6-12**に，コンパレータICの図記号を示します．コンパレータの図記号は，オペアンプの図記号と同じです．具体的なコンパレータICの例として，NJM2903の仕様を見てみましょう．**図6-13**(a)にNJM2903の外観，(b)にピン配置，(c)に内部回路，**表6-1**に電気的特性を示します．NJM2903は，NJM4558と同じ外観をした2回路のコンパレータ機能を内蔵したICであり，次の特徴を持っています．

① 単一電源で動作する
② ディジタル回路とのインタフェースがとれる低電圧出力が可能である
③ 応答速度が速い
④ 出力がオープンコレクタ形式になっている（出力を取り出す場合には，外付けのプルアップ抵抗が必要）

図6-13(c)を汎用オペアンプNJM4558（17ページの**図1-19**参照）の内部回路と比較すると，NJM2903の増幅部には位相補償コンデンサがないことがわかります．オペアンプは，負帰還をかけて使用するのを前提に設計されていますので，高周波での発振を防ぐために位相補償コンデンサを内蔵しています（18ページ参照）．一方，コンパレータは，負帰還をかけませんので動作速度を優先して位相補償コンデンサを内蔵していません．言い換えると，コンパレータICを用いて負帰還

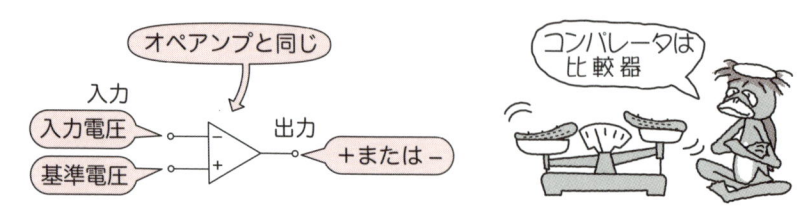

図6-12　コンパレータの図記号

(a) 外観（DIP 型）

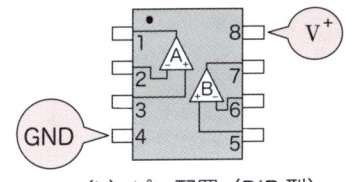

(b) ピン配置（DIP 型）

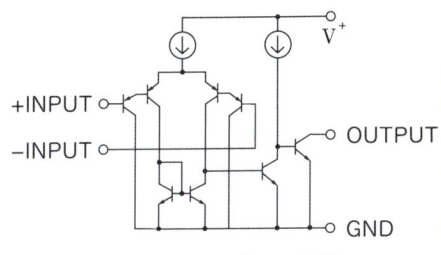

(c) 内部回路（1 回路分）

表 6-1　NJM2903 の電気的特性

項目	記号	値
電源電圧	V+	+2 ～ 36 V
入力バイアス電流	I_B	30 nA
電圧利得	G_v	106 dB
応答時間	t_R	1.5 μs
消費電流	I_{cc}	0.4 mA

（新日本無線データシートより）

図 6-13　NJM2903 の外観など
((b), (c)は，新日本無線データシートより)

をかけた回路を構成すると，そのままでは発振しやすいので，外付けの位相補償コンデンサが必要となります．

　これまで説明したことをまとめましょう．オペアンプ IC は，コンパレータとして使用できますが応答速度が遅くなります．コンパレータ IC は，オペアンプとして使用できますが，負帰還をかけるときには外部に μF オーダの位相補償コンデンサを付けなければなりません．このような理由から，目的に応じた専用 IC を使用することをお勧めします．

(3) 入力オーバドライブ

　コンパレータは，入力電圧が基準電圧を超えたときに出力電圧が変化します．その際に，入力電圧が基準電圧をどれだけ超えたかを表す値を入力オーバドライブといいます．**図 6-14** を用いて入力オーバドライブについて説明します．基準電圧が A と B である 2 つのコンパレータを考えます．図 6-14 の上図のように，時刻 t_1 以降では，基準電圧 A のコンパレータは V_A，基準電圧 B のコンパレータは V_B の電圧だけそれぞれの基準電圧を超えた値を入力したことになります．このときの，各コンパレータの出力の変化を図 6-14 の下図に示しています．入力電圧 V_1 を変化させた瞬間から，出力電圧 V_L が V_H に反転するしきい値電圧までの応答速度を比較します．すると，基準電圧に対して，より大きな入力電圧を加えた基準電圧 V_B のコンパレータ

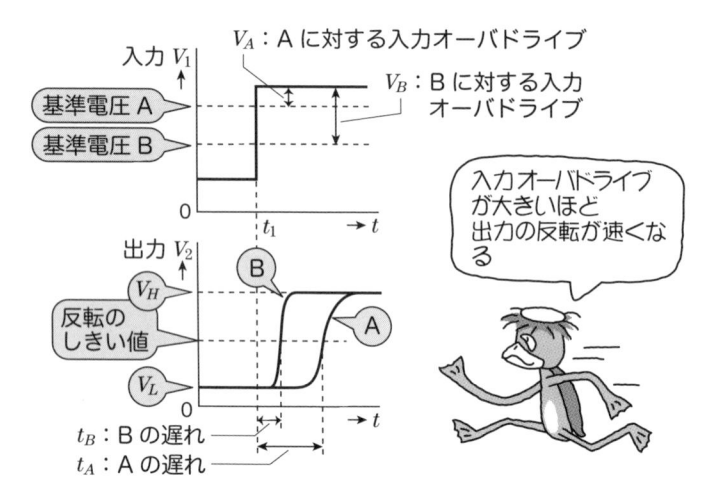

図6-14 入力オーバドライブ

の方が速い応答速度で出力が反転していることがわかります（$t_B < t_A$）．つまり，コンパレータをより高速に動作させるためには，基準電圧をより大きく超える電圧を入力することが有効なのです．このように，基準電圧を超える電圧分を入力オーバドライブと呼びます．ただし，入力電圧の最大値は，動作電源電圧の範囲内にしましょう．図6-14では，入力電圧の立上り時の入力オーバドライブを説明しましたが，立下り時であっても同様のことが成り立ちます．**図6-15**に，コンパレータNJM2903の入力オーバドライブ特性を示します．NJM2903はオープンコレクタ型の出力端子をしたコンパレー

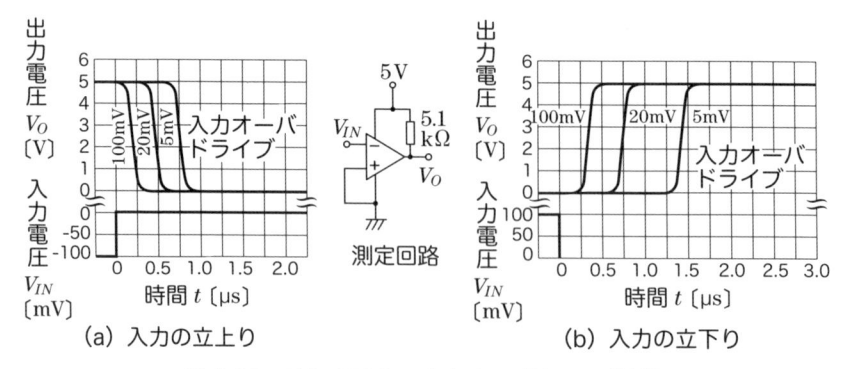

(a) 入力の立上り　　　(b) 入力の立下り

図6-15 NJM2903の入力オーバドライブ特性
　　　　($V^+=5$ [V], $R_L=5.1$ [kΩ], $T_a=25$ [℃])
　　　　(新日本無線データシートより)

第6章 オペアンプの応用

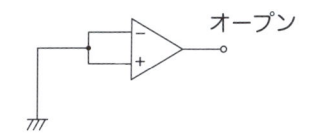

図6-16　未使用コンパレータの処理

タですから，測定回路では出力端子に5.1 kΩのプルアップ抵抗を接続してあります．

また，複数のコンパレータ回路を内蔵したICでは，未使用のコンパレータ回路を図6-16に示すように処理しておきましょう．また，オペアンプICと同様，電源ラインにはパスコンを挿入しておきましょう．

(4) ヒステリシスコンパレータ回路

図6-17の上図は，コンパレータの入力信号に雑音（ノイズ）が含まれている場合を表しています．雑音が含まれていなければ，信号は直線的に増加するために，基準電圧を1箇所のみ

で通過します．しかし，雑音が含まれる場合には，基準電圧を複数回通過してしまいます．この結果，出力波形は，図6-17の下図に示すように，2つの飽和電圧V_LとV_Hを複数回行き来します．このような現象をチャタリングといいます．チャタリングは，機械式のスイッチが動作する場合などにも発生する現象であり，出力端子に接続してある回路の誤動作を引き起こす原因となります．チャタリングの影響を除去するには，ヒステリシス特性を用いるのが有効です．図6-18に，ヒステリシス特性を持った非反転増幅型のヒステリシスコンパレータ回路を示します．この回路は次のように動作します．

① 正の電圧V_1が入力された場合には，点aの電位が反転入力端子（−）よりも高くなります．

② 出力電圧V_2が大きな正の値に

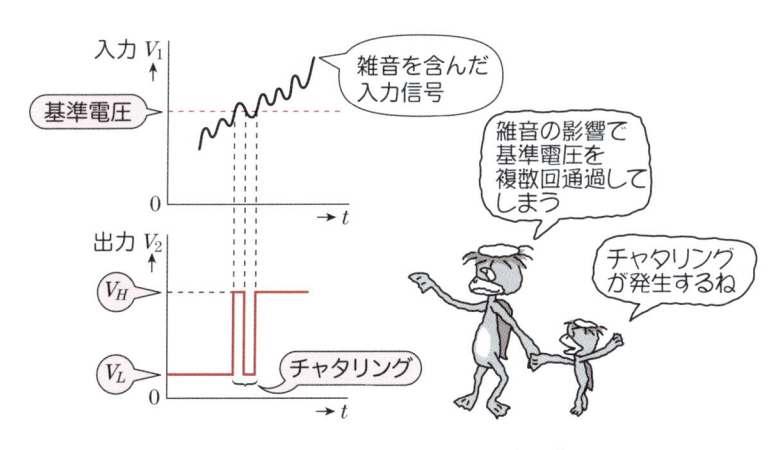

図6-17　コンパレータの不安定動作

6-2　コンパレータ

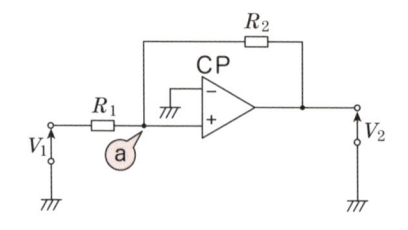

図 6-18 非反転増幅型ヒステリシスコンパレータ回路

なります．

③ 抵抗 R_2 による正帰還のために，点 a の電位がさらに上昇します．

④ コンパレータは飽和して，正の飽和出力電圧 V_H で安定します．

上記①において，負の入力電圧 V_1 が入力された場合には，コンパレータの飽和によって，負（低い方）の飽和出力電圧 V_L で安定します．

次に，図 6-18 をモデル化した**図 6-19** を用いて入出力特性について考えます．いま，電圧 V_1 が入力されて，正（高い方）の飽和電圧 V_H が出力されているとします．コンパレータの入力抵抗は高いので，抵抗 R_1 を流れる電流 I はそのまま抵抗 R_2 に流れます．したがって，電流 I は式（6-5）で表されます．

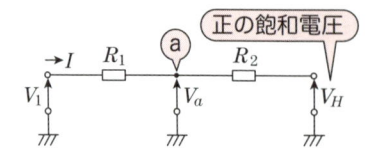

図 6-19 モデル化した回路

$$I = \frac{V_1 - V_H}{R_1 + R_2} \quad (6\text{-}5)$$

したがって，点 a の電位は式（6-6）のようになります．

$$V_a = V_1 - IR_1 \quad (6\text{-}6)$$

式（6-6）に，式（6-5）を代入して整理すると式（6-7）になります．

$$V_a = V_1 - \frac{V_1 - V_H}{R_1 + R_2} R_1$$

$$= V_1 \frac{R_2}{R_1 + R_2} + V_H \frac{R_1}{R_1 + R_2} \quad (6\text{-}7)$$

入力電圧 V_1 が減少していくと，抵抗 R_2 による正帰還によって，点 a の電位 V_a が 0 以下になった瞬間にコンパレータが負（低い方）の飽和電圧 V_L を出力して安定します．このときの入力電圧 V_1 を V_{TH1} として，式（6-7）に $V_a=0$ を代入して整理すると，式（6-8）が得られます．

$$V_1 = V_{TH1} = -\frac{R_1}{R_2} V_H \quad (6\text{-}8)$$

この V_{TH1} は，入力電圧が下降していく場合にコンパレータの出力が反転する基準電圧です．一方，電圧 V_1 が入力されて，負（低い方）の飽和電圧 V_L が出力されているときに，V_1 が上昇していく場合を考えます．このときには，V_1 を V_{TH2} として式（6-9）が成立します．

$$V_1 = V_{TH2} = -\frac{R_1}{R_2} V_L \quad (6\text{-}9)$$

この V_{TH2} は，入力電圧が上昇して

いく場合にコンパレータの出力が反転する基準電圧です．つまり，ヒステリシスコンパレータ回路は，異なる2つの基準電圧 V_{TH1} と V_{TH2} によって出力を決める回路です．V_{TH1} と V_{TH2} は，スレッショルド電圧（しきい値電圧）ともいいます．

例として，NJM2903 のように単電源で動作するコンパレータにおいて，高い方の飽和電圧 $V_H=4$〔V〕，低い方の飽和電圧 $V_L=0.5$〔V〕の場合を考えます．また抵抗 $R_1=10$〔kΩ〕，$R_2=20$〔kΩ〕として，これらの値を式 (6-8) と式 (6-9) に代入すると，V_{TH1} と V_{TH2} は式 (6-10) のようになります．

$$\left.\begin{array}{l} V_{TH1} = -\dfrac{1}{2} \times 4 = -2 \text{〔V〕} \\ V_{TH2} = -\dfrac{1}{2} \times 0.5 = -0.25 \text{〔V〕} \end{array}\right\} \quad (6\text{-}10)$$

この結果をもとに，コンパレータの入出力特性のグラフを描くと，**図6-20**のようになります．この図では，入力電圧 V_1 が上昇していく（行きの）ときの V_{TH2} と V_1 が下降していく（帰りの）ときの V_{TH1} が異なっています．このような特性をヒステリシス特性といいます．

図6-21に，ヒステリシスコンパレータ回路がチャタリング除去に有効な例を示します．図6-17に示した，ヒステリシス特性を持たないコンパレータを使用した場合と比較しながら理解してください．

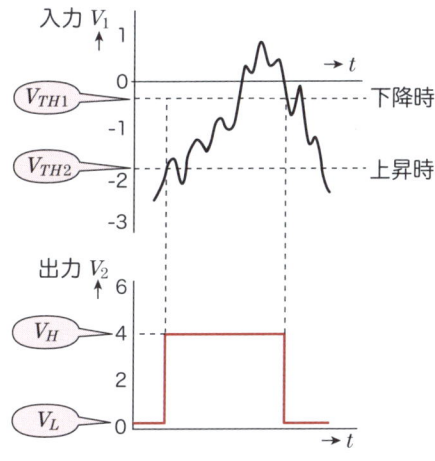

図6-21　チャタリング除去の例

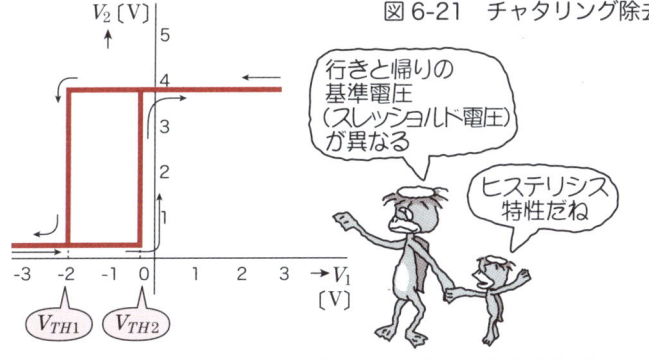

図6-20　ヒステリシスコンパレータ回路の入出力特性例

6-3 ホールド回路

(1) ホールド回路とは

ホールド（hold）とは，「保持する」という意味を持つ英語です．アナログ信号は，時刻とともに振幅が変化します．ある瞬間のアナログ信号を処理したい場合には，そのときの振幅電圧を一定時間保持しておく必要があります．ホールド回路は，ある条件でのアナログ信号の振幅電圧を保持する回路です．この節では，オペアンプを用いたピークホールド回路とサンプルホールド回路についての基本を説明します．

ⓐ ピークホールド回路

図 6-22 に示すように，入力されたアナログ信号のピーク電圧を保持して出力する回路です．リセット信号によって，新しいピーク電圧のホールドを開始します．

ⓑ サンプルホールド回路

図 6-23 に示すように，ある時間にサンプリング（測定）したアナログ信号の電圧を保持して出力する回路です．サンプリングの時間間隔は，必要に応じて設定します．

(2) ピークホールド回路の原理

図 6-24 に，基本的なピークホール

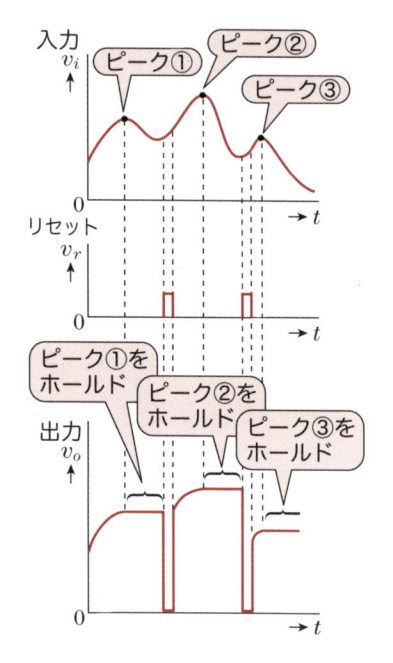

図 6-22　ピークホールド回路の入出力波形

ド回路を示します．回路図中の FET は，ゲートに正のリセット信号 v_r が入力されるとソース－ドレーン間を導通させるスイッチとして動作します．リセット信号 v_r が 0 のときには，FET スイッチは非導通となり，入力電圧 v_i は抵抗 R_1 を経てコンデンサ C に充電されます．同時に，電圧フォロアとして動作するオペアンプは入力電

図 6-23　サンプルホールド回路の入出力波形

アンプの入力インピーダンスは非常に大きいためです．したがって，点 a と出力 v_o はそれまでの最大の v_i と同じ電位になります．リセット信号に正の電圧が加えられて FET スイッチが導通した場合には，点 a の電位はグランドと等しくなり，コンデンサ C の放電が終了すると同時に出力 v_o は 0 になります．

ピークホールド回路では，ホールド時にオペアンプの入力端子に電流が流れ込まないことが必要です．このため，使用するオペアンプは，入力バイアス電流の小さい FET 入力型が適しています（19 ページ参照）．また，コンデンサ C は，誘電吸収の小さなメタライズドポリプロピレンフィルムコンデンサなどが適しています（193 ページ図 6-28(a)参照）．誘電吸収とは，コンデンサに変化の大きな電圧を加えた場合に静電容量が低下する現象です．

(3) 実用的なピークホールド回路

図 6-24 に示したピークホールド回

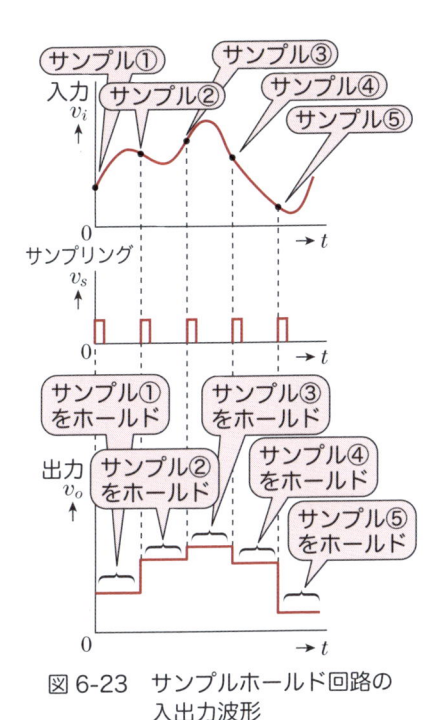

圧 v_i を出力します．仮に v_i が降下したとしても，コンデンサ C からの放電電流は流れません．放電電流が流れない理由は，ダイオード D は逆方向，FET スイッチは非導通であり，オペ

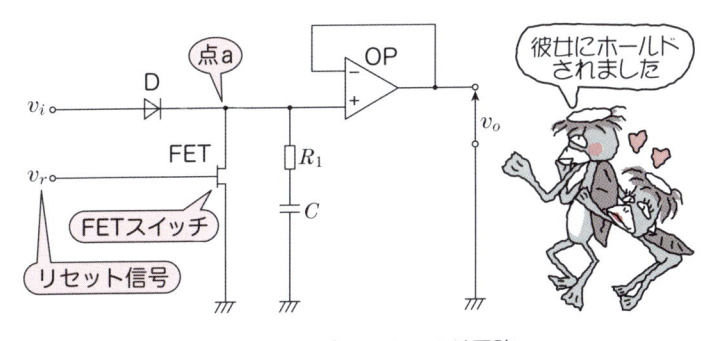

図 6-24　ピークホールド回路

6-3　ホールド回路

路の出力電圧 v_o は，ダイオード D の順方向電圧分だけ低下します．この問題を解決した実用的なピークホールド回路を**図 6-25** に示します．リセット信号が 0 であり，FET スイッチが非導通の場合の動作原理を考えましょう．**図 6-26**(a)は，「入力電圧 v_i > 点 b の電位 v_b」であるときの回路の動作を示しています．次の①から⑫までの説明と図を対応させて理解してください．

①②③：点 b の電位 v_b は，電圧フォロアを構成しているオペアンプ OP_2 と帰還抵抗 R_1 を経て $v_o=v_b$ となり，OP_1 の反転入力端子にかかります．

④⑤：$v_i>v_b$ ですから，ダイオード D_1 は非導通になります．仮に D_1 が導通していたとすると OP_1 は電圧フォロアですから点 a の電位は v_i と等しくなり D_1 は非導通になります．

⑥⑦：点 a の電位が上昇するためダイオード D_2 は導通します．

⑧⑨：コンデンサ C は充電状態となり，点 b の電位は上昇します．

⑩⑪：点 b の電位 v_b は，OP_2 と帰還抵抗 R_1 を経て $v_o=v_b$ となり，OP_1 の反転入力端子にかかります．

⑫：$v_b=v_i$ となったところで，回路は安定します．このように，v_b はダイオード D_2 の順方向電圧による電圧降下の影響を受けません．

次に，図 6-26(b)を用いて，「$v_i<v_b$」のときの動作を考えます．

①②③④：電圧フォロアとして動作しているオペアンプ OP_2 と帰還抵抗 R_1 を経た電位 v_b は，入力電圧 v_i よりも大きいので点 a の電位は下降します．

⑤⑥：ダイオード D_1 は導通となるため，OP_1 の反転入力端子の電圧 v_b は下降していきます．

⑦：$v_b=v_i$ となったところで，回路

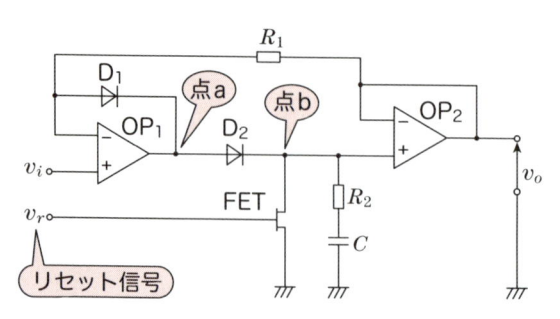

図 6-25　実用的なピークホールド回路

(a) $v_i > v_b$ のとき

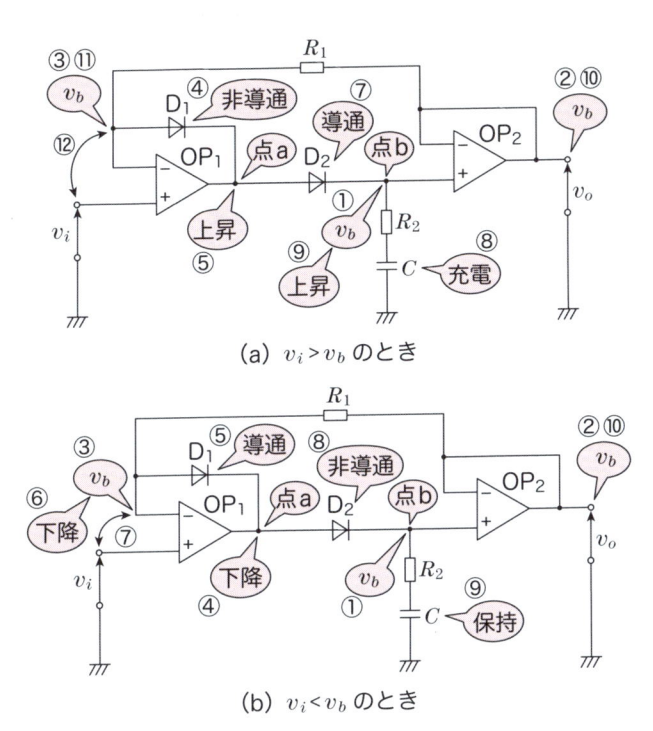

(b) $v_i < v_b$ のとき

図 6-26 実用的なピークホールド回路の動作

は安定します．

⑧：このとき，点 a の電位は，点 b の電位よりも低いので，ダイオード D_2 は非導通となります．このため，R_1 による帰還回路は無効となります．

⑨：コンデンサ C へは電流が流れないので，点 b はそれまでのピーク電圧を保持します．

⑩：電圧フォロア OP_2 は，点 b の電位をそのまま出力します．

リセット信号 v_r に正の電圧が入力されて，FET スイッチが導通した場合には，コンデンサ C に放電電流が流れ，それまで保持していたピーク電位をリセットします．コンデンサ C と直列に接続してある抵抗 R_2 は，充電電流が大きく変化した場合にオペアンプ OP_2 が不安定になるのを防止する働きをします．抵抗 R_2 の値は，数百 Ω とするのが一般的です．

(4) サンプルホールド回路の原理

サンプルホールド回路は，ある時間にサンプリングしたアナログ信号の電圧を保持して出力する回路です（188 ページ参照）．**図 6-27** に，基本的な

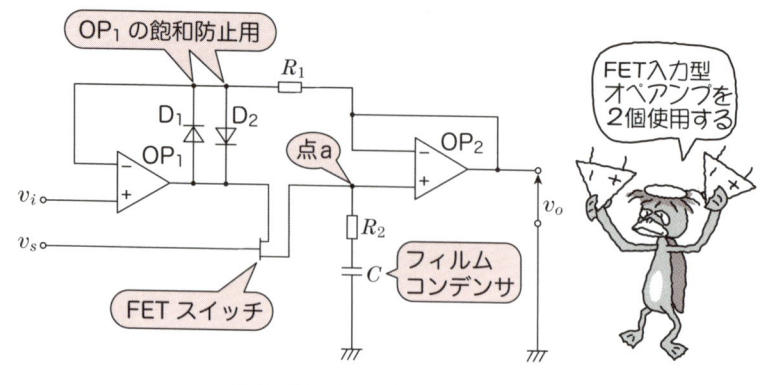

図6-27 サンプルホールド回路

サンプルホールド回路を示します。この回路は、FETスイッチが導通すると、入力電圧 v_i によってコンデンサ C に充電電流が流れ、出力 v_o は点 a の電位（v_i）と等しくなって安定します。このときまでがサンプリング期間です。その後、FETスイッチが非導通の間は、コンデンサ C に電流が流れないために、点 a の電位は変化しません。このときから、次にFETスイッチが導通するまでがホールド期間です。ダイオード D_1、D_2 は、ホールド期間にオペアンプ OP_1 がオープンループになるのを防ぐ働きをしています。オペアンプがオープンループで動作すると、出力電圧が飽和しますので、飽和からの復旧時間が必要となってしまうからです。

サンプルホールド回路には、FET入力型オペアンプやメタライズドポリプロピレンフィルムコンデンサなどの使用が適していることは、ピークホールド回路と同じです（189ページ参照）。メタライズドポリプロピレンフィルムコンデンサが入手できない場合には、入手の容易なポリエステルフィルムコンデンサなどを使用するとよいでしょう。ポリエステルフィルムコンデンサは、マイラコンデンサとも呼ばれています。**図6-28**に、フィルムコンデンサの外観例を示します。

サンプルホールド回路は、A-Dコンバータなどにおいて、変換処理の期間にアナログ信号を保持しておく回路として使用されています。

(5) サンプルホールド回路用IC

オペアンプを内蔵したサンプルホールド専用のICが市販されています。ここでは、LF398について紹介します。**図6-29**にLF398の外観とピン配置、**図6-30**に回路構成と典型的な接続例を示します。このICの回路構成は、

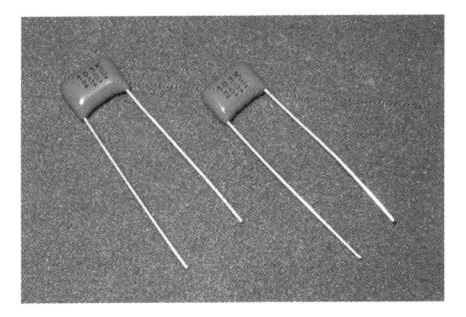

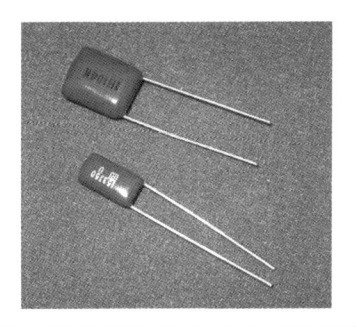

(a) メタライズドポリプロピレンフィルム　　(b) ポリエステルフィルム（マイラ）

図 6-28　フィルムコンデンサの外観例

(a) 外観　　(b) ピン配置（PHILIPS 社データシートより）

図 6-29　LF398（DIP 型）の外観とピン配置

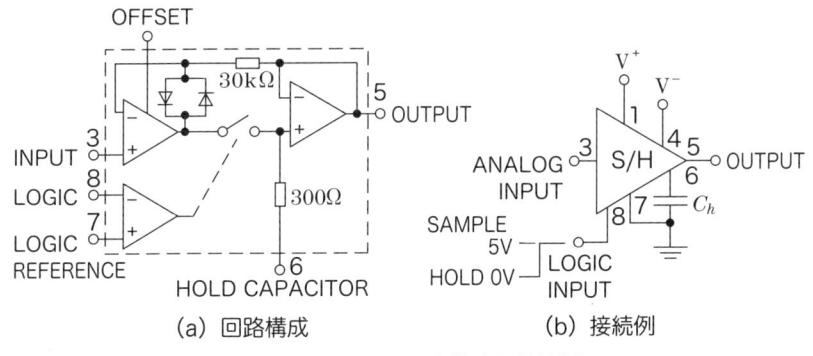

(a) 回路構成　　(b) 接続例

図 6-30　LF398 の回路構成と接続例
（PHILIPS 社データシートより）

図 6-27 とほとんど同じになっています．

図 6-31 に，LF398 を用いたサンプルホールド回路の波形をオシロスコープで観測した画面を示します．図(b)では，ホールド電圧の出力波形があまり綺麗には観測できませんでした．この理由を考えましょう．図(a)に示し

6-3　ホールド回路

(a) 入力波形とサンプリング波形

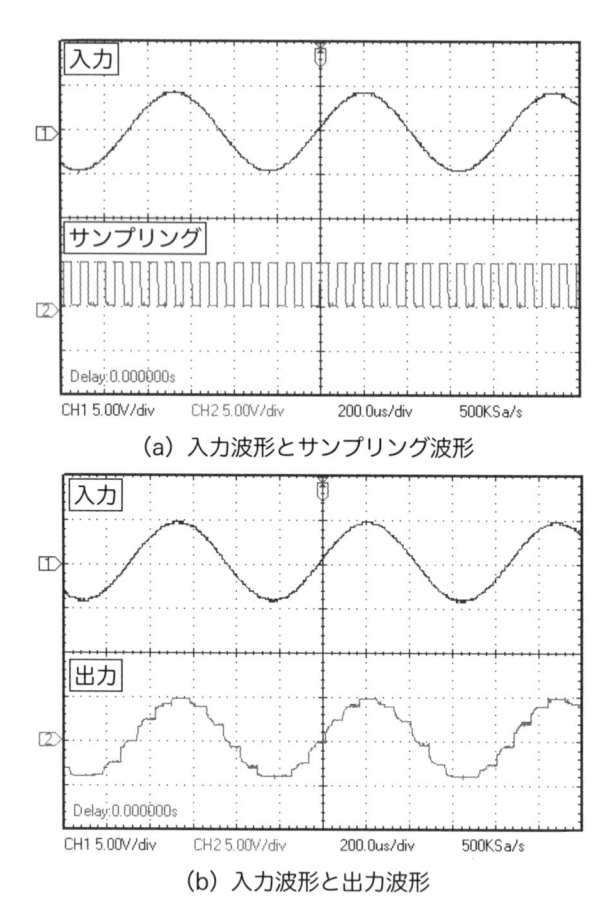

(b) 入力波形と出力波形

図 6-31 LF398 を用いたサンプルホールド回路の波形

た入力波形の周期を T_1,サンプリング信号の方形波の周期を T_2 とします.n 個の方形波の周期の合計時間 nT_2 が T_1 と完全に一致していれば,入力波形をサンプリングするタイミングはいつも同じです.しかし,$nT_2 \neq T_1$ の場合には,入力波形をサンプリングするタイミングがずれてしまいます.この結果,(b)に示した乱れのある出力波形が観測されたと考えられます.

理由を考えることは大切なのだ

6-4 電流 – 電圧変換回路

(1) 電流 – 電圧変換回路

電流は電圧に比例しますので，抵抗に電流を流せば，電流を電圧として取り出すことができます．しかし，抵抗（負荷）の値が変わると，流れる電流の大きさも変わってしまいます．一方，オペアンプを用いれば，極めて低い入力インピーダンスをもった変換回路を構成することができます．

図 6-32 に，オペアンプを用いた電流 – 電圧変換回路を示します．この回路は，反転増幅回路の入力抵抗を除いた構成になっています．出力電圧 V_o は，式 (6-11) のように，入力電流 I と帰還抵抗 R の積で表されます．

$$V_o = -IR \qquad (6\text{-}11)$$

入力端子はイマジナリショートしていますので，極めて低い入力インピーダンスを実現できます．この回路では，オペアンプの入力バイアス電流が変換誤差に影響します．したがって，入力バイアス電流の小さな FET 入力型のオペアンプが適しています．また，抵抗 R の値は，入力電流が mA オーダの場合は 10 kΩ 程度，μA オーダの場合は 1 MΩ 程度を選択します．入力できる電流の上限は，オペアンプの最大出力電流によって決まります．オペアンプの出力電流の最大値は 10 mA 程度ですから，実際に入力できる電流はこれ以下の値となります．より大きな入力電流を扱いたい場合には，図

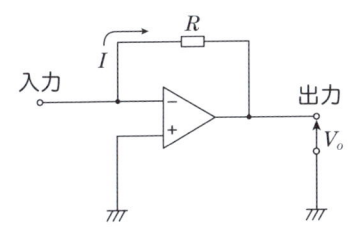

図 6-32 電流 – 電圧変換回路

図 6-33 大電流用の電流 – 電圧変換回路

6-33 に示す電圧フォロアを用いた変換回路を使用します．この回路では，抵抗 R の値を小さくすれば，より大きな電流を扱うことができます．ただし，抵抗での消費電流が大きくなりますから注意が必要です．また，この回路の入力インピーダンスは，図 6-32 に示した回路ほど低くはありません．

(2) 電圧 – 電流変換回路

図 6-34 に，オペアンプを用いた電圧を電流に変換する回路を示します．この回路は，差動増幅回路(64 ページの図 2-31 参照)と電圧フォロアを組み合わせて構成してあります．オペアンプ OP_1 の出力電圧 V_1 は，式(6-12)で表すことができます．

$$V_1 = -\frac{R_2}{R_3}V_{IN} + \left(1 + \frac{R_2}{R_3}\right)V_2\frac{R_4}{R_4 + R_5} \quad (6\text{-}12)$$

式 (6-12) において，$R_2 = R_3 = R_4 = R_5$ とすると，式(6-13)のようになります．

$$V_1 = V_2 - V_{IN} \quad (6\text{-}13)$$

また，出力電流 I は，式 (6-14) のようになります．

$$I = \frac{V_1 - V_2}{R_1} \quad (6\text{-}14)$$

式 (6-14) に，式 (6-13) を代入すると，式 (6-15) が得られます．

$$I = \frac{-V_{IN}}{R_1} \quad (6\text{-}15)$$

つまり，出力電流 I は入力電圧 V_{IN} と基準抵抗 R_1 によって決まります．この回路では，出力電圧 V_2 の大きさが負荷によって変動しようとします．しかし，その変動に追従して OP_1 の出力電圧 V_1 が変化し，出力電流 I を一定にします．出力電流 I の最大値は，オペアンプ OP_1 の最大出力電流から帰還抵抗 R_2 に流れる帰還電流を引いた値となります．したがって，この帰還電流を小さくすれば，オペアンプ OP_1 の最大出力電流に近い電流 I を出力することができます．

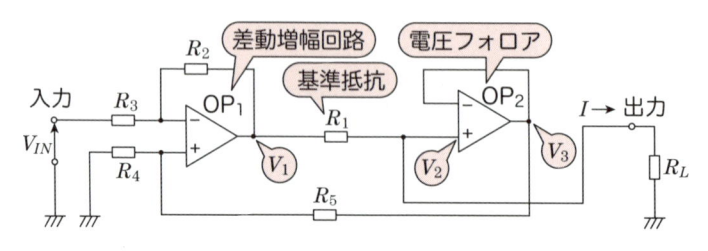

I は，V_{IN} と R_1 だけで決まるのだ

図 6-34 電圧 - 電流変換回路

6-5 リミッタ回路

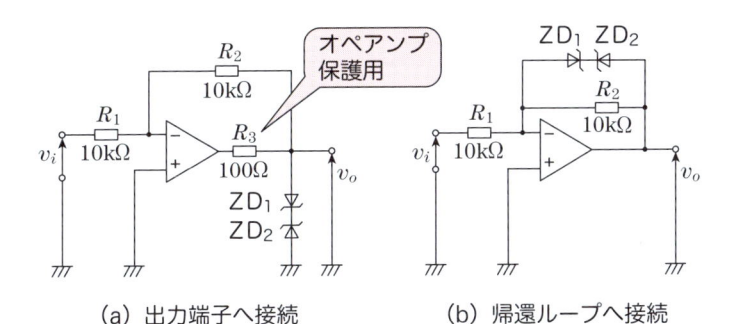

(1) ツェナーダイオードを用いたリミッタ回路

リミッタ回路は，入力電圧をある範囲内の電圧に納めて出力する回路です．つまり，設定した上限と下限を超える大きさの電圧は出力しません．

ツェナーダイオードを用いれば，ツェナー電圧付近のリミッタ回路を簡単に構成することができます．ツェナーダイオードは，逆方向にツェナー電圧 V_z 以上の電圧を加えた場合に，V_z の端子電圧を正確に保持する性質があります．順方向に電圧を加えた場合には，通常のダイオードと同様に，順方向電圧 V_f が端子電圧となります．

70 ページの図 2-39 (b) や 71 ページの図 2-40 (b) に示した，ツェナーダイオードの接続は，オペアンプ内の入出力回路を保護することが目的でした．一方，これらの接続は，出力電圧を制限するリミッタ回路としてとらえることもできます．119 ページの図 4-20 や 122 ページの図 4-23 などは，出力電圧を制限するリミッタ回路としてツェナーダイオードを接続しています．

図 6-35 に，ツェナーダイオードを用いてオペアンプの出力電圧を制限するリミッタ回路を示します．正弦波などの交流を扱う場合には，ツェナーダイオード ZD_1 と ZD_2 のどちらかが順方向電圧を保持し，もう一方が逆方向のツェナー電圧を保持するように動作します．信号電圧がツェナー電圧以下の場合には，一方のツェナーダイオー

(a) 出力端子へ接続   (b) 帰還ループへ接続

図 6-35 ツェナーダイオードを用いたリミッタ回路

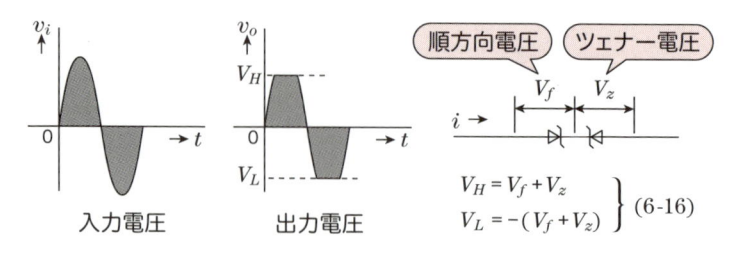

図 6-36 ツェナーダイオードを用いたリミッタ回路の入出力電圧

$$V_H = V_f + V_z \\ V_L = -(V_f + V_z) \Biggr\} \quad (6\text{-}16)$$

ドは非導通となりますので，信号電圧がそのまま出力されます．したがって，出力電圧の上限 V_H と下限 V_L は，図 6-35 (a)(b) とも式 (6-16) のようになります．V_H と V_L をリミット電圧といいます（図 6-36 参照）．

図 6-37 に，図 6-35 (a) に示した回路の入出力波形を示します．ただし，ツェナー電圧が 4 V のツェナーダイオードを 2 本使用しています．オペアンプを反転増幅回路として動作させていますので，出力波形が反転しています．

(2) **ダイオードを用いたリミッタ回路**

図 6-35 に示したリミッタ回路では，リミット電圧はツェナー電圧によって決まります．一方，図 6-38 に示す回路は，一般の整流用ダイオードとオペアンプを組み合わせたリミッタ回路です．この回路では，式 (6-17) に示すように，抵抗の比によってリミット電圧を可変することができます．

$$V_H = V_f + \frac{R_5}{R_6}(V_{cc} + V_f) \\ V_L = -\left\{V_f + \frac{R_4}{R_3}(V_{cc} + V_f)\right\} \Biggr\} \quad (6\text{-}17)$$

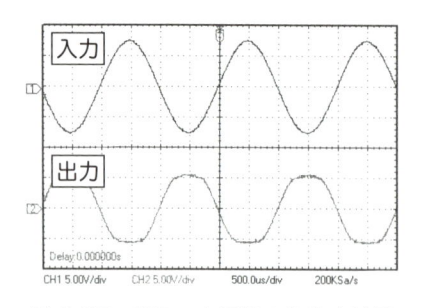

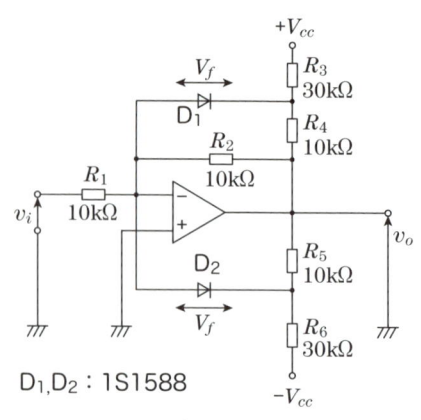

図 6-37 リミッタ回路の入出力波形

図 6-38 ダイオードを用いたリミッタ回路

6-6 実験しよう

⑴ ヒステリシスコンパレータ回路の入出力特性

ここでは，ヒステリシス特性を持った非反転増幅型のコンパレータ回路を製作して入出力特性を測定しましょう．図 6-39 に回路図，図 6-40 に実験回路の製作例を示します．また，図 6-41 にコンパレータ NJM2903 の ピン配置を示します．この IC は，オープンコレクタ型の出力になっていますので，入力ピン 1 番に 4.7 kΩ のプルアップ抵抗を接続してあります．電源電圧は，5 V の単電源としました．入力電圧 V_1 を 0 V から -4 V まで減少させた後，-4 V から 0 V まで増加させます．そして，0 V から $+4$ V まで

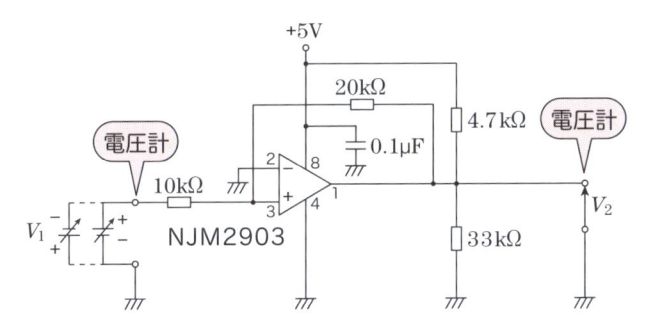

図 6-39 ヒステリシスコンパレータ実験回路

図 6-40 実験回路の製作例

増加させた後，+4 V から 0 V まで減少させます．プラスとマイナスの入力を行うためには，入力電圧 V_1 の極性を入れ替えます（図 6-39 参照）．V_1 を変化させたときの，出力電圧 V_2 を測定して，表 6-2 を完成させます．実験では，入力電圧 V_1 を減少または増加の一方向に連続して変化させることが必要です．例えば，V_1 を -0.5 V から -1.0 V に減少させる際に誤って -2.0 V まで減少させてしまったとします．誤りに気づいて，-2.0 V から -1.0 V に修正してはいけません．この修正は，V_1 を増加させる変化であり，それまで行っていた減少の変化とは方向が異なるからです．このように V_1 の調整を誤った場合には，実験を始めからやり直してください．

表 6-2 を完成させると，入力電圧 V_1 を -1.5 V から -2.0 V に減少させた際に，出力電圧 V_2 が大きく変化している（ほぼ 0 V になっている）ことがわかります．そこで，再び V_1 を 0 V から減少させる実験を行って，V_2 が大きく変化する際の V_1 を測定したところ $V_1 = -1.8$〔V〕であることがわかりました．

図 6-42 に，表 6-2 の結果を表したグラフを示します．入出力を表す曲線がヒステリシスループになっていることが確認できます．2 つの

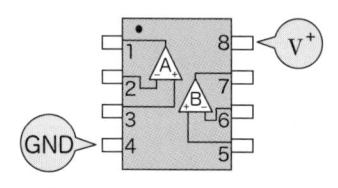

図 6-41　NJM2903 のピン配置

表 6-2　入出力電圧〔V〕

−入力		+入力	
V_1	V_2	V_1	V_2
0	3.9	0	3.9
−0.5	3.8	+0.5	3.9
−1.0	3.7	+1.0	4.0
−1.5	3.7	+1.5	4.1
−2.0	0.07	+2.0	4.1
−2.5	0.07	+2.5	4.2
−3.0	0.12	+3.0	4.2
−3.5		+3.5	
−4.0		+4.0	
−3.5		+3.5	
−3.0		+3.0	
−2.5		+2.5	
−2.0		+2.0	
−1.5		+1.5	
−1.0		+1.0	
−0.5	0.07	+0.5	
0	3.9	+0	

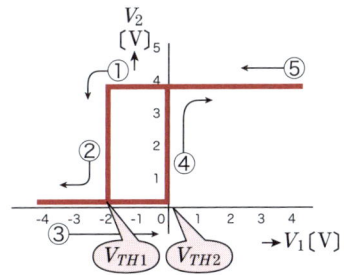

図 6-42　実験結果のグラフ

スレッショルド電圧は，低い方が $V_{TH1}=-1.8$〔V〕，高い方が $V_{TH2}=0$〔V〕となっています．

実験回路の飽和電圧を $V_H=4$〔V〕，$V_L=0.5$〔V〕と考えます．抵抗 $R_1=10$〔kΩ〕，$R_2=20$〔kΩ〕ですから，186ページの式 (6-8) と式 (6-9) を用いて計算すると，V_{TH1} と V_{TH2} の理論値は式 (6-18) と式 (6-19) のように計算できます．

$$V_{TH1}=-\frac{R_1}{R_2}V_H=-\frac{1}{2}\times 4$$
$$=-2〔V〕 \quad (6-18)$$

$$V_{TH2}=-\frac{R_1}{R_2}V_L=-\frac{1}{2}\times 0.5$$
$$=-0.25〔V〕 \quad (6-19)$$

これらの値は，実験結果と概ね一致しています．

(2) **ヒステリシスコンパレータ回路の入出力波形**

図 6-39 に示した実験回路に，周波数 $f=1$〔kHz〕の三角波を入力したときの出力波形を観測します．**図6-43**に，入出力波形を示します．2つのスレッショルド電圧のために，出力は方形波となっています．スレッショルド電圧を変化すると，方形波のデューティ比（一周期の時間とハイレベルの時間の比）を任意に決めることができます．したがって，モータの回転速度を制御する PWM 制御などに応用することができます．

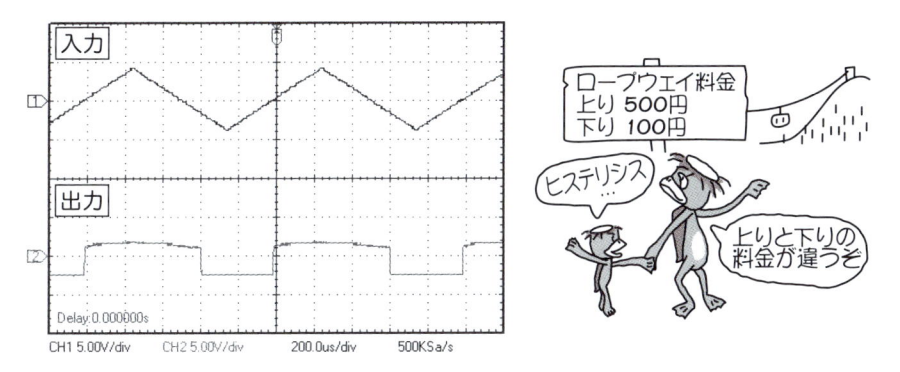

図 6-43　入出力波形

6-6　実験しよう

章末問題

1 次の①から⑤は，オペアンプを用いたダイオード回路がダイオードよりも優れている項目を述べたものである．誤っているものはどれか答えなさい．
　① 不感領域がない
　② 入力電圧と出力電圧の関係が直線的である
　③ 入力電圧と出力電圧の関係が曲線的である
　④ 順方向の電圧降下がない
　⑤ 電源を必要としない

2 次の①から⑤は，オペアンプICとコンパレータICについて述べたものである．誤っているものはどれか答えなさい．
　① オペアンプICは，位相補償用のコンデンサを内蔵している
　② オペアンプICは，コンパレータとして使用することはできない
　③ オペアンプICは，高速なコンパレータとして使用できる
　④ コンパレータICは，電源回路にパスコンが不要である
　⑤ コンパレータICは，負帰還をかけると発振しやすい

3 コンパレータICにおける入力オーバドライブについて説明しなさい．

4 ヒステリシス特性をもったコンパレータ回路の基準電圧（スレッショルド電圧）について説明しなさい．

5 ヒステリシス特性を使用すると，チャタリングを除去することができる理由について説明しなさい．

6 ピークホールド回路とサンプルホールド回路の動作の違いを簡単に説明しなさい．

7 図6-44の回路において，リミット電圧V_HとV_Lを計算しなさい．ただし，ツェナーダイオードの順方向電圧は，どちらも0.5Vであるとする．

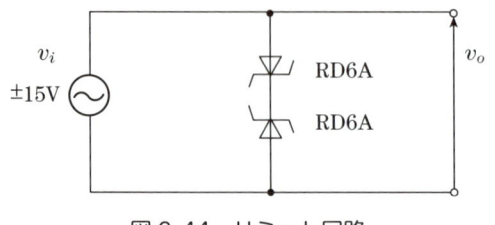

図6-44　リミット回路

章末問題の解答

＜章末問題1の解答＞

1 ①③④⑤

2 ① 2つの入力端子の電位が同じ場合であっても，実際のオペアンプの出力端子の電圧は0Vとはならない．出力端子の電圧を0Vとするために入力端子の一方に加える電圧を入力オフセット電圧という．

② オペアンプでは，入力された信号を増幅する際に，信号の急激な変化に追従できずに，出力波形が変形してしまう．スルーレートSRは，出力波形の変形を1μs当たりの電圧の変化量で表した値である．

③ オペアンプでは，2つの入力信号が同位相の場合に得られる増幅度（同相増幅度）は小さく，位相差のある信号を入力した場合に得られる増幅度（差動増幅度）は大きいことが望まれる．CMRRは，この同相増幅度と差動増幅度の比によって定義される値である．

④ オペアンプの電圧利得が減少している周波数領域では，$G \times B$ は一定値となる．したがって，利得帯域積（$G \times B$）の値を超える部分では，オペアンプを動作させることはできない．つまり，GB積は，設計の限界を知る目安となる．

⑤ 単電源で動作させても，入力信号が0V付近での増幅を行うことができるように工夫されたオペアンプを単電源オペアンプという．

3 (b)

4 ① 電源ラインにのった高周波雑音を除去する．

② コンデンサのリアクタンス X_C は，次式で計算できる．

$$X_C = \frac{1}{\omega C} = \frac{1}{2\pi f C}$$

つまり，f が高周波になるほど，X_C は小さくなるため高周波成分をアースへ逃がすように作用する．

③ 高周波特性のよい積層セラミックコンデンサやタンタルコンデンサを使用する必要がある．マイラコンデンサなど絶縁体を巻き込む構造になっているものは，インダクタンス成分が生じて高周波を通しにくくなるため適さない．

5 15ページ表1-4において，入力換算雑音電圧を比較するとNJM4580の方が

雑音特性の良いことがわかる．

<章末問題2の解答>

1 ① (a) 非反転増幅回路，(b) 反転増幅回路

② (a) $A_v = 1 + \dfrac{R_f}{R_s}$ (b) $A_v = -\dfrac{R_f}{R_s}$

③ 入力バイアス電流の影響を除去する．

$$R_1 = \dfrac{R_f R_s}{R_f + R_s}$$

2 ②，③

3 ① 入力端子の信号の差を増幅する．

② 入力端子にかかる雑音などが同相ならば打ち消し合うため，出力には現れない．

③ 64ページの図2-31参照

4 ① 電圧フォロア回路，またはボルテージフォロア回路

② 増幅度1，高入力インピーダンス，低出力インピーダンス

③ インピーダンス変換，緩衝増幅（バッファ）

<章末問題3の解答>

1 (a) 平均値回路 $V_o = +2〔V〕$ (b) 加算回路 $V_o = +1〔V〕$

2 86ページ図3-10に関する説明を参照のこと．

3 ①対数回路 ②対数回路 ③減算回路 ④逆対数回路

4 τが大きいほど，出力波形は直線的になる．

5 抵抗R_fを挿入しない積分回路を実際に動作させると，微小なオフセット電圧が非常に大きく増幅されてしまう．このため，実用的な回路としては，コンデンサCと並列に帰還抵抗R_fを接続して増幅度を制限している．

6 R_fと並列にコンデンサを挿入すると，周波数の低い領域では微分回路，高い領域では積分回路として動作する．つまり，コンデンサの追加によって，高い周波数では増幅度が低下し，高周波ノイズに対しての特性を改善できる．

<章末問題4 解答>

1 正帰還

2 振幅条件は，$A_vF > 1$
周波数条件は，A_vF の虚数部 $= 0$

3 ① 進相形 RC 移相発振回路
② 式（4-13）より
$$f = \frac{1}{2\pi\sqrt{6} \times 0.01 \times 10^{-6} \times 5 \times 10^3} \fallingdotseq 1300 〔\text{Hz}〕$$
③ 正弦波
④ -29（114 ページの式（4-12）参照）
⑤ 1 段の移相回路で 90 度未満の進み位相を得られる．したがって，180 度の位相差を得て，正帰還をかけるためには 3 段の移相回路が必要となる．

4 ① 非安定型マルチバイブレータ
② 式（4-49）より
$$T = 2 \times 7 \times 10^3 \times 1000 \times 10^{-12} \times \ln\frac{15 + (2 \times 15)}{15} \fallingdotseq 15.38 〔\mu\text{s}〕$$
③ $f = \dfrac{1}{T} = \dfrac{1}{15.38 \times 10^{-6}} \fallingdotseq 65 〔\text{kHz}〕$
④ 方形波

5 ① $f = \dfrac{1}{2\pi CR}$
② オペアンプを 2 個使用する．正弦波と余弦波を同時に出力できる．

6 非安定型，単安定型，双安定型

7 単安定型

＜章末問題 5　解答＞

1 パッシブフィルタ回路は電源を必要とせず，高周波に使用できる回路を実現できる．アクティブフィルタ回路はコイルを使用せずに，増幅を行いながらフィルタ機能を実現できる．

2 ① ハイパスフィルタ回路　② ローパスフィルタ回路

3 Q が大きいほど鋭い遮断特性を得ることができる．

4 ① 一次のハイパスフィルタ回路
② $f_c = \dfrac{1}{2\pi CR_1} = \dfrac{1}{2 \times 3.14 \times 0.03 \times 10^{-6} \times 16 \times 10^3} \fallingdotseq 331 〔\text{Hz}〕$

③ $f_s = \dfrac{1}{2\pi CR_2} = \dfrac{1}{2\times 3.14 \times 0.03 \times 10^{-6} \times 120 \times 10^3} \fallingdotseq 44 \text{[Hz]}$

④ オペアンプの周波数特性により高周波域では利得が低下する．

5 ① 非反転増幅型バンドパスフィルタ回路

② $f_0 = \dfrac{\sqrt{2}}{2\pi RC} = \dfrac{\sqrt{2}}{2\times 3.14 \times 22 \times 10^3 \times 0.03 \times 10^{-6}} \fallingdotseq 341 \text{[Hz]}$

③ $\text{BW} = \dfrac{f_0}{Q} = \dfrac{341}{2} \fallingdotseq 170.5 \text{[Hz]}$

＜章末問題6　解答＞

1 ③⑤

2 ②③④

3 基準電圧を超える電圧分を入力オーバドライブという．この値が大きいほどコンパレータの応答速度が速くなる．

4 入力電圧を増加させていった場合と，減少させていった場合とで異なるスレッショルド電圧となる．

5 187ページの図6-21を参照して考えること．
　雑音を含んだ信号を回路に入力した場合，低い方のスレッショルド電圧 V_{TH2} は V_1 が上昇しながら通過する際にのみ基準電圧として動作する．したがって，この付近で入力電圧が変動しても，コンパレータの動作には影響がないため出力電圧 V_2 にチャタリングは発生しない．同様に，高い方のスレッショルド電圧 V_{TH1} は V_1 が下降しながら通過する際にのみ基準電圧として動作する．したがって，この付近で入力電圧が変動しても，コンパレータの動作には影響がないため出力電圧 V_2 にチャタリングは発生しない．

6 ピークホールド回路は入力電圧のある時点までの最大値を保持する．一方，サンプルホールド回路は，ある時点での入力電圧の値を保持する．

7 $V_H = 0.5 + 6 = 6.5 \text{[V]}$
　$V_L = -(0.5 + 6) = -6.5 \text{[V]}$

<参考文献>

1. トランジスタ技術 SPECIAL No. 17：OP アンプによる回路設計入門，CQ 出版社
2. トランジスタ技術 SPECIAL No. 41：実験で学ぶ OP アンプのすべて，CQ 出版社
3. トランジスタ技術 SPECIAL No. 44：フィルタ回路の設計と使い方，CQ 出版社
4. トランジスタ技術 SPECIAL No. 71：OP アンプから始めるアナログ技術，CQ 出版社
5. 馬場清太郎：OP アンプによる実用回路設計，CQ 出版社
6. アナログデバイセズ：OP アンプによるフィルタ回路の設計，CQ 出版社
7. 丹野頼元：演習オペアンプ回路，森北出版
8. F.R コナー：フィルタ回路入門，森北出版
9. 岡山努：オペアンプ基礎回路再入門，日刊工業新聞社
10. 相良岩男：わかりやすい OP アンプ入門，日刊工業新聞社
11. 相良岩男：わかりやすいフィルタ回路入門，日刊工業新聞社
12. 藤井信生：op アンプの基礎と応用，オーム社
13. 平川光則：これでわかった OP アンプ回路，オーム社
14. 小柴典居，植田佳典：発振・変調回路の考え方（改訂 2 版），オーム社
15. 伊藤規之：オペアンプ設計の基礎，日本理工出版会
16. 伊藤規之：電子回路計算法，日本理工出版会
17. 角田秀夫：オペアンプの基本と応用，東京電機大学出版局
18. 角田秀夫：実用オペアンプ回路，東京電機大学出版局
19. 堀桂太郎：アナログ電子回路の基礎，東京電機大学出版局
20. 奥澤熙：はじめて見るオペアンプの本，誠文堂新光社
21. 新日本無線：オペアンプデータシート
22. フィリップス：LF398 データシート

索 引

＜英字＞

BEF ································ 138
BPF ································ 138
BW ································· 160

CMR ································ 12
CMRR ························· 12, 62, 63

D-A コンバータ ···················· 82

FET オペアンプ ···················· 19
FET スイッチ ······················ 188
FG ································· 30

GB 積 ·························· 28, 150

HPF ·························· 137, 148

LCR フィルタ回路 ·················· 138
LF356 ······························ 3
LF398 ····························· 192
LPF ·························· 137, 140

mA702 ······························ 3
mA741 ··························· 3, 15

NJM741 ····························· 15
NJM2122 ···························· 14
NJM2130 ···························· 14
NJM2711 ···························· 13
NJM2730 ···························· 23
NJM2903 ······················ 182, 199
NJM2904 ···························· 22

NJM4556A ·························· 14
NJM4558 ······················· 15, 17
NJM4580 ··························· 15
NJMOP-07 ·························· 13

OP アンプ ·························· 2

PWM 制御 ························· 201

Q ································· 144

RC 移相発振回路 ··················· 112
RC 積分回路 ······· 92, 103, 113, 120, 140
RC 微分回路 ············ 97, 113, 148

Sallen-Kay 回路 ··················· 145
SG ································· 30
S/N 比 ····························· 66
SR ································· 11
SVR ································ 27

＜あ＞

アクティブフィルタ回路 ············ 136
アナログコンピュータ ·············· 101
アナログフィルタ ·················· 137
アンチログ回路 ···················· 88
安定状態 ·························· 123

＜い＞

位相 ································ 7
移相回路 ·························· 112
位相特性 ·························· 144
位相補償コンデンサ ··········· 18, 182
イマジナリショート ············ 43, 55

インターネット ･････････････････････ 25

<う>

ウィーンブリッジ回路･･･････････ 116
ウィーンブリッジ発振回路･･････ 116

<え>

エミッタ出力 ･･･････････････････････ 18
エミッタフォロア回路･･･････････ 69
演算増幅器･････････････････････････ 2

<お>

オープンコレクタ型 ･･･････････ 184
オープンループゲイン ･･･････････ 4
オールパスフィルタ･･･････････ 166
オシロスコープ ･･････････････････ 31
オフセット電圧･････････････････････ 9
オペアンプ ･･････････････････････････ 2
オペアンプ積分回路 ･････ 95, 105
オペアンプの図記号 ･････････････ 4
オペアンプ微分回路 ･･･････････ 100
オペレーショナル・アンプリファイア
 ･･･････････････････････････････････････ 2
温度特性 ･･････････････････････････ 8
温度ドリフト ･････････････････････ 9
温度変化 ････････････････････････ 45

<か>

加減算回路･･･････････････････････ 86
加算回路･･････････････････････････ 80
仮想短絡 ････････････････････････ 43
過渡現象 ･･･････････････････････ 126
過渡電流 ･･･････････････････････ 126
カレント・ミラー回路 ･････････ 17
緩衝増幅器 ･････････････････････ 69

<き>

規格表 ････････････････････････････ 25
帰還 ････････････････････････････････ 65

帰還回路･････････････････････････ 67
基準電圧････････････････････････ 181
逆相 ･･････････････････････････････ 62
逆対数回路 ････････････････････ 88
逆方向電流･･････････････････ 174
共振周波数 ･･････････････････ 138
金属皮膜抵抗 ･････････････ 46, 167

<く>

クォドラチュア発振回路 ･･････ 120
クオリティファクタ ･････････････ 144

<け>

結合コンデンサ ･････････････････ 47
減算回路 ････････････････････････ 85

<こ>

高域遮断周波数 ･････････････ 67
高周波ノイズ ･･････････････ 101, 156
交流特性 ･････････････････････ 47, 57
コレクタ出力 ･････････････････････ 18
コンパレータ ･･･････････････････ 181
コンパレータ回路 ･･･････････････ 199

<さ>

雑音 ････････････････････････････････ 8
雑音電圧 ････････････････････････ 86
差動増幅回路 ･････････ 12, 61, 85, 196
差動増幅器 ･･････････････････････ 64
差動増幅度 ･･････････････････････ 12
三角波 ････････････････････････････ 11
サンプリング ･･････････････ 191, 194
サンプルホールド回路 ･････ 188, 191

<し>

しきい値電圧 ･･･････････････････ 187
時定数 ･･･････････････････････ 93, 98
遮断周波数 ･･･････ 141, 149, 151, 157, 168
周波数条件 ･･･････････････････ 111

周波数特性……………………… 8	対数回路……………………… 87
出力インピーダンス………… 42, 54	単安定型マルチバイブレータ… 124, 128
出力フルスイング……………… 23	タンタルコンデンサ…………… 24
出力レール・トゥ・レール…… 23	単電源………………………… 21, 76
順方向電流…………………… 174	
乗算回路……………………… 87	**＜ち＞**
消費電流……………………… 8, 22	遅相形………………………… 113
除算回路……………………… 90	チャタリング………………… 185, 187
信号対雑音比………………… 66	中心周波数…………………… 163
進相形………………………… 113	直流特性……………………… 45, 56
振幅条件……………………… 111	直列接続型バンドパスフィルタ回路
振幅制限回路………………… 131	………………………………… 156

＜す＞

＜つ＞

ストレイキャパシティ………… 102	ツイン T 型…………………… 164
スルーレート………………… 11, 33, 73	通過帯域幅…………………… 160
スレッショルド電圧…………… 187	ツェナーダイオード…………… 197

＜せ＞

＜て＞

正帰還………………………… 66	低域遮断周波数……………… 47, 67
正帰還増幅回路……………… 110	低雑音用選別品……………… 16
正弦波………………………… 11, 120	ディジタルフィルタ…………… 137
正弦波発振回路……………… 110	テスタ………………………… 31
整流…………………………… 178	デューティ比………………… 201
整流回路……………………… 175	電圧増幅度…………………… 26
積層セラミックコンデンサ…… 24	電圧 - 電流変換回路………… 196
積分回路……………………… 92, 120	電圧フォロア回路……………… 68
絶対最大定格………………… 28, 70	電圧利得……………………… 7, 26
ゼロクロス周波数…… 27, 142, 151, 168	電気的特性…………………… 26
	電源電圧除去比……………… 27
＜そ＞	電源変動除去比……………… 27
双安定型マルチバイブレータ… 124, 131	伝達関数……………………… 141
増幅度………………………… 7	電流 - 電圧変換回路………… 195

＜た＞

＜と＞

ダーリントン接続……………… 17	同相…………………………… 62
ダイオード…………………… 174, 198	同相信号除去比……………… 12, 62
ダイオード回路……………… 176	同相増幅度…………………… 12
ダイオードの整流方程式……… 87	トランジスタ反転増幅回路…… 38

トリガパルス ·················· 124, 128

<に>

入力インピーダンス ············ 41, 54
入力オーバドライブ ················ 183
入力オフセット電圧 ·················· 9
入力オフセット電流 ················· 10
入力換算雑音電圧 ···················· 8
入力バイアス電流 ··················· 10
入力バイアス電流の補正 ········ 44, 56
入力フルスイング ··················· 23
入力レール・トゥ・レール ········· 23

<ね>

ネガティブフィードバック ·········· 65

<の>

ノイズ ···························· 8
ノッチフィルタ回路 ········· 138, 165

<は>

バイパスコンデンサ ············ 24, 76
ハイパスフィルタ ················ 148
ハイパスフィルタ回路 ············ 137
ハウリング ······················ 110
パスコン ························· 77
パッシブフィルタ回路 ············ 136
バッファ ························· 69
パルス幅 ························ 128
反転増幅回路 ················· 38, 40
反転増幅回路の電圧増幅度 ········ 44
反転入力端子 ······················ 4
バンドエリミネートフィルタ回路
 ·························· 138, 164
バンドパスフィルタ回路 ····· 138, 156
汎用オペアンプ ··················· 15
汎用リニア IC ···················· 25
汎用ロジック IC ············ 128, 131

<ひ>

非安定型マルチバイブレータ … 123, 132
ピークホールド回路 ··············· 188
ヒステリシスコンパレータ回路
 ··························· 185, 201
ヒステリシス特性 ················· 185
非線形 ·························· 175
非反転増幅回路 ················ 38, 52
非反転増幅回路の増幅度 ··········· 53
非反転増幅回路の電圧増幅度 ······ 55
非反転入力端子 ···················· 4
微分回路 ················ 97, 151, 156
微分方程式 ············· 92, 97, 126

<ふ>

ファンクションジェネレータ ········ 30
フィードバック ··················· 65
フィルタ回路 ···················· 136
フィルタの次数 ·················· 143
フィルムコンデンサ ··············· 192
不感領域 ························ 175
負帰還 ······················ 65, 182
負帰還増幅回路 ··················· 65
浮遊容量 ························ 101
ブリッジの平衡条件 ··············· 116
フリップフロップ ················· 131

<へ>

平均値回路 ······················· 81

<ほ>

ホールド回路 ···················· 188
ホールド電圧 ···················· 193
保護回路 ························· 70
補償抵抗 ························· 56
ポリエステルフィルムコンデンサ ···· 192
ボルテージフォロア回路 ············ 69

<ま>

マイラーコンデンサ …………………… 192
マルチバイブレータ …………………… 123

<み>

未使用回路の処理 ……………………… 72
ミラー効果 ……………………………… 18, 94
ミラー積分回路 ………………………… 95

<め>

命名 ……………………………………… 6
メタライズドポリプロピレンフィルムコ
　ンデンサ ………………………… 167, 192

<ゆ>

誘電吸収 ………………………………… 189

<よ>

余弦波 …………………………………… 120

<り>

リセット信号 …………………………… 188
利得帯域積 …………………… 27, 28, 150
リミッタ回路 ……………… 72, 119, 197
リミット電圧 …………………………… 198
両電源 …………………………………… 20

<ろ>

ローパスフィルタ ……………………… 140
ローパスフィルタ回路 ………………… 137
ログ回路 ………………………………… 88

<わ>

ワンショットマルチバイブレータ …… 131

── 著者略歴 ──

堀　桂太郎（ほり　けいたろう）

学歴　千葉工業大学　工学部電子工学科　卒業
　　　日本大学大学院　理工学研究科　博士後期課程　情報科
　　　学専攻修了　博士（工学）
現在　国立明石工業高等専門学校　名誉教授
　　　神戸女子短期大学　総合生活学科　教授
　　　第1級アマチュア無線技士

＜主な著書＞
図解 VHDL 実習　第2版（森北出版）
図解 PIC マイコン実習　第2版（森北出版）
H8 マイコン入門（東京電機大学出版局）
ディジタル電子回路の基礎（東京電機大学出版局）
アナログ電子回路の基礎（東京電機大学出版局）
PSpice で学ぶ電子回路設計入門（電気書院）

©Keitaro Hori 2006

基礎マスターシリーズ
オペアンプの基礎マスター

2006年　7月31日　第1版第1刷発行
2025年　6月 2日　第1版第5刷発行

著　者　堀　　桂　太　郎
発行者　田　中　久　喜

発　行　所
株式会社　電　気　書　院

ホームページ　https://www.denkishoin.co.jp
（振替口座　00190-5-18837）
〒101-0051　東京都千代田区神田神保町1-3 ミヤタビル2F
電話(03)5259-9160／FAX(03)5259-9162

印刷　株式会社シナノ パブリッシング プレス
Printed in Japan／ISBN 978-4-485-61001-5

- 落丁・乱丁の際は、送料弊社負担にてお取り替えいたします。
- 正誤のお問合せにつきましては、書名・版刷を明記の上、編集部宛に郵送・FAX (03-5259-9162) いただくか、当社ホームページの「お問い合わせ」をご利用ください。電話での質問はお受けできません。また、正誤以外の詳細な解説・受験指導は行っておりません。

JCOPY 〈出版者著作権管理機構　委託出版物〉

本書の無断複写（電子化含む）は著作権法上での例外を除き禁じられています。複写される場合は、そのつど事前に、出版者著作権管理機構（電話：03-5244-5088，FAX：03-5244-5089，e-mail: info@jcopy.or.jp）の許諾を得てください。また本書を代行業者等の第三者に依頼してスキャンやデジタル化することは、たとえ個人や家庭内での利用であっても一切認められません。